科学普及出版社

The Annual Report on Outline
of the National Scheme for Scientific Literacy
——Science Popularization Report of China

2010

全民科学素质行动计划纲要年报
——中国科普报告

全民科学素质纲要实施工作办公室
中国科普研究所

科学普及出版社

图书在版编目（CIP）数据

2010 全民科学素质行动计划纲要年报 = 中国科普报

告／全民科学素质纲要实施工作办公室，中国科普研究所

编. —北京：科学普及出版社，2010.12

ISBN 978-7-110-07424-4

Ⅰ. ① 2… Ⅱ. ①全… ②中… Ⅲ. ①公民—科学—素

质教育—研究报告—中国—2010 Ⅳ. ① G322

中国版本图书馆 CIP 数据核字 (2010) 第 260421 号

本社图书贴有防伪标志，未贴为盗版

责任编辑：吕建华 单 亭 张 莉

装帧设计：中文天地

责任校对：林 华

责任印制：李春利

科学普及出版社出版

北京市海淀区中关村南大街 16 号 邮政编码：100081

电话：010-62173865 传真：010-62179148

http:∥www.kjpbooks.com.cn

科学普及出版社发行部发行

北京正道印刷厂印刷

*

开本：889 毫米 ×1194 毫米 1/16 印张：20 字数：650 千字

2010 年 12 月第 1 版 2010 年 12 月第 1 次印刷

印数：1—2000 册 定价：98.00 元

ISBN 978-7-110-07424-4/G · 3200

（凡购买本社的图书，如有缺页、倒页、

脱页者，本社发行部负责调换）

编委会主任 程东红

编委会成员（按姓氏笔画排序）

王　可　王定华　田　洺　任福君　刘迎祥　刘艳荣

刘登峰　孙德立　何学秋　吴　童　宋秋玲　李　普

李　慧　李宗达　李晓亮　杨文志　杨雄年　周德进

孟　群　孟宪平　俞家栋　胡章翠　赵英民　俸　兰

殷　皓　袁　民　高　勘　高中琪　高瑞平　崔　郁

曹　毅　黄群慧　董俊山

主　　编 杨文志　任福君

副 主 编 钟　琦

编　　辑 朱洪启　张志敏　王丽慧　谭　超

撰 稿 人（按文序排列）

专题研究报告　任福君　朱洪启　张　超　张　锋　胡俊平

　　　　　　　　郑　念　孙　哲　李　华　朱启臻　崔海兴

工作报告

综　述　林利琴　朱　方　刘　渤　吴　爽　谭　超

第一章　王丽慧　胡俊平　钟　琦　张志敏

第二章　王丽慧　张　锋　侯春旭　颜　燕　尹　霖　谭　超

第三章　朱洪启　钟　琦　刘　渤　张　超　张　锋　任　磊

　　　　李朝晖　张志敏

第四章　张志敏　万昊宜　尹传红　侯春旭　秦向华

全民科学素质行动计划纲要
年报课题组

总课题组长　任福君

总课题副组长　钟　琦　林利琴

学术秘书　朱洪启

总课题成员（按姓氏笔画排序）

丁　颖	万昊宜	尹　霖	王　真	王小亮	王文娴
王丽萍	王丽慧	王泽林	王春林	王婷婷	王锦倩
甘一辰	边杰光	任　磊	刘　渤	刘　煜	刘文泉
刘亚东	吕同舟	孙　哲	朱　方	朱向平	朱启臻
闫　雷	吴　爽	吴红军	吴厚德	张　超	张　锋
张东燕	张志敏	张香平	张景林	李　华	李水奎
李永葳	李朝晖	杨利军	杨佳木	沈竹林	邱成利
陈章乐	奉朝晖	林　岚	郑　念	侯春旭	胡俊平
赵文成	项贤春	倪燕芳	秦向华	贾　瑾	郭　阳
高　擎	崔建平	崔海兴	曾建立	舒建兰	覃　鹏
楼　伟	翟　涛	谭　超	潘洪杰	颜　燕	

专题研究报告子课题组长　任福君

重点人群科学素质行动子课题组长　王丽慧

基础工程建设子课题组长　钟　琦

保障条件与组织实施子课题组长　朱洪启

重大科普活动与相关科普事件子课题组长　张志敏

地方案例子课题组长　林利琴

前　言

2009 年是《全民科学素质行动计划纲要（2006-2010-2020 年）》（以下简称《全民科学素质纲要》）各项工作稳步推进的一年。继第一本《2009 全民科学素质行动计划纲要年报——中国科普报告》正式出版之后，在全民科学素质纲要实施工作办公室（以下简称纲要办）的领导下，课题组又编撰出版了《2010 全民科学素质行动计划纲要年报——中国科普报告》。

《2010 全民科学素质行动计划纲要年报——中国科普报告》比较全面地反映了 2009 年《全民科学素质纲要》实施工作的进展情况，主要分为三个部分。第一部分是重要讲话，收录了刘延东国务委员在《全民科学素质纲要》实施工作汇报会上的讲话。第二部分是专题研究报告，对农民科学素质行动的实施情况进行了比较系统的概括总结和分析研究。第三部分是工作报告，包括综述：深入贯彻实施《全民科学素质纲要》，各项工作扎实推进；第一章：重点人群科学素质行动，反映未成年人、农民、城镇劳动者和领导干部与公务员科学素质行动的工作情况；第二章：基础工程建设，反映四个基础工程的建设情况；第三章：保障条件与组织实施，此部分比上一本增加了人才队伍、监测评估两个方面的内容，省略了工作机制部分；第四章：重要科普活动与相关科普事件，除了报告全民科学素质纲要主题活动以外，还反映了 2009 国际天文年的科普活动，以及 2009 中国国际节能减排和新能源科技博览会召开和我国确立 5 月 12 日为全国防灾减灾日两个相关事件；第五章：典型案例，反映地方全民科学素质纲要工作经验，并加入各部委一些典型工作案例。

附录部分收录了 2009 年全民科学素质纲要工作大事记以及 2009 年《全民科学素质纲要》重要文件汇编，文件全文制作光盘。

《2010 全民科学素质行动计划纲要年报——中国科普报告》作为反映 2009 年度全民科学素质纲要实施工作的研究性文献，客观地记载和分析了我国全民科学素质的年度发展状况，比较准确地提炼了年度工作的特点。可以为各级政府部门进一步推动全民科学素质工作、制定科技政策提供依据，为广大的科普工作者提供专业指导，为有关的研究人员和关心科普事业的公众了解全国科普工作提供参考信息，为中国科普历史保存翔实的资料和文献。

《2010 全民科学素质行动计划纲要年报——中国科普报告》在编撰和相关研究中，引用了科技部国家科普统计及各部委提供的工作数据，并进行了汇总和分析。但由于资料繁多，难免挂一漏万，概括不全，欢迎广大读者指正。课题组的工作，得到了纲要办 23 个成员单位和其他相关部门的大力支持，在此一并表示感谢！

全民科学素质行动计划纲要年报课题组

2010 年 11 月

Contents 目 录 >>

第一部分　重要讲话

刘延东国务委员在《全民科学素质纲要》实施工作汇报会上的讲话

（2009 年 12 月 22 日）

同志们：

今天，我们召开本届政府第二次《全民科学素质行动计划纲要》（以下简称《纲要》）实施工作汇报会，主要是回顾总结 2009 年《纲要》实施情况，研究部署 2010 年全民科学素质工作。刚才，邓楠同志作了一个系统的总结汇报，既有部门所做的工作，也有地方落实的情况，既有今年的工作总结，又有明年的工作安排，内容全面、重点突出、思路清晰、措施具体。有关部门同志就各自工作和今后安排提出了意见和建议，讲得都很好。

今年是新中国成立 60 周年，也是《纲要》实施承上启下的关键一年。一年来，各地各部门落实科学发展观，联合协作，务实进取，全民科学素质工作大力推进，覆盖面广，参与人多，内容丰富，效果显著，迈出了新步伐，取得了新成绩。一是紧扣大局，科学素质主题活动蓬勃开展。围绕党和国家的中心工作及公众关心的热点问题，广泛开展节能减排、环境保护和安全生产、防灾减灾、防治甲型 H1N1 流感等各类群众性科普宣传活动和教育培训工作，尤其突出应对公共卫生事件和重大自然灾害知识的宣传和普及，取得良好社会反响。二是分类指导，重点人群工作成效显著。加强校内外结合，稳步推进未成年人科学素质行动。实施"科普惠农兴村计划"，以多种形式开展针对农民的培训和科普活动。配合国家应对国际金融危机的大局，对城镇劳动者进行有针对性的技能培训，帮助其提高就业能力。把增强科学素质作为重要任务，强化对公务员的教育培训。三是完善服务，科普平台和资源不断增多。以繁荣科普创作为重点，根据不同人群需求和各地实际，开发了科普展览、挂图、图书、影视等各类科普资源，直接服务公众。中国科技馆等一批大型科普场馆建成开放，遍布城乡的基层科普设施不断拓展，内容更加丰富，服务能力显著提高。四是加强创新，科普工作手段日益完善。加大数字化科普资源开发力度，更加广泛地运用新媒体和新技术。以日全食等重大科技事件为契机，在全社会普及科学知识。五是凝聚力量，全方位工作格局初步形成。各地各成员单位不断加强领导，完善机制，加大投入力度，制定政策措施，将各项工作落实到基层。社会各界积极参与科学素质工作，科普工作队伍不断壮大，尊重科学、学习科学的社会氛围更加浓厚。

这些成绩的取得，是党中央、国务院高度重视、正确领导的结果，是地方各级党委、政府大力支持和有关部门密切配合的结果，是广大科技工作者努力工作和人民群众积极参与的结果。借此机会，向在座的同志们及各地、各有关部门、社会有关方面和广大科技工作者表示衷心感谢！

目前，全民科学素质工作在建设创新型国家、推进现代化建设和实现人的全面发展中的重要意义和基础性地位已形成广泛共识。随着国际国内形势的深刻变化和调整，全民科学素质工作也面临许多新课题、新挑战。

一是发挥科技支撑作用、保持经济平稳较快发展，对全民科学素质工作提出了新的要求。去年以来波及全球的国际金融危机，给我国经济带来严重冲击。党中央、国务院果断决策，全面实施并不断丰富完善一揽子计划，有效遏止了经济增长明显下滑态势，率先实现经济形势总体回升向好。但也要看到，我国经济回升的基础还不稳固，一些行业企业生产经营依然困难，就业形势依然严峻。我们既要坚持扩大内需、鼓励创新等宏观政策，提高企业发展能力；又要通过大力开展全民科学素质工作，帮助劳动者提高科学素质，提升创新创业和适应职业变化的能力，这不仅有助于缓解短期的经济困难，还能为转变发展方式、实现经济可持续发展做好人力资源储备，为危机过后的经济繁荣提供持久动力。

二是落实节能减排目标、实现科学发展，对全民科学素质工作提出了新的任务。近年来，气候变化已经成为全世界普遍关注的重大问题。近日，联合国气候变化大会在哥本哈根召开，190多个国家和地区与会，就温室气体排放与控制方面的权利和义务进行谈判和磋商。我国本着对全人类发展负责任的态度，公布了到 2020 年的减排目标，即单位 GDP 碳排放量比 2005 年减少40%~45%，为大会达成减排协议发挥了积极作用，也对我国发展提出了严峻课题和更高要求。兑现减排承诺，事关我国国际地位和国家形象，不仅是经济发展问题，更是对公民科学素质的考验；不仅要依靠生产方式的转变，更要依靠广大群众生活方式的转变和全社会节能环保意识的形成。我们要通过加强全民科学素质工作，推动形成良好的社会风尚，帮助人们从自身做起，从身边点滴做起，养成健康文明的生活方式和工作方式，促进人与自然和谐相处，为实现科学发展营造良好环境。

三是应对公共突发事件、促进社会和谐，对全民科学素质工作提出了新的挑战。近几年，我国各种公共突发事件不断增多，自然灾害、重大事故、公共卫生事件等时有发生。2003 年的 SARS、2008 年的雨雪冰冻灾害和汶川地震、今年的甲型 HIN1 流感等，都造成了巨大损害。这些灾害不仅危及人们生命财产安全，而且因其突发性和无法预知等特点，对公众心理造成影响，甚至引发一系列社会问题。因此，必须大力加强全民科学素质工作，有针对性地及时普及相关科学知识和应对方法，提高人民群众应对突发事件和自然灾害的能力，促进人民群众的安全健康与社会和谐稳定。

总之，我们要清醒地认识到，虽然科学素质工作近年来取得了显著成就，但与新形势新任务的要求相比，与人民群众日益增长的科普需求相比，还有不小差距。因此，必须加大工作力度，全面加以推动。

2010 年是实现《纲要》提出的"十一五"阶段性目标的最后一年，也是衔接"十二五"工作的重要一年，做好明年工作意义重大。要全面贯彻党的十七大、十七届三中、四中全会精神，学习贯彻胡锦涛同志在中国科协成立 50 周年纪念大会上的重要讲话精神，以邓小平理论和"三个代表"重要思想为指导，深入落实科学发展观，围绕主题，突出重点，完善机制，加快《纲要》实施步伐，圆满完成"十一五"目标，为实现 2020 年长远目标奠定基础，为提升全民族科学素质做出新的贡献。我原则同意邓楠同志和各位同志对明年工作的考虑。下面，我再强调三点。

第一，抓紧推进各项工作，确保实现"十一五"目标。

各地各部门要增强紧迫感和责任感，加大力度，加紧部署，保质保量地完成纲要确定的"十一五"各项工作任务。

在科学素质主题工作方面。一要围绕"节约能源资源、保护生态环境、保障安全健康"的主题，大力宣传普及节能减排、环境保护、安全生产、疾病预防、应急避险等方面的科学知识、技能和方法。二要办好全国科技活动周、全国科普日，开展群众性、社会性和经常性的主题科普活动，吸引社会各方面和公众积极参与。三要深入基层，将主题内容纳入各级各类教育培训课程和教材，纳入科普设施的展示和活动内容，将主题工作推进到学校、社区、企业和农村。四要根据不同人群特点，创新活动形式，使公众乐于参与、易于接受，并落实到行动中。

在重点人群科学素质工作方面。一要充分发挥课堂主渠道作用，推进科学课程的全面实施，加大科学教师的培训力度，提高学校特别是农村学校的科学教育水平。要加强校内外科学教育资源的整合，广泛开展校外科技活动和科普活动，提高未成年人的创新意识和能力。二要继续开展面向农民的培训和教育，建立健全农村科技传播的组织网络和人才队伍。多办一些像"科普惠农兴村计划"那样基层欢迎、社会满意、农民群众得实惠的好项目，在农民身边建立科普示范和惠农服务的长效机制。三要加大对城镇劳动者的职业技能培训力度，提高劳动者的就业能力，促进就业形势的稳定。要统筹社区科普工作，推动学习型社区与和谐社区建设。四要按照建设学习型领导班子和学习型机关的要求，加大教育培训力度，提高领导干部和公务员的科学素质。

在科学素质服务能力建设方面。一要进一步落实《科普基础设施发展规划》，加强对新建科普基础设施的指导，重点利用好现有设施，多开展公众喜闻乐见的科普活动，为公众提升科学素质提供场所和阵地。二要鼓励社会各方面参与科普创作，支持优秀原创科普作品。要加大优质科普资源建设和整合力度，探索建立社会化的科普资源建设格局，加强科普资源共享，巩固和拓展中国数字科技馆的服务功能，为公众提供优质科普服务。三要加大科技传播力度，在利用好传统媒体的同时，充分发挥手机、互联网、移动电视等新兴媒体的作用，增强科技传播的覆盖面和吸引力。

第二，健全工作机制，为科学素质工作提供坚实保障。

科学素质工作是全社会的事业，需要各级政府、各个部门和社会各界通力合作、共同参与，打破部门和地方界限，在工作机制上不断创新。一要完善资源共享机制，强化统筹协调，加强资源集成和有效利用，搭建共享服务平台，共同促进全民科学素质的提高。二要完善多元投入机制，加大公益性科普事业投入，鼓励社会资金参与全民科学素质建设。要加强对经营性科普产业的政策扶持力度，逐步建立公益性科普事业与经营性科普产业并举的体制，营造多元化兴办科普的繁荣局面。三要完善动员激励机制，充分调动科技、教育、传媒等社会各界以及大学生、离退休工作者等社会群体参与科学素质建设的积极性，发挥其优势和作用，不断壮大科学素质工作队伍。要鼓励科学家参与科学素质工作，将科普工作作为科研院所和科技工作者评价考核的重要内容。对在公民科学素质建设中做出突出贡献的集体和个人，要给予奖励和表彰。四要完善联合协作机制，各地方和部门要按照各自职责分工，加强上下联动、协作配合，形成做好全民科学素质工作的强大合力。

第三，抓好总结规划，为"十二五"工作奠定基础。

明年"十一五"任务完成后，《纲要》实施将进入一个新的阶段，要全面总结，科学谋划，为启动"十二五"全民科学素质工作、实现《纲要》提出的2020年长远目标创造良好条件。一方面，要回顾总结好"十一五"工作。各地各部门要认真梳理《纲要》实施以来的做法和经验，特别是要对照"十一五"目标，在建立工作机制、落实工作任务和条件保障等方面，查找薄弱环节，完善相应措施，提高工作水平。请国办组织协调对"十一五"实施情况的督促检查工作，进一步推动各项任务的落实。另一方面，是统筹规划好"十二五"工作。编制"十二五"规划是明年国家和各部门、各地方的重要任务。要将公民科学素质建设的目标和要求，纳入国家经济和社会发展规划和各部门、各地方"十二五"规划，要抓紧制定《全民科学素质行动"十二五"规划》，根据《纲要》提出的长远目标，针对当前最基础、最关键、最紧迫的环节，提出2011年至2015年的工作目标、重点任务和政策措施。要组织开展好第八次公众科学素质调查，为规划编制提供基础数据。制定工作可以由科协牵头，各成员单位积极参与。要广泛听取各部门、各地方的意见，使规划制定过程成为统一思想认识、宣传贯彻《纲要》的过程。

同志们，提高公民科学素质，意义重大而深远，让我们更加紧密地团结在以胡锦涛同志为总书记的党中央周围，深入贯彻落实科学发展观，群策群力，开拓创新，把全民科学素质工作不断推向前进，为建设创新型国家做出积极贡献！

第二部分 专题研究报告

农民科学素质稳步提升
服务"三农"成效显著

党和政府历来高度重视"三农"工作（"三农"指农村、农业、农民），改革开放以来，不断采取制度变革、政策激励、技术支持和资金投入等方式，促进农村经济的发展和"三农"问题的改善。进入新时期，面对农村城镇化、工业化和社会主义新农村建设的需要，又积极采取各种措施，在解决农村温饱、全面实现小康社会建设的过程中，高度重视提高农民的科学文化素质，促进农村的物质文明、精神文明、政治文明和生态文明建设。国务院颁发的《全民科学素质纲要》把农民科学素质行动作为四大重点人群科学素质行动之一，全面推进了农民科学素质工作。通过5年的实践，切实提高了农民的科学文化素质水平。本报告对"十一五"期间我国的农民科学素质工作进行回顾和总结，旨在为"十二五"期间的农民科学素质工作提供借鉴和参考。

　　农民是我国公民科学素质建设工作的重点人群之一。自《全民科学素质纲要》颁布实施以来，农民科学素质工作得到了高度重视，有关部门大联合、大协作，围绕贯彻落实科学发展观，服务国家中心工作和社会主义新农村建设，颁布相关文件，实施重点工程，面向农民开展各种培训与科普活动，农民科学素质建设取得了一定成绩。与此同时，依然存在一些制约农民科学素质工作深入开展的因素，仍需创新机制，推进制度改革，以更好地服务于我国经济社会的和谐发展。

一 农民科学素质工作的重要意义

在过去的半个多世纪中，中国农村以占世界 1/7 的耕地，提供了占世界 22% 的人口不断增长的农产品需求，近年，农民群众生活水平逐步提高。在 21 世纪的前 20 年，全面建设小康社会、建设社会主义新农村已经成为中国政府新的奋斗目标，解决"三农"问题，更是新时期中国政府所要致力完成的重大任务。在这种情况下，旨在提高广大农民科学素质，进而推动农村经济发展，实现农民增收、农业增产、农村发展的农民科学素质工作，必将为农村社会经济发展注入新的活力，在农村小康社会建设和社会主义新农村建设中发挥重要的作用。

当今世界，公民科学素质水平是国家竞争能力的一个重要标志。我国的社会主义现代化建设，需要大量高素质人才，需要全体公民的素质特别是科学素质的不断提高。占人口绝大数的农民是我国公民科学素质建设的重点人群之一，只有农民的科学素质提高了，我国全体公民的科学素质水平才会有显著提升。

农民科学素质建设是科学发展观的重要实践。在"三农"工作中贯彻落实科学发展观，具体表现为以农民为本，全面提高农村劳动力素质，培养"有文化、懂技术、会经营"的新型农民。只有广大农民科学素质不断提高，缩小工农差别、加快城乡统筹建设才具备坚实的农村人力资源基础，农村生产力和农村各项社会事业又好又快可持续发展才具备坚实的农村人才资源基础。

农民科学素质建设是全面建设小康社会的重要保障。农民是农村的主人与社会生产建设的主力军，全面建设农村小康社会依赖于亿万农民的素质特别是科学素质的不断提高。只有提高亿万农民的科学素质，才能加快农业和农村经济增长方式的转变，夯实依靠劳动者素质提高和科技进步增产增收致富的基础；才能营造人与人、人与社会、人与自然和谐相处的良好氛围，加快小康社会的全面实现。

农民科学素质建设是社会主义新农村建设的重要内容。农民是农村的主体，实现农业和农村现代化，需要培养造就一大批高素质的新型农民，这是新农村建设最本质、最核心的内容，也是最为迫切的要求。只有培养一大批高素质的新型农民，才能有效促进农村调整产业结构、转变经济增长方式，使社会主义新农村建设进入可持续发展的轨道。

二 我国农民科学素养水平稳步提升

为了了解我国公民科学素养状况，经国家统计局批准，中国科学技术协会（以下简称中国科协）中国科普研究所开展了中国公民科学素养调查工作，2007 年和 2010 年分别进行了第七次和第八次调查。调查为抽样问卷入户调查，调查对象为中国大陆（不含香港、澳门特别行政区和台湾省）31 个省、自治区和直辖市以及新疆生产建设兵团（2007 年调查未包括新疆生产建设兵团）的 18 岁至 69 岁成年公民（不含现役军人、智力障碍者）。下面就以与农民科学素养相关的调查数据为基础来阐述中国农民科学素养的整体状况。

调查数据显示，我国农民科学素养水平在稳步提升，这也充分显示了我国农民科学素质工作取得的重要成绩。2010 年，我国农民具备基本科学素养的比例为 1.51%，比 2007 年的 0.97% 提高了 0.54 个百分点。从各分项指标来看，2010 年各项指标均比 2007 年有不同程度提高。

表 2-1　农民具备基本科学素养及各分项的比例（单位：%）

年份	具备基本科学素养比例	科学术语	科学观点	科学方法	科学与社会关系
2007	0.97	11.84	22.94	3.97	57.91
2010	1.51	11.95	26.52	5.66	63.80

（一）农民对科学的理解

农民对科学理解程度的定量测度包括四部分，即对科学术语了解程度的测试、对科学观点了解程度的测试、对科学方法理解程度的测试、对科学与社会之间的关系理解程度的测试。四部分调查数据呈上升趋势，但就农民群体与全国公民总体比较来看，农民还需进一步提高对科学的理解。

1. 对科学知识的了解程度

对科学知识的测度采用科学术语和科学观点两部分题目。主要了解和考察农民对媒体传播的科技信息的理解能力。参与测试的科学术语包括"分子"、"DNA"、"因特网"和"纳米"。对农民了解科学观点的测试，继续使用了国际上普遍采用的 16 个测试题目。调查显示，农民对科学知识的了解水平是逐渐上升的。

2. 对科学方法的理解程度

对科学方法理解程度的测试采用国际通用的测试题，包括对"科学地研究事物"、"对比实验"和"概率"这三个问题的理解程度测试。调查显示，我国农民能够正确回答"科学地研究事物"一词的比例，2007 年为 23.3%，2010 年则为 22.9%；能够就对比实验方法作出正确选择的农民比例 2007 年仅为 13.1%，2010 年则为 15.9%；对概率能够作出正确选择的农民，2007 年为 37.1%，2010 年则为 39.7%。

可以看出，我国农民对"概率"的正确理解比例最高，对"对比实验"的正确理解比例最低，对"科学地研究事物"的正确理解比例不足 1/4。通过两次调查比较来看，对科学方法的理解整体水平是上升的，但农民群体对3个科学方法测试题目正确理解的比例均不同程度低于总体水平。

3. 对科学与社会之间关系的理解程度

农民对科学与社会之间关系理解程度的测度，主要通过测度农民识别迷信现象的能力来实现。

通过对"在过去的一年中，您用过哪些方法治疗和处理健康方面的问题？"的统计显示，2010年，我国大多数农民的选择是"看医生"，其中，65%以上农民选择"看医生（西医）"，29.5%的农民选择"看医生（中医）"；有42.8%的农民"自己找药吃"，更有10.7%的公民"自己治疗处理"；寻求"心理咨询与心理治疗的"比例为3.7%；选择"祈求神灵保佑"的占2.7%。

从调查数据来看，农民对科学的理解程度是提升的，这也显示了农民科学素质建设工作的实效。通过对数据的解析来看，农民对一些迷信现象的处理态度是很鲜明的，但是，农民对具体科学知识的掌握却十分有限。因此，农民对科学的理解还处于较低的层次，科学处理相关事务的能力还有待进一步提高。

（二）农民获取科技信息渠道和参加相关活动的状况

调查显示，2010年，我国农民获取科技信息的主要渠道是电视（92.0%）和报纸（52.0%），与2007年类似。利用互联网的农民比例较2007年的4.4%迅速提升至2010年的15.7%，增长幅度最大；通过与人交谈获取科技信息的农民比例仍然较高（52.9%）。

参与科普活动是获取科技知识和科技信息的重要手段。2007年的调查表明，在过去一年中，农民参加过科技周（节、日）、科普讲座和科技展览等专门的科普活动的比例分别为13.0%、24.9%和15.4%，2010年则分别为19.1%、25.6%、16.5%，均比2007年有不同程度的提高，这说明相关部门进行的科普活动在农民中产生了一定影响，农民参与相关活动的比例在逐渐提高，但参与活动的农民比例最高也仅为25.6%，说明这些科普活动还有很大的扩展空间，以服务于更多的农民。

对农民在过去一年中利用科普设施的情况调查发现，农民参观过科技类场馆的比例2007年为10.6%，2010年提高到16.6%；利用身边科普设施的比例分别为：科普画廊或宣传栏2007年为42.6%，2010年为43.2%，图书阅览室2007年为33.9%，2010年为44.6%。可以看出，农民利用科普设施的比例逐渐提升，科普资源建设等相关措施成效显现。

在对农民利用各种科普设施及场所的情况及原因深度追问中发现，在没有去过的原因中，"本地没有"的比例均明显高于"不感兴趣"的比例。虽然农民利用科普设施的比例是提升的，但相关科普设施仍处于供不应求的状态，今后应该继续加大相关科普资源建设，扩展农民获取科技信息的渠道。

调查显示，我国农民获得科技知识和科技信息的主要渠道是电视，与人交谈的比例也很高，利用互联网的比例低，但提升最快；农民利用科普场馆和科普设施的比例逐渐提升，但与其他公民相比还有一定差距。调查表明，农民对科技信息很感兴趣，但获取的渠道相对较少，今后应加大对相关科普设施的建设力度，扩展农民获取科技信息的资源和渠道。

（三）农民对科学技术的态度

1. 农民对科学技术的看法

调查显示，我国农民对科学技术的态度是积极的。从对科技的总体认识来看，2007 年，有 57.7% 的农民赞成"科学技术既给我们带来好处也带来坏处，但是好处多于坏处"的看法，2010 年则有 71.8% 的农民赞成这种看法。

从科技与生活方面来看，有 85.3% 的农民赞成"科学技术使我们的生活更健康、更便捷、更舒适"的看法，2010 年则有 86.2% 的农民赞成这种看法。

2. 农民对科学技术发展的认识

调查表明，我国农民对科技的发展有很高的期待。以 2010 年的调查数据来看，有 82.6% 的农民赞成"现代科学技术将给我们的后代提供更多的发展机会"的看法；有 74.0% 的农民赞成"科学技术的发展会使一些职业消失，但同时也会提供更多的就业机会"的看法。

在对科技发展与人才资源关系的看法上，有 67.2% 的农民赞成"政府应该通过举办听证会等多种途径，让公民更有效地参与科技决策"的看法。

在对待自然的态度上，我国大多数的农民（65.4%）认为应该"尊重自然规律，开发利用自然"。

3. 农民对科技创新的态度

调查显示，我国农民对科技创新充满期待。有 71.5% 的农民赞同"科学和技术的进步将有助于治疗艾滋病和癌症等疾病"的观点；有 69.8% 的农民赞同"公民对科技创新的理解与支持，是促进我国创新型国家建设的基础"的观点。

在调查"接受新技术新产品或新品种的前提条件"最可能接受的条件时，有高达 76.8% 的农民选择"政府提倡或国家权威部门认可"；有 56.5% 的农民选择"看别人用的结果，如果大多数人都说好，我也接受"；有 37.0% 的农民选择"省钱或能赚钱"；有 42.3% 选择"先自己试一试，再作决定"；有 32.4% 的农民选择"亲自查资料或咨询专家，确认对环境和人体没有危害"；有 22.0% 的农民选择"广告宣传和推荐"；对于"无论谁推荐都不接受"的

选择比例只有 0.4%。

4. 农民对科学家的职业和工作的看法

对农民对科学技术职业声望和最希望子女从事的职业调查显示：教师（55.6%，2007 年；59.6%，2010 年）、科学家（48.1%，2007 年；42.6%，2010 年）、医生（41.4%，2007 年；48.5%，2010 年）排在职业声望的前三位，工程师（20.8%，2007 年；21.2%，2010 年）列第七位；教师（45.5%，2007 年；55.1%，2010 年）、科学家（41.6%，2007 年；38.1%，2010 年）、医生（40.9%，2007 年；50.9%，2010 年）排在最希望子女从事职业的前三位，工程师（23.5%，2007 年；16.8%，2010 年）列第七位。

以上数据表明，我国农民长期以来一直崇尚科学技术职业，积极支持科学技术事业的发展，对科技创新充满期待，信任政府和权威部门对新技术和新产品的认可。同时，我国农民对技术对环境影响的看法和对自然的态度也比较理性。总体来看，广大农民对科学技术的态度是十分积极的，农民科学素质工作的社会氛围良好。

（四）我国农民科学素养的特点

1. 我国农民科学素养水平呈增长趋势，个别方面应该有针对性加强

通过调查来看，我国农民科学素养水平在不断提升，但无论是整体还是各个测算部分都低于全国总体水平，特别是在对基本科学知识（包括基本科学术语和科学观点）和科学方法理解方面差距更大。因此，应该在基本科学知识、科学方法等方面有针对性采取措施，提高农民的科学素质。

2. 农民对科学理解的有限性

调查显示，农民对科学术语等的理解是不断提高的，对迷信等旗帜鲜明地采取了不相信的态度，但通过调查我们也看出，农民对科学的理解是有限的，农民对科学理解的有限性会阻碍他们在生活、生产中对科技相关事务作出正确的判断，因此，继续提升农民的科学素质水平是势在必行的一项重要任务。

3. 农民对科技信息具有较高的兴趣，但获取渠道单一

大部分农民通过电视获取科技信息，另外，还有相当一部分农民通过与人交谈获取科技信息，互联网等现代传播方式的利用率增长最快，但总量相对还是较低；农民对科技信息具有较高的兴趣，但获取渠道还需进一步的挖掘和扩展。因此，应该抓住农民对科技信息的兴趣，扩展获取科技信息的渠道，为提升农民科学素质创造良好的氛围。

4. 农民对科学技术持积极的态度

我国农民普遍对科学持有积极的态度。一方面我们可以充分利用农民对科学的积极态度搞好科普事业，提升农民科学素质；另一方面，在农民科学素质还处于低位的情况下，农民对科学的积极态度存在一定盲目性，我们应该积极把握、引导农民，把其积极的科学态度转化为提升科学素质的动力。

三 大联合、大协作，各部门共同推进农民科学素质工作

2006年，农业部、中国科协作为牵头部门，中组部、中宣部、科技部、教育部等部门作为成员单位组成农民科学素质行动协调小组，共同实施农民科学素质行动。在《全民科学素质纲要》的指导下，各部门坚持大联合、大协作，真抓实干，建立了各负其责、和谐联动的工作机制，制定颁布政策文件，组织实施重点工程，面向农民开展各种培训与科普活动。农民科学素质行动围绕贯彻落实科学发展观，服务国家中心工作和社会主义新农村建设，取得了一定成绩。

（一）《全民科学素质纲要》实施以来我国农民科学素质工作概述

2006年，成立农民科学素质行动协调小组，启动农民科学素质行动。成功举办农民科学素质论坛，农民、专家学者和领导干部共同探讨农民科学素质建设和社会主义新农村建设重大课题。中国科协与财政部联合启动实施科普惠农兴村计划。全国妇联、中国科协印发了《关于深入开展农村妇女科学素质教育工作的意见》，面向农村妇女开展科技培训和科普宣传的力度加大。

2007年，在《关于加强农村实用人才队伍建设和农村人力资源开发的意见》和《关于在全国农村开展党员干部现代远程教育工作的意见》中，科学素质教育都被确定为重要内容。农业部与中国科协牵头制定印发了我国第一部《农民科学素质教育大纲》，较为完整、准确地描述了农民科学素质教育的目标、任务和基本内容，为开展农民科学素质教育工作提供了指导。

在有关部门开展的新型农民科技培训工程、农村劳动力转移培训阳光工程、科技入户工程、生态家园富民行动、百万中专生计划、星火培训基地和星火学校、教育部农村劳动力转移培训计划和教育部农村实用技术培训计划、劳动保障部农村劳动力技能就业计划、全国妇联"双学双比"活动和"两牵手一扶持"活动等重点项目中，都特别安排了农民科技培训等提高农民科学素质的工作。科普惠农兴村计划加大了实施力度，扩大了规模。

2008年，为宣传推广《农民科学素质教育大纲》，编制了《农民科学素质教育大纲宣传挂

图》和《农民科学素质教育大纲解读》，以简明易懂的方式宣传介绍农民科学素质教育内容。启动了为期三年的农民科学素质行动试点村工作。继续实施科普惠农兴村计划，开展了科普惠农服务站试点工作，探索建立科普惠农长效机制。大力开展农民科技培训和农村富余劳动力转移就业培训。农业部在全国3.3万个村大力实施新型农民科技培训工程，共培训农民150万人。实施农业科技入户工程，"手把手、面对面"开展技术指导。大力实施农村劳动力转移培训阳光工程。国家民委、科技部、农业部、中国科协联合发布了《关于进一步加强少数民族和民族地区科技工作的若干意见》，进一步加强少数民族和民族地区科普工作，国家民委、中国科协在民族地区联合开展"双语"科普共建。

2009年，农业部大力开展基层农技人员培训和科技示范户培训，特别注重对西藏等少数民族农技人员和农民的培训。人力资源和社会保障部针对未能实现再就业的返乡农民工、中西部贫困家庭和零转移就业家庭的农村劳动力，开展"百日百万"农民工培训行动。大力发展农村中等职业教育，健全县域职业教育培训网络，对中等职业学校农村家庭经济困难和涉农专业学生逐步实行免费，对农村应届初高中未能继续升学的人员开展劳动预备制培训。国家林业局启动科普服务集体林权制度改革试点工作，在试点地区为林农开展技术培训和咨询服务。全国妇联和农业部印发《关于联合开展百万新型女农民教育培训工作的意见》，大力开展农村妇女的教育培训工作，并通过现代远程教育确保培训分级分层分类抓出实效。

2009年，科普惠农兴村计划实施力度进一步加大，以科普惠农服务站建设推动建立科普惠农服务长效机制。实施西部科普工程，支持中西部地区的160个基层科普组织建立科普惠农服务站。

认真落实《关于进一步加强少数民族和民族地区科技工作的若干意见》，推进民族地区科学素质工作。国家民委、中国科协、科技部、农业部联合举办了百名科技专家和致富能手进民族地区科技下乡活动，帮助少数民族地区依靠科技促进经济社会发展，提高少数民族群众的科学素质。继续开展少数民族"双语"科普共建试点工作，共建科普宣传队、科普资源、科普基地，为少数民族科普宣传提供"双语"科普资源共享服务。

2009年，深入开展农民科学素质行动试点村工作。确定一批试点村，结合当地社会主义新农村建设、科技入户、"一村一品"、科普惠农兴村计划、星火计划、科技特派员、大学生村官等各项工作，创造性地开展工作并取得了有益经验，对周边村庄和农民起到了积极的带动作用。

此外，各部门每年都举行大量针对农民的科普活动，帮助农民提高科学素质。大众传媒针对农民科学素质建设的服务能力有所增强，农民科学素质工作资源建设日渐充实，2009年，农业部、中国科协组织开展了首届农民科学素质宣传教育优秀作品征集活动。

注重基层科普能力的提高，充分发挥全国科普示范县（市、区）的示范引领作用，推动基层落实《全民科学素质纲要》。通过实施科普项目，如"一站、一栏、一员"建设示范项目、西部科普工程、共建华硕科普图书室等，增强县（市、区）科普能力。另外，农民科学素质工作在灾区重建中也发挥了重要作用。

（二）各部门积极开展农民科技培训和富余劳动力转移就业培训

农民科技培训与劳动力转移就业培训，一直是我国农民科学素质建设工作的重要内容。我国开展过多种农民科学素质培训工作，如新型农民科技培训工程、农村劳动力转移培训阳光工程、星火培训基地和星火学校、农村劳动力转移培训计划、农村实用技术培训计划、农村劳动力技能就业计划、基层农技人员培训和科技示范户培训、"百日百万"农民工培训行动、农村党员干部现代远程教育工程、千万农民工援助行动、新型青年农民科技培训工程等，大量的农村培训工程，有力地提高了农民的生产技能与就业能力，促进了农村地区的经济社会发展。

1. 新型农民科技培训工程

从 2006 年起，农业部与财政部在跨世纪青年农民培训工程告一段落的基础上，开始组织实施新型农民科技培训工程，主要对务农农民开展农业生产技能及相关知识培训，提高农民的务农技能。

农业部、财政部根据优势农产品的区域布局规划和地方特色农业发展要求，按照"围绕主导产业，培训专业农民，进村办班指导，发展一村一品"的工作思路，采取集中办班、现场指导、技术服务相结合，实行整村推进，并确定 40 名以上主要从事农业生产和经营、以农业生产经营收入为家庭主要收入的专业农民，作为基本学员，开展系统培训。培训机构进村开展集中培训的时间要不少于 15 天，根据农时季节现场指导不少于 15 次，通过进村培训指导，使受训农民能够基本掌握从事主导产业的生产技术及其相关知识，科学种养水平和生产经营能力得到明显提升。

截至 2008 年，中央财政累计投入 8 亿元新型农民科技培训工程培训资金，在全国 31 个省945 个县（次）6 万个村（次）开展了培训工作，培训专业农民 367 万人。依托该工程的实施，在培训村建立了 8 411 所新型农民科技培训学校和 6 471 个农民科技书屋。

新型农民科技培训工程的实施，取得了明显成效，受到了各级农业部门、培训机构和广大农民的热烈欢迎：一是培养了一批学以致用的专业农民。据湖北省对 10 县市 46 村 240 户受训农民的调查统计，85% 的农民掌握了 1 或 2 项实用技术，15% 的农民成为当地科技致富带头人，10% 的农民成为当地种、养、加和营销大户；二是推动了"一村一品"的发展。河南省汤阴县大力开展食用菌技术培训，全县食用菌产业从无到有，2007 年全县形成食用菌专业村 80 余个，食用菌产销量也因此上升到全国第三位；三是提高了务农收入。经抽样调查，贵州省 2007 年接受项目培训的农民人均纯收入由培训前的 2 065.1 元增加到 3 068.8 元，增幅达 30%；四是促进了农民思想观念的转变。通过农业专家和科技人员进村开展科技培训，让农民不会就学、不懂就问，增强了农民对无公害农产品标准化生产的认识，强化了农民对农产品质量安全、品牌开发和市场风险的意识，提高了农产品生产经营水平，受训农民从"要我培训"逐步转变为"我要培训"。

2. 农村劳动力转移培训阳光工程

为加快农村富余劳动力向城镇转移，2004 年，由农业部、财政部、人力资源和社会保障部、科技部、教育部、建设部（住房和城乡建设部前身）等 6 部委共同组织实施了农村劳动力转移培训阳光工程，于当年正式启动实施。截至 2008 年年底，中央财政累计投入资金 32.5 亿元，培训农村劳动力 1 580 万人，转移就业 1 373 万人，转移就业率达到 86% 以上；带动地方投入农村劳动力转移培训资金 30 多亿元，培训农村劳动力 3 000 多万人。2009 年，农业部委托全国农广校开展农村劳动力转移就业引导性培训 3 361 152 人，开展农民职业技能培训 2 141 989 人。

在党中央、国务院的高度重视和各级党委、政府的共同努力下，阳光工程取得明显成效，受到了广大农民、用工企业和社会各界的广泛好评：一是提高了农村富余劳动力的综合素质和转移就业能力。大批农村富余劳动力通过阳光工程培训后，掌握了其他领域的专业技能，综合素质明显提高，就业稳定性明显增强，加快了全国农村劳动力转移就业的步伐，也为第二、第三产业和城市发展提供了有力支撑；二是增加了农民收入。2007 年，全国阳光工程办公室抽样统计表明，阳光工程转移就业学员的月收入为 983.5 元，同比增长 131.3 元，比没有接受培训的农民工高 277.5 元，阳光工程对增加农民收入的作用进一步增强；三是促进了农村劳动力的合理有序流动。阳光工程通过"订单培训"，由培训单位凭就业订单向政府申请培训任务，对农民开展培训，并有组织地将培训学员送到用人单位，减少了农村富余劳力流动的盲目性，降低了外出务工的成本，也带动了整个农民工流动的合理性和有序性；四是推动了新农村建设。据全国阳光工程办公室调查统计，阳光工程培训的学员中有 50% 左右实现了就近就地转移，成为当地经济发展和新农村建设的重要力量。另外，返乡创业的农民工通过带回资金、技术和观念，为改变农村传统观念意识和家乡生产生活面貌作出了积极的贡献。

3. 农村党员干部现代远程教育工程

为认真贯彻落实党的十六大精神，积极探索让农村党员干部经常受教育、使农民群众长期得实惠的有效途径，2003 年年初，中组部等 14 部委决定，在东部的山东、中部的湖南和西部的贵州以及安徽省金寨县启动农村党员干部现代远程教育试点工作。2005 年年初，试点地区扩大到山西、辽宁、吉林、黑龙江、江苏、浙江、河南、四川和新疆等 9 个省区。2006 年年底，整个试点工作基本结束。

农村党员干部现代远程教育工程试点工作经过近 4 年的努力，建成了 20 多万个终端站点，整合开发了近 4 万个教材课件，建立了一支由 30 万人组成的骨干队伍，接受教育培训的农村党员干部和农民群众达 2 亿多人次。试点地区广大农村党员干部和群众通过现代远程教育，综合素质得到了提高，创业致富本领得到了增强，党群干群关系进一步密切。

2007 年 4 月 28 日召开的全国农村党员干部现代远程教育工作会议，对在全国农村开展党员干部现代远程教育工作进行了全面部署。同年 7 月 4 日，中共中央办公厅印发《关于在全国农村开展党员干部现代远程教育工作的意见》。中央对于农村党员干部现代远程教育工作的总体安排是：从 2007 年下半年至 2010 年年底，用 3~4 年的时间，在全国基本建成农村党员干部现代远程教育网络体系，完成基础设施建设任务，在乡镇、村基本实现站点全覆盖。2008 年，中组部在农村设立了 15 万个农村党员活动室，利用远程教育等设施资源针对农村党支部和乡镇党支部书记开展了科技知识等内容的培训。

发展农村远程教育促进了"让农村党员干部经常受教育、使农民群众长期得实惠"工作机制的建立健全，有利于提高农村党员干部的综合素质，增强他们为农民群众服务的意识和本领，更好地发挥致富奔小康的骨干带头作用。通过远程教育系统的技术手段，科技信息和技术进村入户，不断满足农村党员干部和农民群众生产生活中的各类信息需求，培养造就了大批掌握现代农业科技知识和技能、具有创业致富本领的新型农民。

4. 教育部农村实用技术培训计划

为了进一步发挥教育在解决"三农"问题中的积极作用，普遍提高农村劳动者的科学素质，教育部从 2005 年组织实施农村实用技术培训计划，发布了《教育部关于实施农村实用技术培训计划的意见》。

该计划的特点是通过发挥高等农业院校和高校农业科技教育网络联盟计划的技术带动与辐射作用，利用广播电视大学系统远程教育资源，努力形成以农业院校为科技源头，覆盖县、乡、村的实用型和开放型的农民实用技术教育培训网络，使广大农民能就近学习先进的实用技术和科学文化知识，为在农村地区逐步实现全民学习、终身学习创造条件。主要措施包括：推动各县建设一所示范性的职业学校，使之成为面向当地经济建设和社会发展的开放的、多功能的职业教育与成人教育中心；通过继续办好乡镇、村成人文化技术学校，继续开展骨干学校建设活动，形成一大批技术引进、实验示范、教育培训、推广服务能力较强的学校，发挥其在农村实用技术和劳动力转移培训中的重要作用。

2009 年，全国农村实用技术培训达到 4 130.67 万人次，其中，女性 1 942.31 万人次，占 47.02%；男性 2 188.36 万人次，占 52.98%，教育部门和集体举办的农村成人文化技术学校培训 4 007.18 万人次，占总培训人次的 97.01%。2009 年，全国 12.94 万所农村成人文化技术培训学校（机构）和 35.33 万个教学点（班）参与开展了农村实用技术培训，其中，乡镇成人文化技术学校 1.8 万所，培训学员 1 910.56 万人，村办学校 10.57 万所，培训学员 1 915.30 万人，乡、村两级农村成人文化技术学校培训人数合计 3 825.86 万人，占培训总量的 92.62%，是在农村地区开展农民教育培训的主阵地。近 4 年来，农村实用技术培训年均培训率均在 9% 左右。

5. 千万农民工援助行动

2009 年年初，全国总工会启动了以就业援助为重点的千万农民工援助行动。专门从财政专项帮扶资金中划拨 2 亿元，用于开展千万农民工援助行动，同时在全国范围内确定了 12 个全国工会农民工技能培训示范基地和 113 个全国工会就业培训基地，并带动全国 2 013 家工会培训机构，推动全国工会职业培训和就业服务工作的深入开展。截至 2009 年 10 月底，全国各级工会共对 1 393.58 万名农民工实施援助，培训农民工 520.49 万人（技术培训 189.51 万人，创业培训 27.67 万人，基础和适应性培训 303.31 万人），为 362.21 万名农民工提供就业服务，其中，成功介绍 207.23 万名农民工实现就业；对 510.88 万名农民工开展了生活救助、法律维权等方面的帮扶。全国总工会为千万农民工援助行动投入资金 10.1 亿元，其中，争取中央和地方财政帮扶专项资金投入 4.25 亿元，争取政府劳动部门职业培训和就业服务补贴 2.13 亿元，工会经费投入 2.37 亿元，社会捐助筹集 1.4 亿元。千万农民工援助行动的开展，为有效缓解国际金融危机对我国就业造成的压力，对提升农民工素质，帮助农民工解决生产生活中遇到的困难，维护农民工权益发挥了积极作用。

另外，我国开展的星火科技培训专项行动以及绿色证书工程也取得了重要成效。星火科技培训专项行动是由科技部组织实施，通过部门联合，调动地方和社会力量广泛参与，旨在面向农村科技管理干部、骨干农民、优秀青年农民以及乡镇企业开展科技培训的重大专项，重点推进乡镇企业科技培训、青年星火带头人培训、星火科技管理干部培训、星火远程科技培训、星火外向型科技培训等 5 项具体工程。从 2003 年起，科技部每年投入 5 000 万元，用 3 年时间，实现全国 60 多万个村"村村有科技带头人"，4 万多个乡（镇）"乡乡有'星火课堂'"，2 000多个县"县县有'星火学校'"，每年培训 700 万人，使 2 000 多万农民从中受益，培养了一大批掌握现代科技知识和市场经济知识的新型农民、农村干部和基层科技干部、乡镇企业管理和技术人员，使他们科学发展、科学生产、科学经营、科学生活的素质和能力有了较为显著的提高。

绿色证书工程是我国农民科技培训的一项基本制度。为提高我国广大农民的科学素质，加快农业科技进步，促进农村经济发展，使我国农民职业技术教育逐步走向法制化和规范化道路，农业部在借鉴国外农民培训经验和总结我国农民职业技术教育实践的基础上，从 1990 年开始开展绿色证书制度试点工作，1994 年开始全面组织实施绿色证书工程，主要是按农业生产岗位规范要求对广大农民开展技术培训。目前，绿色证书培训已覆盖全国 31 个省（区、市）的 2 000 多个县（市）。绿色证书培训实施以来，一大批农民通过培训成长为农村专业技术骨干。绿色证书培训是一个投资少、见效快、回报率高的致富途径。目前，绿色证书培训工作已从农业系统内部，扩展到教育、科技、妇联、共青团、军队、劳教系统等多个部门，成为具有广泛影响力和认同感的农民科技培训品牌。

（三）面向农民广泛开展各种形式的群众性科普活动

1. 科技下乡活动立足服务"三农"，产生良好社会反响

（1）科技列车引导城乡科技资源共享，带给农民实惠

科技列车活动是中宣部、科技部、铁道部、卫生部、共青团中央、中国科协等部委自2004年开始联合开展的一项科技下乡活动。该项活动围绕全面建设农村小康社会这一主线，鼓励广大科技人员深入农村农业生产第一线，投身农村经济建设的主战场，关心、支持"三农"工作，在广大农村地区营造学科技、用科技的良好氛围。此项活动以火车为载体，停靠铁路沿线各站点，在周边各县、乡（镇）、村开展针对当地农民需求的科技活动。活动形式丰富多彩，包括举办专家专题讲座和咨询服务，捐赠电脑、科技图书、光盘和农业生产资料等物资以及播放农、林科教片等。

自2006年起，科技列车活动多次深入革命老区以及广大农村，体现出"振兴老区，服务三农"的特色。2006年5月，满载着科技专家、科技特派员和农村科技物资的科技列车从北京西站出发，驶向素有"革命圣地"之称的陕西延安。在陕西省延安、榆林地区8个县（市、区），开展实用技术专题咨询讲座、卫生医疗义诊及医务人员培训，召开现代农业科技知识专题报告会，协助创建农村科技图书室、卫生科普图书室以及农村青少年科技创新操作室等。2007年5月，科技列车驶入大别山开展科技下乡活动，以提高农民科技素质、带动农民致富为目的，突出科技为革命老区新农村建设服务这一中心任务，根据当地农民的生产生活需求，邀请农业、医疗卫生、环保等领域300多名专家，深入安徽省金寨等7个县市的34个乡镇，开展一系列科技活动，惠及30余万农民兄弟，40多家单位为本次活动捐赠了价值581.25万元的物资。2008年5月，"振兴老区、服务三农、科技列车贵州行"大型活动开展。在历时9天的活动中，专家们结合当地农民生产生活的切实需要，在毕节、遵义以及贵阳地区的12个县（市、区）开展科普讲座以及抗震救灾、次生灾害防御、疫病防治等方面科学知识的宣传和普及，农业实用技术讲座和现场技术指导、医疗卫生义诊、环保和遥感知识讲座及技术指导等科技活动。各部委、各单位协助当地建立了农家书屋、农村青少年科技创新操作室等科普设施。

在历时6天的2009年科技列车长白山行活动中，专家们深入当地6个县（市、区）的47个乡镇、社区街道，开展科技服务示范活动，向当地捐赠价值300多万元的科技物资，其中包括"万村书库"图书室、电脑知识培训和实用科技图书、笔记本电脑等。2010年5月，科技列车奔赴四川巴中地区，深入4个县（市、区）所辖的乡镇、社区、街道传播科技知识，捐赠总价值约168.2万元的物资。

实践证明，作为科技、文化、卫生"三下乡"的重要载体和有效形式，连续举办7次的科技列车活动，将城市丰富的科技、信息、人才等优势资源输送到广大农村，为农民带来了实实在在的好处，在社会上引起了积极反响，深受社会各界欢迎。

（2）院士专家深入革命老区宣讲科技，为农村发展提供科技服务

从2001年开始，中宣部、科技部、中科院组织院士专家科技宣讲团奔赴全国老少边穷地区，通过咨询、考察、座谈、举办科普报告等活动形式，密切院士专家与老少边穷地区的联系，加大科技促进老少边穷地区社会经济发展的力度。

院士专家科技宣讲团心系革命老区群众，近年来开展了多次院士专家科技老区行活动。2006年11月，以中国工程院院士刘更另为团长的15名院士专家组成的科技宣讲团抵达江西省上饶市，推动当地科研成果的转化，帮助该市农业龙头企业发展。2007年12月，院士专家科技宣讲团深入山东临沂革命老区，通过举办讲座、现场考察、咨询、座谈、提供科技支持等形式开展送科技下乡活动。2008年1月，院士专家科技宣讲团赴广东省肇庆、惠州和海南省东方革命老区开展送科技活动。宣讲团深入乡村、乡镇企业和国有大型企业，针对当地的特点和需求通过举办报告、座谈、咨询、现场评估等活动形式开展科技扶持。

2009年，院士专家科技宣讲团来到了安徽省肥西县，就农民关心的淡水鱼养殖、无害化农业病虫害防治技术、花卉苗木栽培、设施蔬菜栽培、禽流感防控等问题提供了详细的咨询和指导，为当地的农业发展和新农村建设献计献策。在安徽省凤阳县小岗村，院士专家科技宣讲团成员们就小岗村的发展规划与村里的干部群众进行了讨论，并表示愿与小岗村加强联系，为小岗村提供农业发展所需的技术指导和科技支持。2010年1月，院士专家科技宣讲团一行10人，来到浙江磐安革命老区开展科技下乡活动。院士专家们为当地干部、技术员、农民群众解决科技难题，还针对中药材栽培、食用菌栽培、水稻新品种、通过生物技术提高农产品产量和品质，以及大盘山自然保护区物种保护和药用植物园建设、生态旅游等问题，提供了科技支持。

（3）科技致富能手科技下乡，给乡村农民传经送宝

由中国科协农村专业技术服务中心组织开展的科技致富能手科技下乡系列活动在各地农民与全国科技专家、致富能手之间搭架了一座座致富和友谊的桥梁，受到了农民的热烈欢迎和好评，在中宣部、中央文明办、中国科协等14部委的"三下乡"文件中被列为重点活动，成为科普品牌活动。该项活动形式多样，包括农业技术培训、科技致富报告、农村科技咨询、科技讲座、大型医务讲座、专家义诊、企业捐赠等。科技致富能手们不断把致富经验和技术带到乡村，给乡村农民带来了切身的实惠，帮扶当地人民解决了生产和生活问题，促进了地方经济的发展，是一项"为党政分忧，为群众解难"的科技下乡活动 [1] 。

近年来，该项活动不断深入革命老区、少数民族和民族地区，传播科技致富的新观念和

---

[1]　中国农村科普网，http://www.agritech.org.cn/n11254568/n11254644/n11398119/11522764.html。

经验做法，并提供了大量的科技资源扶助。2006年11月，中国科协在江西省井冈山开展了科技致富大王进井冈山科技下乡活动。同年，在四川省仪陇县举办了科技致富大王进仪陇活动。2007年6月，在湖南省湘西州举办了科技专家、致富能手进湘西科技下乡活动。2008年3月，在陕西省榆林市举办了全国科技专家、致富能手进榆林暨陕西省第十六届科技之春宣传月农村科普示范活动。2009年3月，在经过前期大量考察调研和技术对接工作后，针对河北省平山县革命老区产业发展的实际需求，中国农技协与河北省科协共同组织了来自全国7个省、市、自治区的百余名农业科技、种植养殖业、医疗卫生、旅游、工业等方面的科技专家、致富能手，组成科技下乡小分队，奔赴各个乡镇村庄、学校、企业和生产基地开展技术培训和技术服务。2009年9月，在内蒙古通辽市举办百名科技专家和致富能手进通辽科技下乡活动。2009年9月22日，来自全国的百名"科技大王"汇聚银川，参加百名科技专家和致富能手进回乡科技下乡活动。2010年5月，来自全国9个省、市的百余名农业专家和农业科技致富能手深入四川凉山彝寨生产第一线，为广大农民开展农业、医疗和教育等方面的讲座、咨询、培训和服务，帮助父老乡亲们解决生产生活中的科技难题。

据中国科协农村专业技术服务中心初步统计，2000~2009年，共组织500余家涉农单位、近千人次的科技致富能手、农业科技人员和涉农企业家参与此项活动，交流项目900余项，发放资料100万份以上，培训实用技术人才1.5万人，现场交流咨询群众数十万人次，签订合同和意向性协议共计近600项，合同和协议金额近11亿元，有力地促进了农村科普事业的发展。

2. 全国农村妇女"双学双比"活动不断创新发展

妇女是农村经济社会发展的生力军。以"学文化、学科技，比发展、比贡献"为内容的"双学双比"活动已经开展了20余年。各级妇联组织充分发挥桥梁和纽带作用，团结带领广大妇女，将"双学双比"不断推向深入。

近年来，该项活动围绕科学发展、社会和谐、建设社会主义新农村的总体要求，以"巾帼示范村"创建为切入点，加强城乡统筹和区域互动，在帮助妇女持续增收，引领妇女创业就业，培育新型女农民，促进农业产业化、标准化、现代化方面积累了新的经验，带领妇女全面参与了新农村的建设。这20余年，引导近亿名妇女参加农业新技术、新品种的培训，帮助150万名妇女分别获得农业技术员职称和绿色证书，一大批有文化、懂技术、会经营的新型农村妇女茁壮成长，培育了适应农业经济发展的人才队伍；20余万个"妇"字号示范基地相继创建，带动了农村妇女增收致富；创建了36 000个妇女领办的专业合作组织，推动了妇女参与农业产业化、标准化的进程；全国有4.6万个村庄和社区开展来料加工或手工编织项目，带动300多万名妇女就地就业，帮助农村妇女摆脱贫困，有序转移妇女富余劳动力，拓展了创业就业的空间。此外，全国每年约有1.2亿人次的城乡妇女参与植树造林，营建"三八"绿色基地22万个，培育了一大批营林技术骨干，创建了一大批巾帼生态庭院，促进了生态文明建设；两万多个"巾帼示范村"相继创建,搭建了城乡共建、载体互动的有效平台。广大农村妇女在活动中,不断强化自身素质,提高增收致富本领,为发展现代农业、建设社会主义新农村作出了贡献。

"双学双比"活动满足了农村妇女增收致富的迫切愿望,协助解决了农村妇女最关心、最直接、最现实的利益问题;始终重视开发妇女人力资源,坚持抓培训,把提高妇女素质作为长期的战略任务,为促进妇女的全面发展和"三农"工作提供源源不断的智力支持;始终注重城乡互动,搭建服务平台,引导城市优势资源向农村倾斜,不断顺应"三农"发展需求,始终坚持抓协同,促共赢,把政府职能部门优势和妇联组织优势有机结合,做到优势互补、资源共享,构建了妇女工作社会化新格局。

3. 主题科普活动逐步深入乡镇农村,适应城镇化发展趋势,提高农民生活质量

（1）清洁、高效的沼气能源进农家

在农村大力推广沼气工程,让这种清洁、高效能源走进农村千家万户,让越来越多的农民远离烟熏火燎的厨房环境,让庭院变得更加整洁。沼气工程成为农村"节约能源资源"主题的代表性活动。农业部根据我国农村的实际情况,研究制定了《全国农村沼气建设规划》、《关于进一步加强农村沼气建设管理的意见》、《农村沼气服务体系建设方案》等系列文件,并采取了相应的落实措施,包括组织实施生态家园富民行动,寓生态环境建设于富民之中,重点发展农村沼气和实施乡村清洁工程。2007年,农业部对400万新增沼气用户开展沼气使用、"猪沼果"、"四位一体"等能源生态模式和沼气综合利用知识培训。2008年,继续加强农村新能源安全生产管理技术培训,对30万沼气用户和技术人员开展了沼气综合利用和能源生态模式培训。全国各地围绕农村沼气建设,实施了很多有效的措施,如广西壮族自治区政府连续7年把沼气建设列为为农民办实事的主要内容,逐年加大投入;江西省逐步建立了以省级技术培训基地为依托、县乡服务站为支撑、乡村服务网点为基础、农民技术员为骨干的沼气服务体系;陕西省围绕沼气池的建设、维护、管理、服务和"三沼"综合利用,对农村能源管理、技术人员和沼气用户开展技术培训。2009年,农村能源建设进一步发展,特别是农村沼气建设仅国家专项投入（含追加投入）就已达到50亿元。农业部及各省（自治区、直辖市）、市、县等有关单位共培训农村能源及沼气生产人员40万人次,其中获得国家职业资格证书的为5万人。

（2）环保生态宣传活动在农村兴起

在环保部的大力支持下,中国环境科学学会充分发挥高校大学生志愿者的作用,联合多所高校团委发起并共同开展大学生暑期社会实践志愿者千乡万村环保科普行动。从2007年起,每年7~8月,各校团委组织多支农村环保科普小分队,奔赴全国31个省、自治区、直辖市,走遍上千个村庄开展环保科普活动。大学生志愿者们将《农民身边的环保科普知识》等环保宣传册发放到农民手中,将《让农民喝上放心的水》、《创建环境优美、文明生态的乡村》等农村环保科普挂图张贴到农村中,还开展了农村生态环境问题、农村环境问题影响因素

等内容的调查。各校大学生志愿者秉承"服务农村农民、传播环保知识"的宗旨，倡导"奉献、友爱、互助、进步"的志愿精神，深入学校，深入农户家庭，深入田间地头向当地村干部、农民、中小学师生普及农村环保科技知识，在农村中产生了良好的影响。2009年，有1 000多名大学生志愿者深入全国200多个村庄开展环保宣传。

（3）农民参与健康教育竞赛活动的热情高涨

卫生部、农业部等7部委发起了全国亿万农民健康促进行动，并于2006年出台《全国亿万农民健康促进行动规划（2006—2010年）》，对农村居民基本卫生知晓率、健康行为形成率等提出了具体的指标要求。全国各地围绕着贯彻、落实、发展《全民科学素质纲要》，以"安全与健康"为传播主题，广泛深入开展多种形式的农民健康教育与健康促进工作。2008年，卫生部、全国爱卫会、中央宣传部、教育部、农业部、广电总局、共青团中央、全国妇联、国务院扶贫办等9个部门联合主办了2008年全国农民健康知识大赛，主题为"健康素养和谐中国"。本次知识竞赛活动组织了不同级别的竞赛，最初有20多万土生土长的农民参加了8 465场乡级竞赛，历经县级、市级、省级、全国级竞赛的层层选拔，是一次很好的向农民群众普及和推广卫生科学知识的健康传播活动。通过全国竞赛活动的举办，促进了广大农民对健康素养基本知识的了解和掌握。

（四）加强农民科学素质建设示范工作，提升示范效应

1. 科普惠农兴村计划

为贯彻党的十六届五中全会精神，落实《全民科学素质纲要》，"十一五"期间，中国科协、财政部联合实施了科普惠农兴村计划。科普惠农兴村计划通过"以点带面、榜样示范"的方式，每年在全国评比、筛选、表彰一批有突出贡献的、有较强区域示范作用的、辐射性强的农村专业技术协会、科普示范基地、农村科普带头人、少数民族科普工作队等先进集体和个人，带动更多的农民提高科学文化素养，掌握生产劳动技能，引导广大农民建立科学、文明、健康的生产和生活方式，推动农村经济社会的发展，助力社会主义新农村建设。党中央、国务院非常重视科普惠农兴村计划，《中共中央国务院关于积极发展现代农业扎实推进社会主义新农村建设的若干意见》（中发〔2007〕1号）、《中共中央国务院关于加大统筹城乡发展力度进一步夯实农业农村发展基础的若干意见》（中发〔2010〕1号）中，都明确提出加大实施力度，扩大科普惠农兴村计划规模。

按照中国科协、财政部《"科普惠农兴村计划"实施方案（试行）》、《"科普惠农兴村计划"专项资金管理办法》，科普惠农兴村计划依照"面向社会，统一标准；立足科普，注重公益；差额评选，择优支持；奖补结合，追踪问效"的原则开展表彰奖补，采取了"三级公示，四级联动"的管理模式，实行了报账制的资金管理方式。

据统计，从 2006~2010 年的五年间，科普惠农兴村计划共表彰 4 659 个（名）先进集体和个人，其中，农村专业技术协会 2 132 个，农村科普示范基地 1 210 个，少数民族工作队 35 个，农村科普带头人 1 282 个，奖补资金累计 7.5 亿（见表 2-2）。据不完全统计，在科普惠农兴村计划的带动下，各地财政累计投入科普惠农专项资金超过 3.1 亿元，表彰 1 万余个先进集体和个人。

表 2-2　2006~2010 年科普惠农兴村计划表彰奖励情况

年　份	协　会（个）	基　地（个）	带头人（名）	工作队（个）	合　计	奖补金额（万元）
2006	100	100	100	10	310	5 000
2007	210	210	220	10	650	10 000
2008	210	210	270	5	695	10 000
2009	612	300	302	5	1 219	20 000
2010	1 000	390	390	5	1 785	30 000
合　计	2 132	1 210	1 282	35	4 659	75 000

科普惠农兴村计划直接惠及广大农民，推动了农村科普公共服务体系建设，创新了科普工作方式和财政资金科技支农的机制，带动了农村科普创新发展，得到了各级党政领导的肯定和重视，受到了基层科普组织和广大农民的拥护和欢迎。在科普惠农兴村计划的大力支持和推动下，各地区和部门越来越重视对农民的科学技术宣传和普及、农村科普组织的建设，不断加大经费投入，大力加强科普人才队伍建设，改善科普基础设施，积极组织开展形式多样的科普培训等活动，带动广大农民提高科学素质、掌握科学生产劳动技能，在农村广泛掀起了开展科学普及、推广适应技术，宣传科学、文明、健康的生产和生活方式的热潮。

科普惠农兴村计划对农业产业发展发挥了带动和导向作用，推动了农村经济的发展。每年科普惠农兴村计划根据党中央、国务院有关农村工作的指示精神和中央一号文件有关要求确定支持的重点农业产业和对象。2008 年，重点关注在推广和发展节约型农业技术、节水灌溉、农业机械化、粮食生产和"菜篮子"产品生产、健康养殖、特色农业、农业标准化和农产品质量安全、生态建设等方面作出突出贡献的单位和个人；2009 年，重点关注在发展粮、棉、油、生猪生产以及吸收农村劳动力就业创业等方面作出突出贡献的单位和个人；2010 年，重点关注在发展低碳农业和现代农业中作出贡献的单位和个人，重点关注建立党组织的农技协和示范基地，重点关注以建设科普惠农服务站、农民培训学校等形式建立科普惠农长效机制的示范基地。科普惠农兴村计划对农业产业的重点关注和支持，引导了农村产业的发展，推动了农村经济的发展。

为建立科普惠农长效机制，完善农村新型科技服务体系，2009 年，中国科协下发《关于建立科普惠农长效机制　开展科普惠农服务站建设工作的通知》，在全国组织开展科普惠农服务站建设工作。将通过 3~5 年的努力，率先在各级科协和财政部门科普惠农兴村计划表彰的农村专业技术协会、农村科普示范基地和带头人所在单位中建立起科普惠农服务站。农村基层科普组织科普惠农服务站的建立为农民提供了更加及时、周到、长期、有效的科普服务，推动了科技发展惠及"三农"，增强了农村基层科普组织的凝聚力，推进了农村科普队伍建设、基础设施建设、资源建设和能力建设，普遍提高了科普服务的能力，科普惠农长效机制将进一步完善。

2. 全国科普示范县（市、区）创建活动

全国科普示范县（市、区）的创建，对于推动当地农村科普工作的开展具有十分重要的意义。中国科协自 1998 年启动这项科普示范活动以来，通过在县域基层开展科普示范创建，依靠辐射带动作用，推动了县域科普事业的发展和公民科学素质的提高，促进了地方经济社会的发展。

（1）全国科普示范县（市、区）创建活动树立了基层落实《全民科学素质纲要》的典范

国务院颁布《全民科学素质纲要》后，中国科协对全国科普示范县（市、区）的标准和测评指标及时进行了修订，创建活动的具体工作内容整合到了落实《全民科学素质纲要》的框架中。全国科普示范县（市、区）创建活动成为促进基层具体落实《全民科学素质纲要》的重要抓手。

2007 年 9 月，中国科协对第三批全国科普示范县（市、区）创建单位进行了总结检查，各级科协依照新标准和测评指标考核了创建单位的各项科普工作，普遍提升了对《全民科学素质纲要》的认识和理解，命名了 290 个《全民科学素质纲要》颁布后首批符合新标准的科普示范县（市、区）。将其中一些单位的典型经验编制成了《第三批全国科普示范县（市、区）创建工作资料包》，发送到了全国 2 800 多个县级行政区划单位，以供学习和交流。

2008 年，中国科协又对第一、第二批全国科普示范县（市、区）进行了复查，命名了 423 个单位，并将这些县（市、区）的工作经验编制成《2009 年基层科普工作资料包》。全国科普示范县（市、区）（2008~2009 年）达到 713 个，所在地区涉及全国约 4 亿人口，其中大部分为农村人口。

通过创建活动的推动，各县（市、区）的党政领导增强了对围绕提高公民科学素质的科普工作的重视程度，基层的全民科学素质工作获得了前所未有的良好局面，人均科普专项经费得到了有效的保障，基础科普设施建设进一步完善，促进了居民科学素质的提高和县域经济社会的可持续发展。2006~2008 年，中国科协在全国科普示范县（市、区）实施了 238 个"站栏员"科普示范建设项目，加强了基层科普能力建设。据中国科协科普部 2008 年统计，713 个全国科普示范县（市、区）共建有科普画廊或宣传栏 71 448 处，科普活动站 70 444 个，配备科普员 429 021 人；16 万个村落共有农技协组织 46 895 个；90% 以上的乡镇拥有科协，50% 以上的街道和社区有科协或科普组织；形成了 76 万余人的科普志愿者队伍。

（2）全国科普示范县（市、区）创建活动不断创新发展，成为培养科普示范特色品牌的土壤

为了深入开展全国科普示范县（市、区）的创建活动，激发创新活力，2009 年，中国科协采取了两个重要举措。首先是重新修订了创建办法，增强了对创建活动的动态管理，打破创建

总量的限制，实行统分结合，逐级创建，推动基层建立起科普示范乡镇、科普示范村。按照新的创建办法，经过自愿申报、省级推荐，2010 年 6 月，中国科协确定了 920 个县（市、区）参加 2011~2015 年全国科普示范县（市、区）的创建活动。其次，在全国科普示范县（市、区）中实施了百县百项科普示范特色建设专项（以下简称科普示范专项）。2009 年，支持了 108 个县（市、区）实施具有典型示范效应的特色项目，2010 年，支持了 101 个县（市、区）实施特色项目。科普示范专项的实施，促进了各地对特色科普示范工作的总结交流，提供了培育科普示范品牌的载体和平台，进一步丰富和深化了全国科普示范县（市、区）创建活动的内涵。科普示范专项是全国科普示范县（市、区）创建活动的延伸，成为培育科普示范特色品牌的重要载体。

3. 农业科技入户示范工程

我国实施的农业科技入户示范工程取得重要成效。2005 年，农业部正式启动实施了农业科技入户示范工程，探索建立了"科技人员直接到户，良种良法直接到田，技术要领直接到人"的农技推广新机制，为促进粮食增产、农业增效和农民增收起到了积极作用。仅 2008 年一年，农业科技入户示范工程在全国近 300 个县培育了 26 万个农业科技示范户，辐射带动周围近 500 万农户。科技示范户普遍增产增收，辐射带动作用明显。科技示范户已经成为农民看得见、问得着、留得住的"乡土专家"，基层农技推广的重要力量，新农村建设的科技能手和致富带头人。通过农业科技入户示范工程，针对农民的个性化技术需求，开展"一户一策"的技术指导和服务，在专家与技术指导员、技术指导员与农民、示范户与普通农户之间实现了零距离对接，构建了"专家组—技术指导员—科技示范户—辐射带动农户"的科技成果转化应用快捷通道，初步形成了适应家庭承包经营的农技推广网络，有效解决了农技推广"最后一公里"的问题。科技成果大面积推广应用的速度有较大幅度提高，广大科技示范户和周边农户科学种植养殖、加工贮藏和科学经营管理的意识、能力有了极大的提高。

4. 农民科学素质行动试点村建设

2008 年，农民科学素质行动协调小组启动了农民科学素质行动试点村建设工作。在全国选择了 10 个试点村，农业部、环保部、卫生部、中组部、国家林业局、国家民委、共青团中央、全国妇联、中科院等 9 个部门分别作为 10 个试点村牵头联系单位，协调小组其他成员单位参与，联合开展试点工作。试点村建设工作以十七届三中全会精神和科学发展观为指导，以提高村民整体科学素质为目标，以宣传实施《农民科学素质教育大纲》为主要内容，分头定点联系，多种模式探索，全面深入推进农民科学素质行动。

（1）牵头联系单位正式启动试点村工作并为试点村挂牌

2008 年，农民科学素质行动协调小组在全国范围内选出有区域代表性，当地农村干部和群众对提升自身素质有积极性、主动性，而农业生产、农村经济和社会基础条件有一定差异的 10 个村，作为农民科学素质行动试点村。农民科学素质行动协调小组办公室向 10 个试点村各赠送价值 1 万元以上的农民科学素质教育、宣传、科普制品，受到试点村广大农民的热烈欢迎。

（2）组织试点村基层干部和农民培训

将 10 个试点村的村支部、村委会干部、种养大户、农民专业经济合作组织负责人、创业致富带头人、青年农民等列入农业部实用人才培训计划，对试点村基层干部开展培训。从 2009 年 5 月至 12 月，共组织 10 个试点村 80 余名村"两委"干部和科技带头人等参加农民实用人才培训。

（3）组织专家深入试点村调查研究咨询指导

有关试点村牵头单位联系、发动专家和科技人员、科普志愿者深入试点村，初步了解农民科学素质现状和科技需求，为下一步开展有针对性的现场指导和技术培训做好基础工作。采取具体措施支持试点村建设工作。各成员单位依据试点村建设工作方案，发挥自身优势，整合系统资源，组织专家和有关人员有针对性进村开展科普、培训、咨询等工作。农民科学素质行动协调小组根据有关牵头联系单位的要求，为试点村提供联系专家、配发科普制品等工作支持。

（4）为试点村配备华硕科普图书室

截至 2009 年 9 月底，为 10 个试点村各配备 1 个华硕科普图书室，为推进科学素质教育、科普工作提供必要的科普资源。

（5）开展试点村农民科学素质本底调查，探索建立农民科学素质基准和指标体系

为了更好地开展试点村建设，农民科学素质行动协调小组委托中国科普研究所对试点村农民进行科学素质抽样调查。通过调查，对试点村农民科学素质状况有了基本了解。调查表明，试点村农民具备基本科学素质的比例为 0.8%。

（五）少数民族和民族地区科学素质工作成效显著

1. 制定、下发《关于进一步加强少数民族和民族地区科技工作的若干意见》，加强工作指导

为了深入贯彻党的十七大精神，全面实施《国家中长期科学和技术发展规划纲要（2006–2020 年）》（以下简称《国家中长期科学和技术发展规划纲要》）、《全民科学素质纲要》和《少数民族事业"十一五"规划》，进一步推动少数民族和民族地区科技事业发展，提高群众科学素质，帮助民族地区提高自主创新能力，促进民族地区经济社会全面、可持续发展，国家民委、科技部、农业部和中国科协在开展相关理论研究、多次调研、讨论和征求各方面意见的基础上，于 2008 年制定并下发了《关于进一步加强少数民族和民族地区科技工作的若干意见》，促进了我国少数民族和民族地区科普事业的发展。

2. 加强研究，为提高少数民族和民族地区群众的科学素质提供支撑

从 2005 年年末开始，中国科协科普部、国家民委教科司联合中国科普研究所，共同设立系列课题，并由中国科普研究所具体承担，开展相关问题研究。2005 年年底，启动了题为"全国少数民族地区科普工作状况调查"的课题，系统调查研究全国少数民族和民族地区科普工作的状况，并于 2007 年年初形成了《我国少数民族地区科普状况调查报告》。2007 年，设立了题为"提高少数民族群众科学素质对策研究"的课题，课题组由中国科协促进农村和少数民族地区科技进步专门委员会委员、国家民委、农业部有关司局、中国科协科普部以及中国科普研究所等单位有关同志组成。2007 年 8 月 23 日至 27 日，中国科协促进农村和少数民族地区科技进步专门委员会领导带领课题组人员对广西农村和少数民族地区进行了调研，了解民族地区群众科学素质的现状和存在的问题，分析影响提高民族地区群众科学素质的原因，于 2008 年年初形成《"提高少数民族地区群众科学素质的主要对策研究"结题报告》。2009 年年初，由中国科协促进农村和少数民族地区科技进步专门委员会委托中国科普研究所开展了少数民族科普工作队现状与发展研究，2010 年年初完成了研究工作，形成《我国少数民族科普工作队研究报告》。这些研究工作，为制定、出台《关于进一步加强少数民族和民族地区科技工作的若干意见》，推动少数民族和民族地区科普事业的发展，提供了理论基础、政策依据和决策参考。

3. 通过交流、培训，提高少数民族科普工作队实力

2007 年 12 月，国家民委科教司与中国科协科普部联合在海南省召开了全国少数民族科普工作队经验交流会，西部地区以及湖南、湖北、吉林、辽宁等 16 个省份的 53 个省级和地级科普工作队代表，各相关省（自治区、直辖市）科协科普部、民委文教处的有关负责同志参加了会议。会议交流了经验，进一步统一了思想，明确了少数民族科普工作队在落实《全民科学素质纲要》中的任务，加强了科协系统和国家民委及民宗委系统的合作，取得了很好的效果。2008 年 6 月，国家民委、农业部、科技部、中国科协联合在辽宁省岫岩县召开了少数民族科技工作现场会，推动民族地区科技进步和少数民族群众科学素质建设工作。2009 年 12 月，国家民委教科司与中国科协科普部共同举办了全国少数民族科普工作队培训会，通过讲座、研讨和交流，使少数民族科普工作队开阔了视野，提高了理论水平和实践能力，促进了少数民族科普工作队健康发展。

4. 开展少数民族科普共建试点工作

2008 年 11 月，启动了少数民族科普试点工作，2009 年，国家民委教科司与中国科协科普部联合发文，在 6 个少数民族自治州（县）和 4 个民族高等院校开展试点，通过科协与民族高等院校协作配合，共建少数民族"双语"科普宣传队、"双语"科普基地，联合开发"双语"

科普资源，开展"双语"科普宣传和服务，为同语种地区开展少数民族科普宣传提供资源共享服务，探索"双语"科普工作的经验和有效模式，取得了明显的成效。

（六）农村科普基础设施和科普资源建设

1. 农家书屋

为深入贯彻落实党中央、国务院《关于推进社会主义新农村建设的若干意见》和《关于进一步加强农村文化建设的意见》，切实解决广大农民群众"买书难、借书难、看书难"的问题，2007 年 3 月，新闻出版总署会同中央文明办、国家发展改革委、科技部、民政部、财政部、农业部、国家人口计生委联合开始在全国范围内实施农家书屋工程。

农家书屋是为满足农民的文化需要，在行政村建立的、农民自己管理的、能为农民提供实用的书报刊和音像电子产品阅读视听条件的公益性文化服务设施。每一个农家书屋原则上可供借阅的实用图书不少于 1 000 册，报刊不少于 30 种，电子音像制品不少于 100 种（张），具备条件的地区，可增加一定比例的网络图书、网络报纸、网络期刊等出版物。2007~2008 年，农家书屋推荐图书总计 10 148 种，其中科普图书 6 025 种，占 59.4%。在推荐的科普图书中，又以农村种植、养殖及农产品加工和家庭医疗保健等图书占主导地位，分别为 3 259 种和 1 241 种，合计占到了科普图书的 74.7%。此外，家电维修、各技术工种的实用技术推广类科普图书也占据了一定的比例。2009 年年底推荐的书目包括图书 3 600 种、报刊 173 种、音像制品 345 种、少数民族文字出版物及港澳台出版物 132 种。截至 2009 年年底，已建近 30 万家农家书屋，覆盖了全国 40% 的行政村。

2. 科普大篷车

科普大篷车专用于科普宣传，被形象地称为"流动的科技馆"。2000 年，中国科协针对科技场馆短缺的问题，借鉴国外开展科技传播的先进经验，提出了研制多功能流动科普宣传设施——科普大篷车的建议，并在国家财政的支持下，承担了研制和配发科普大篷车的任务。截至 2009 年，科普大篷车数量总计达到了 270 辆，其中，Ⅰ型、Ⅱ型科普大篷车 219 辆，无动力、半挂、主题式 Ⅲ 型科普大篷车 2 辆，农技服务型Ⅳ型科普大篷车 49 辆。配发范围覆盖了 100% 的省级单位、46.1% 的地市级单位和 1.8% 的县级单位。据统计，这些车辆已累计行驶 950 多万千米，受惠群众 6 100 余万人。

科普大篷车将可参与式、互动的科技馆展品带到城镇、农村和少数民族等没有科技馆的边远地区巡回展出，同时开展一些其他的科普活动，使很少有机会到大城市科技馆参观的边远地区群众特别是青少年能够亲身感受科学技术知识带来的快乐，并且还加强和改善了西部地区科协和少数民族科普工作队的工作能力和条件。

3. 农村科普"站栏员"工程 ①

科普"站栏员"是为基层公众提供科普服务的重要平台，是基层科普工作的重要载体。科普活动站是指依托基层科技、教育、文化、生产经营和服务等场所，面向社会和公众开放的，具有特定的科学技术教育、传播、普及和服务功能的基层科普设施，是在乡村组织农民开展科普活动的主要阵地；科普宣传栏是基层科普设施中使用历史最长、覆盖面最广的一种，在城市社区和广大农村地区用于科普宣传；科普画廊是在科普宣传栏的基础上发展起来的，指建设在城乡社区，直接面向公众传播科学技术信息的具有展示宣传功能的固定基层科普设施，是农民身边的重要科普信息窗口；科普员是指根植在基层，直接为公众提供科学技术咨询服务的专兼职科普工作者及科普志愿者。三者是一个有机的整体，"一站、一栏、一员"既是直接服务群众的科普平台，又是了解群众科普需求的信息网络终端。"站、栏、员"三者的有机结合，是促进基层科普工作健康发展的有效途径。

2005 年，中国科协党组书记邓楠同志曾明确提出要"共同努力，推进'一站、一栏、一员'建设"，并明确指出"建设乡村科普活动站、科普宣传栏、科普员，是新形势下加强农村基层科普服务能力的重要举措"。同年 11 月，中国科协下发《关于进一步加强农村科普工作的意见》（科协发普字〔2005〕67 号），进一步明确提出要"以'一站、一栏、一员'建设为重点，切实增强基层科普服务能力，逐步形成农村科普工作的长效机制"。2008 年 11 月，国家发展改革委、科技部、财政部和中国科协联合印发了《科普基础设施发展规划（2008-2010-2015年）》（以下简称《科普基础设施发展规划》），进一步提出要大力发展基层科普设施，完善基层科普服务设施体系，共建共享基层科普设施。根据《科普基础设施发展规划》的部署，中国科协科普部组织起草了《全国科普活动站、科普宣传栏、科普员标准和管理办法（试行）》，为全国科普活动站、科普宣传栏、科普员建设工作朝着科学化、规范化、制度化方向推进，为切实发挥"站栏员"的科普作用提供了指引。近年来，各地认真贯彻《关于进一步加强农村科普工作的意见》，各地科协积极争取地方党政领导重视，印发了相关文件，加强基层科普服务能力，推进"一站、一栏、一员"建设。

中国科协于 2005 年年底开展了试点工作，支持山西、辽宁、浙江、山东、河南、广西、贵州等省区科协进行试点。除了试点省区按照计划在试点地区开展试点以外，许多基层科协也在积极地推进"一站、一栏、一员"建设。2006~2008 年，在中国科协已命名的全国科普示范县（市、区）内实施了"一站、一栏、一员"建设示范项目，3 年支持 244 个全国科普示范县（市、区）共 827 万元。

---

① 本部分根据《中国科普基础设施发展报告（2009）》相关部分编写。任福君：《中国科普基础设施发展报告（2009）》，北京：社会科学文献出版社，2009年，第127-183页。

根据《中国科普基础设施发展报告（2009）》，截至 2008 年年末，全国共有科普宣传栏 32 万个，科普活动站 27 万个，科普员 60 余万人。全国各地科普活动站、科普宣传栏、科普员得到了较大发展，对于增强基层科普服务能力、探索科普工作长效机制起到了很好的促进作用。

4. 首届农民科学素质宣传教育优秀作品征集推介活动

为全面贯彻落实党的十七届三中全会提出的"提高农民科学文化素质，培育有文化、懂技术、会经营的新型农民"的精神，进一步推动《全民科学素质纲要》的实施，2009 年，农业部、中国科协组织开展了首届农民科学素质宣传教育优秀作品征集推介活动。推介活动的目的是在农民科学素质行动协调小组成员单位及其系统内征集并推介一批结合实际、内容丰富、形式多样、通俗易懂、生动形象、喜闻乐见的农民科学素质宣传教育优秀作品，以创新、丰富服务"三农"的科普制品资源并实现共享，为今后进一步开展农民科学素质行动、农民培训和农村科普工作、文化科技卫生三下乡活动等提供优秀的宣传、教育、科普材料。主要作品是 2006 年 1 月 1 日以来，农民科学素质行动协调小组所有成员单位及其系统所创作并正式出版的有关促进农民科学素质提高方面的图书、教材、挂图、宣传画、连环画、资料、音像制品、flash 等宣传和教育作品。

经过各地、各部门初评、复评和推荐，本次评选活动共收到推荐作品 280 余种，通过专家评审，最终评选出了 100 种优秀作品，其中，科普图书 54 种、科普美术作品 17 种、科普音像制品 29 种。

首届农民科学素质宣传教育优秀作品征集推介活动对于联合全民科学素质纲要成员单位，整合社会力量参与农村科普资源建设，产出更多优质科普资源，促进农村科普资源共建共享发挥了重要作用。

5. 科普音像制品

科普音像制品是指以普及科学知识、倡导科学方法、传播科学思想、弘扬科学精神为宗旨，以录音带、录像带、唱片、激光唱盘和激光视盘等为载体的公开出版、发行的科普出版物。科普音像制品是一种传统的普及科学技术知识的载体，其中，多媒体光盘是音像制品的另一种类型，是音像制品主要的物理载体形式之一，它以涉及学科广泛、内容丰富、针对性强、使用方便快捷、价格便宜等特点而深受群众的欢迎，尤其是宣传各种农业科学技术知识的重要形式。

科普音像制品成为普及农业科学技术知识的重要形式。中央农业广播电视学校面向农民开发并赠送了大量农业实用技术光盘。2006 年，出版农业实用技术光盘 258 种，发行 VCD 光盘 90 万张。在网络信息资源建设方面，中央农业广播电视学校继续办好"中国农村远程教育网"

和"农村劳动力转移培训网",压制了近 600 张光盘的流媒体节目。全国农广校系统共配送 10 万片农业科技光盘、13.2 万盒录音带。2007 年,中央农业广播电视学校围绕农业部中心工作,从农民个性化、多元化的教育培训需求出发,开发了丰富的教学媒体资源,出版、生产农业实用技术光盘 254 种、88 万张,发行 VCD 光盘 84 万张。还新建 25 个农民科技书屋和 3 791 个农村大喇叭广播站,共配发广播节目 CD 盘 14.4 万片、VCD 盘 2 804 片。2009 年,全国农广校系统在 859 个县、20 313 个村开展"三进村"行动,赠送科技光盘 1 414 683 片。

各个部委也向农民赠送了许多农业科技光盘。2006 年,中华预防医学会组织妇女保健分会、北京市妇幼保健院等单位的专家组成妇女保健医疗小队,赴山西吕梁兴县革命老区开展医疗扶贫活动,向兴县妇幼保健院捐赠彩色电视机 1 台、DVD 录放机 1 台、科普光盘 23 盘。2007 年,由中宣部、科技部、共青团中央、中国科协、铁道部、卫生部、国家环境保护总局(环保部前身)、国家粮食局、国务院扶贫办以及安徽、河南、湖北三省人民政府共同主办的振兴老区,服务三农,科技列车大别山行大型活动启动。微软(中国)有限公司、中国科协声像中心、科学普及出版社、人民卫生出版社、中国环境科学出版社等 40 多家单位为本次活动捐赠了价值 581.25 万元的物资,其中捐赠农业技术光盘近 9 000 张。从 2008 年至今,科学普及出版社科普资源配送服务中心仅日全食观测光盘就配送了 3 000 张。全国政协教科卫体委员会、中国科协在河南林州市联合开展了科技下乡活动,中国科协向林州市捐赠科普图书、挂图、电脑和科普光盘,创建青少年科普活动室,价值人民币 10 万元。中宣部等 13 部委在贵州共同举办"三下乡"活动,向黔西县捐赠价值 10 万元的科普图书、光盘、电脑等。

地方科协也开展了各种形式的"三下乡"活动,向农民赠送光盘等影像资料。2006 年,北京市科协共开展各种形式的下乡活动 810 次,赠送彩色电视机、DVD、电脑等电教设备,赠送科普图书、科普光盘等科普资料近 9 万份。辽宁省科协、省委宣传部、省科技厅联合举办第十八届"科普之冬"活动,发放光盘 25 486 张。湖南省各级科协共组织涉农科技人员 3 万余人次,深入全省近千个乡镇的 4 000 余个行政村,向农民发送科技光盘 5 万套,直接受益的农民群众近千万人。2007 年,贵州省科协共订购并向各市、州、地、县级科协发放各类科普、农技光盘 3 500 张。宁夏回族自治区在宁夏科技馆组织举办第八届宁夏农业科技成果暨农用物资交流会期间共发放科技光盘 5 000 余张。

科普音像制品宣传农业科学技术知识具有针对性强、方便易得的特点,在当前,它是广播电视普及科技知识的重要补充,是不可替代的,对有效提高农民科学素质发挥了重要作用。

四 农民科学素质工作实施的成功经验

在农民科学素质行动协调小组成员单位的共同努力下,作为贯彻落实《全民科学素质纲要》四个行动之一的农民科学素质行动，工作颇具特色，成效明显。2009 年 12 月 22 日，国务委员刘延东主持召开《全民科学素质纲要》实施情况汇报会，对提高农民科学素质工作给予了充分的肯定。回顾五年来农民科学素质行动的工作进展和成效，主要经验总结归纳如下：

（一）构建机制，形成强有力的组织保障

2006 年，农业部、中国科协会同有关部门共同研究制订了《农民科学素质行动实施工作方案》（全科组办发〔2006〕6 号），由全民科学素质工作领导小组办公室印发，成立了农民科学素质行动协调小组，形成每年召开工作例会，总结年度工作，制订工作计划，共同研究工作方向，联合开展活动项目的工作机制。为使多个部门心往一处想，劲往一处使，拧成一股绳，推动农民科学素质行动不断向前发展，农民科学素质行动协调小组各部门按照"资源统筹协调、资金渠道不变、工作方式不变、成绩各记其功"的方式开展具体工作。这种有效的协调机制，加强了各单位的沟通交流，促进了各部门的工作积极性和创造性的发挥。农民科学素质行动协调小组的成员单位也由开始时的 15 个，逐步增加到 17 个，现在扩大到 19 个。实践证明，正由于建立了各负其责、和谐联动的工作机制，才能集中力量、发挥优势、整合资源、齐心协力，使农民科学素质行动形成坚实的组织保障。

（二）团结协作，形成大联合、大协作、大发展的格局

5 年来，农民科学素质行动协调小组一方面充分发挥各成员单位在本系统的影响力和作用，另一方面与有关地方政府、各级对口部门、大专院校、科研院所以及社会有关方面通力合作，同时引导、动员高中等院校和科研推广等事业单位、学会协会、涉农企业、农民专业合作组织以及社会多方面的力量，积极参与、共同推进提高农民科学素质工作。各地政府通过制定实施全方位、多层次的鼓励政策和激励措施，充分发挥宣传、农业、科技、教育、劳动、工青妇、科协等相关部门的工作职能，上下联动，齐抓共管。初步形成了"政府主导、部门联动、社会参与、农民主体"的提高农民科学素质的工作机制。

（三）明确任务，突出工作目标和工作重点

农民科学素质行动协调小组明确提出从 2006 年到 2020 年，农民科学素质行动的主要任务是通过教育培训和科学普及，使广大农民的科学素质明显提高，在广大农村形成崇尚科学、移风易俗、学法守法、勤劳致富的新风尚，着力提高农民科学发展、科学生产、科学经营、科学生活的技能和能力。并且提出经过 2006~2010 年、2011~2015 年和 2016~2020 年三个阶段，力争使全国 95% 以上的农村劳动力能够接受科学素质教育培训，95% 以上的乡村能够开展群众性、社会性、经常性的科学普及活动，农民科学素质能够基本适应全面实现小康和构建社会主义和

谐社会的要求。同时努力创建提高农民科学素质的长效机制。由于任务目标和工作重点突出，农民科学素质行动进展顺利。

五 制约农民科学素质工作的因素

中国农民科学素质的层次较低以及农民科学素质教育的区域性、群体性等特征，决定了中国农民的科学素质教育是一项复杂的系统工程。尽管我国农民科学素质教育取得了明显的成效，但从可持续发展的角度讲，取得的大部分成就都只是局部性的或短期性的，与农民对其科学素质不断提高的需求以及与全面建设小康社会和建设社会主义新农村对农民科学素质的要求相比还有一定差距，我国农民科学素质教育在发展过程中还存在许多制约因素。

（一）农民科学素质工作相应的法律和制度不够完善

当前我国关于农民科学素质教育的法律不够具体，可操作性不强。《中华人民共和国农业法》（以下简称《农业法》）、《中华人民共和国农业技术推广法》（以下简称《农业技术推广法》）、《中华人民共和国教育法》（以下简称《教育法》）、《中华人民共和国职业教育法》（以下简称《职业教育法》）和《中华人民共和国科学技术普及法》（以下简称《科普法》）等国家法律中都包含了部分农民科学素质工作内容，但是这些法律法规不是专门对农民科学素质而言的，存在着内容不全、针对性不强、规范性不够等问题。如《农业法》只对发展农民教育作出了原则性规定，在实践中很难使农民科学素质教育得到有效的法律保障；《农业技术推广法》作为农业技术推广方面专门性的法律，缺少对农民素质教育的具体规定；《教育法》对农民这一庞大而特殊的群体的科学素质教育也没有具体的规定。这些缺失使我国农民科学素质工作缺乏深入发展的法律和制度保障。

（二）农民科学素质工作有效统筹协调力度不足

农民科学素质工作与农民生产生活的方方面面息息相关，提高农民的科学素质涉及农林水、教育、劳动、科技、卫生、环境、财政、科协、妇联、共青团等众多部门和机构，也涉及从中央到地方各级政府的工作内容。目前，农民科学素质行动协调小组有 19 个部委，但是，从农民科学素质工作深入开展的要求来看，农民科学素质行动协调小组的统筹协调力度显现不足，还存在部门、条块分割现象，部门间缺乏必要的交流合作，动员社会、集成资源、服务基层的能力亟待加强。

（三）农民科学素质教育投入不足

长期以来，我国对农民科学素质教育的投入不断增加，但缺口仍然很大，农民科学素质教育投入不足、资源分散使用、投入机制不合理、投入方向不合理，增加了提高农民科学素质的难度。首先，农民科学素质教育投入分散在教育、科技、农业、扶贫、人事、劳动等众多部门中，由于各部门的目标和要求不同，缺乏将其整合起来统一使用的体制保障；其次，投入机制不合理，加大政府对农民素质教育的投入是必要的，但由于政府财力有限，面对千百万有需求的农民，必须建立以政府投入为主导、社会和农民自身共同参与的多元化投入机制。但是由于农民科学素质教育是一种准公益性的工作，对社会投资的吸引力不大。目前，投入方式的单一化，难以形成合力，影响了资金投入的效率，阻碍了农民科学素质提高的进程；第三，各级政府和部门在改造传统农业的进程中，将主要精力放在对农业基础设施的建设上，而缺乏了对农民的科学素质教育的关注。

（四）农村科普资源缺乏，地区发展不平衡，总体建设水平低

农村科普资源是农村科普工作的载体，是提高农民科学素质的重要支撑。但是，当前我国大部分农村缺乏基本的科普资源，而且地区发展极不平衡，城乡差距较大，很多地区部门分割、重复建设等现象严重，使本来稀缺的科学素质建设资源难以得到有效利用，这些都制约了农村科普工作的开展，不利于农民科学素质的提高。

（五）面向农民的科普方式传统，创新性和灵活性不够

我国农村人口众多，科学素质水平参差不齐，农民科学素质工作具有长期性复杂性特点，这要求我们必须不断创新科普方式。目前，我国在提高农民科学素质工作方式方面主要存在几个问题：一是方法较为单一，往往简单地将农民科学素质教育等同于农民培训，各部委大部分侧重对农民的技术培训或者对特殊农民群体的技能培训，而忽视对农民基本科学思想、科学精神和科学生活态度的培养；二是培训针对性不强，不能有效培育农民的兴趣与主动性；三是内容和方式不能很好地满足农民的需求，很多内容、知识农民都不熟悉，与他们的生活没有关系，导致农民对相关科普不感兴趣。

缺乏对农民科学素质教育的监测和评价系统，也在很大程度上制约了农民科学素质教育水平的提高。总体而言，有关农民科学素质的重要信息仍然处于空白，如农民科学素质的现状如何，尤其是分区域和分群体的现状；农民对提高其科学素质的需要和需求如何，包括特定群体的特定需要和需求；农业和农村现代化对农民科学素质的具体要求有哪些；农民科学素质现状与要求间的差距有哪些；政府部门实施了哪些农民科学素质教育方面的项目或计划；这些项目或计划取得了哪些成效，还存在哪些问题以及需要增加哪些改进措施；政府部门、社会团体以及农民个人在农民科学素质教育中的投入情况以及投入的有效性和效率如何等。显然，这些都是农民科学素质教育监测和评价体系需要回答的问题。各部门在农民科学素质教育总体上和操作上的乏力，在一定程度上也与农民科学素质教育监测和评价体系缺位有关。

（六）农民科学素质工作受农民自身素质以及农村经济社会环境的严重制约

由于历史和现实两方面的原因，中国农民的科学素质不高，这是一个客观的事实，而提高农民科学素质则不可避免地受到农民自身素质以及农村环境的严重制约。

一是虽经过持续的努力，我国农村已经实现了义务教育的普及，但职业教育和成人教育还不健全。从整体上讲，现有农村劳动力文化程度偏低。据 2006 年全国农业人口普查统计，农村劳动力中文盲占 9.5%，小学占 41.1%，初中占 45.1%，高中占 4.1%，大专及以上仅占 0.2%。平均受教育年限只有 7.3 年，与城市居民相比少 4 年；受过专业技能培训的仅占 9.1%，而接受过农业职业教育的不足 5%。农民文化水平不高，在很大程度上阻碍了他们对科学知识的系统学习和理解，限制了他们自发性地学习和应用科学的热情。二是传统农业生产方式影响了农民科学素质的提高，农民的学习意识淡薄，接受新知识、新技术的能力不足。由于受传统观念的束缚，他们习惯于传统的生产结构和生产技术以及传统的生活方式和经营模式，对新知识、新观念、新技术有一种本能的观望感和拒绝感，具有"随大流"的心理和行为习惯，而对新技术、新措施较难接受，参与意识淡弱。三是农村劳动力的老年化、女性化和贫困化趋势明显。随着农村中青壮年劳动力到城市务工，农村劳动力的老年化和女性化趋势十分明显，这种趋势也促成了农民科学素质教育中的"马太效应"。相对于男性或青壮年农民，妇女和老年人所能获得的科学素质教育的机会更少。由于缺乏足够的科学素质，女性和老年农民更容易陷入到贫困中。

农村的贫困也严重影响着农民科学素质工作。同其他地区和人口相比，贫困地区和贫困人口的科学素质更低，应该成为农民科学素质教育的重点对象。但由于贫困地区的社会经济发展明显滞后于其他地区，政府对农民科学素质教育的投入更少，导致针对这些地区和这类农民的科学素质教育更加困难。

六　加快发展农民科学素质工作的对策和建议

《全民科学素质纲要》实施以来，有关部门真抓实干，农民科学素质工作取得了重要成绩。本文在梳理工作与经验的基础上，发现了制约我国农民科学素质工作深入开展的一些问题。为进一步推进农民科学素质工作，特提出以下对策建议：

（一）进一步完善农民科学素质工作相应的法律与制度

修订与农民科学素质工作相关的法律，制定相关法律的实施细则，提高其针对性与规范性，增强其可操作性。如根据当前我国公民科学素质工作的需要，制定《科普法》实施细则，对公民科学素质工作进行更进一步的详细规定，进一步明确政府、政府科技行政部门、科协以及社会各方面的职责，进一步明确保障措施。针对当前实际，对农民科学素质工作作出针对性的要求，增强其可操作性，使其对农民科学素质工作更具指导性。其他对农民科学素质工作具有重要影响的法律，如《农业法》、《农业技术推广法》、《教育法》、《职业教育法》等都需要进一步修订或制定实施细则，对农民科学素质工作作出更加具体、有针对性的规定，增强其对实践的指导能力。

建立规范的投入机制，各级政府要不断增加农民科学素质建设的投入，加强农民科学素质教育的硬件建设；同时要鼓励和引导社会各界关心农民科学素质的建设，特别是各类科研院所、相关事业单位应把农民科学素质建设作为自身的重要职责，并把其作为城市支持农村的重要内容来体现；建立完善的农民科学素质建设的服务体系，农民科学素质建设是集教育、服务与活动为一体的综合行动，专门的服务与指导机构是农民科学素质建设健康发展的重要条件。

（二）充分重视农民科学素质行动协调小组的领导作用，完善其工作机制

农民科学素质建设是一项复杂的系统工程。充分重视农民科学素质行动协调小组在其中发挥的作用并不断完善其工作机制，才能在全局上统筹把握农民科学素质工作的总体方向，并各部门互动、上下联动、步调一致地实现农民科学素质建设目标。

建立和完善农民科学素质行动协调小组的长效工作机制和运行机制，需要从如下几个方面来着手：首先，制定国家农民科学素质教育中长期发展战略，协调各级政府、各部门、社会各方面开展相关工作。在国家战略和发展规划中，应重点体现出中国现代和未来的农业与农村发展，以及全球经济社会一体化对我国农民科学素质的根本要求，明确农民科学素质教育分阶段、分区域、分群体的目标和任务，为各地制订具体可操作的行动计划、工作措施以及取得成效提供指导和支持。

其次，加强资金和项目的统筹。统一协调农民科学素质建设资金的使用和建设项目的分布，有利于避免各部门各自为政、相互重复或缺位的现象，克服由于资金短缺或人力不足导致的建设项目完成不彻底和由于建设项目矛盾导致的实施效果相互抵消等问题。此外，为保障农民科学素质建设的顺利进行，建议国家设立农民科学素质建设专项经费，由农民科学素质行动协调小组统一管理使用，并逐年提高支持力度，改变长期以来农民科学素质建设经费严重不足且分散使用、难以统筹的现状。

农民科学素质工作需要加强与中央各部门、各级政府和社会有关方面广泛而紧密的合作。农民科学素质行动协调小组的各部门，在按照各自职责做好本部门职能工作的前提下，要经常沟通工作进展情况，相互之间积极配合，形成工作合力。要建立起高效统筹协调合作的机制，必须要确立农民科学素质行动协调小组在农民科学素质工作中的领导位置。

（三）确立农民在农民科学素质工作中的主体地位，以农民科普需求为导向

农民科学素质建设必须克服长期以来把农民仅仅作为科学素质教育的客体的观念，确立农民在提高自身科学素质建设中的主体地位，促进农民积极、广泛地参与村务的决策，在参与规

划生产、生活过程中运用科学知识、掌握科学方法，提高运用科学技术解决实际问题的能力。理论和实践都证明，农民的广泛参与不仅有助于转变农民的态度，形成科学认识，树立科学精神，而且有助于提高农民运用科学理念、知识、方法解决实际问题的能力。农民是最能体验到科学价值的一个群体，在实践中农民不仅创造性地运用着科学，而且也是推动科学发展的重要动力。在推动农民科学素质建设的过程中要始终尊重农民的首创精神，从农民的实际需要出发，满足农民复杂多样的科学素质建设需求。

农民在农民科学素质建设中主体地位的确定可以通过农业生产的专业化、农民生活的现代化和农民组织化等途径来实现。

第一，产业结构和劳动方式是制约农民主体地位的重要因素，通过产业结构调整实现专业化生产，使农民成为生产的投资主体和市场主体，可有效激发农民的科学素质建设需求。

第二，在生活方式的变革中促进农民主体地位的形成。现代生活方式充分体现着科学思想和科技成果的运用，在推进农民在生活方式的变革过程中，农民会主动寻求科学、健康的生活方式，确立自己科学生活的主体地位；同时，推进农民社会生活方式的变革既是提高农民生活质量的重要方面，也是农民科学素质建设的有效途径。

第三，农民组织是农民主体作用的重要载体。农民的主体地位不是通过单个的个体来体现，而是通过组织形式来体现。农民的社区合作组织、专业合作组织既是农民科学素质建设的客体，同时也是农民科学素质建设的主体。随着农民组织的健全，越来越多的科学素质教育、科学知识普及、科学方法的运用要通过农民组织来实现。因此，促进农民组织的成熟，强化农民组织的科学素质建设功能成为推动农民科学素质建设的重要途径。

第四，农民科学素质建设要与乡土知识相结合。农民科学素质建设不是否定农民在长期的生产生活实践中形成的行之有效的经验，而是运用科学的原理和方法分析这些经验的合理性，保留和发展那些有科学依据的好的经验和做法，淘汰那些不科学、落后的生产、生活方式。在与乡土知识或传统经验的结合中，促使农民潜移默化地形成科学理念和科学精神。

同时，确立农民在农民科学素质工作中的主体地位，也有利于听取农民的声音，了解农民的需求，尤其应注重因区域经济、自然环境、风俗传统、生活生产方式等方面的不同，而产生的对科学素质工作的不同需求，关注需求的差异性，针对不同需求开展工作，提高农民的生产技能与生活质量。农民需求是农民科学素质工作的出发点，也是农民科学素质工作的最终归宿。

（四）加快农村城镇化、工业化发展，加大政府扶持力度，重视针对农村贫困人口的科普服务

第一，进一步加快农村城镇化和工业化步伐，促进农民向市民和产业工人转化。与此同时，加强在农村产业升级、社会转型和农民角色转换、职业变化过程中的教育培训工作，实现身份变化、角色转化和思想转化的统一，促进农民真正成为有理想、有知识、有文化、懂经

营、善管理的新型农民。农民实现转化的过程，是真正实现素质提高、实现自身现代化的过程，同时，农民实现转化以后，总体数量减少了，也使国家和各级政府有更多的资源用于剩余农民的科学素质工作，更快提高整体农民乃至全体公民的科学素质水平。

第二，针对我国宏观经济发展的阶段性特征，全面实行"以工补农"，城市反哺农村的战略措施，在农民教育、产业扶持、基础设施尤其是文化设施建设方面，采取倾斜政策，中央财政列出专项，专门支持农民科学素质教育工作。

第三，发挥科普的公益性特征，实现农民教育的普惠、公平，突出科普的助弱作用，对农村中生活困难、文化基础差、劳动力少等家庭和农民，实行对口支援，通过定向科普、资金补助和设施援助等手段，使他们有更多的机会参与和接受科普，提高自身科学素质。

（五）大力建设农村科普基础设施和资源，提高其规模和服务水平

提高农民科学素质要以科普资源为依托，大力加强农村科普资源建设。要因地制宜，反映农民科普需求，丰富农村科普资源。大力加强包括农民培训学校、实验室、图书室、远程传播网络、电视广播设备、科普场馆、活动场所、科技宣传车、流动展板等硬件资源建设；大力发展科学素质教育与管理人才培养、信息制作与传播技术、与农民生产生活相关的各类技术开发，以及各类科普活动或行动的设计与组织等软件建设资源。加强城市对农村科普资源建设的支持，建立城乡科普资源共建共享机制，逐步缩短城乡差距。大力发展科普产品的产业化，引进市场化机制，推进农村科普资源社会化建设，要求处理好科普公益性和经营性产业的发展关系。大力发展农村科普资源建设，要加强各个部门之间的合作和联系，进一步完善农业、科技、教育、卫生、环境等多部门参与机制，要与解决农民的生产、生活问题密切结合。

（六）将农民科学素质工作纳入新农村建设的总体规划，加大农民科学素质建设投入

政府及相关部门应该加大对农民科学素质教育工作的投入，引导和动员社会各方面力量积极参与农民科学素质建设工作。各地要大幅度增加农民科学素质教育投入，设立农民科学素质行动专项资金，推进农民教育培训和科学普及工作，切实加强基础条件和师资队伍建设。同时，各级政府应把培养农民科学素质工作纳入新农村建设的总体规划，采取有效措施，调动社会各方面的积极性，引入各种激励机制和市场化手段鼓励和吸引各类社会资金投入农民科学素质建设工作。建立政府资助、面向市场、多元化资金投入体系和多渠道、多层次农民科学素质建设工作资金运作机制。

（七）进一步发挥项目龙头的带动作用，把阳光工程、科普惠农兴村计划等项目做大做强

美国经济学家舒尔茨非常重视向农民进行人力资本投资，他认为，农业的迅速持续增长主

要依靠向农民进行特殊投资，以使他们获得必要的新技能和新知识，从而成功地实现农业的经济增长 [①] 。向农民进行人力资本投资，除了政府要加强农村教育之外，开展农民和农民工的技能培训也是一个重要方面。多年来，我国非常重视农民技术培训与劳动力转移就业培训，开展过多种农民科学素质培训项目，如农村劳动力转移培训阳光工程、科普惠农兴村计划、新型农民科技培训工程、星火培训基地和星火学校、农村实用技术培训计划等，技能培训立足于农业新技术的推广应用和农村产业结构调整的实际，让农民学习、掌握和应用新的适宜技术，同时重视农民工的技能培训，让农民掌握非农产业的生产技能和在城市生活的技能。这些培训有力地提高了农民的生产技能与就业能力，为社会主义新农村建设作出了重要贡献。实践证明，这种以项目带动的农民科技培训，规模大，效果好，建议继续做大做强。

（本文作者：任福君　朱洪启　张　超　张　锋　胡俊平　郑　念
　　　　　　单位：中国科普研究所
　　　孙　哲　单位：中国农学会科普处
　　　李　华　单位：北京农学院经管学院
　　　朱启臻　单位：中国农业大学人文与发展学院
　　　崔海兴　单位：中国人民大学农业与农村发展学院）

①　［美］舒尔茨.改造传统农业［M］.梁小民，译，北京：商务印书馆，1999：151.

第三部分 工作报告

综述

深入贯彻实施《全民科学素质纲要》
各项工作扎实推进

　　2009年是新中国成立60周年，也是《全民科学素质纲要》实施工作扎实推进的一年。在党中央和国务院的正确领导下，各地各成员单位按照2008年12月16日刘延东国务委员听取《全民科学素质纲要》实施工作汇报的讲话和国办会议纪要的精神，以科学发展观为统领，认真学习贯彻胡锦涛总书记在纪念中国科协成立50周年大会上的重要讲话精神，围绕党和国家的中心工作和《全民科学素质纲要》实施工作的总体部署，联合协作、共同努力，各项工作取得实质性进展。政府着力推动、社会广泛参与，加大"节约能源资源、保护生态环境、保障安全健康"主题工作力度；以中国科技馆新馆为标志的一批科普基础设施相继建成开放，科普公共服务能力明显提高；中央和地方联合推动的矩阵式工作格局初步形成，各项工作向基层扎实推进，为提高全民科学素质、建设创新型国家和构建和谐社会发挥了重要作用。

一 政府着力推动，社会广泛参与，"节约能源资源、保护生态环境、保障安全健康"主题工作丰富多彩

2009 年，各地各部门结合本地实际和业务工作，围绕主题，广泛开展节能减排、环境保护和安全生产、防灾减灾等各类科普宣传活动和教育培训，使科学素质工作的主题更加深入人心。

科技部、国家发改委等 13 个单位联合举办了主题为"节能减排，振兴经济，科技创新，开拓未来"的 2009 中国国际节能减排和新能源科技博览会，促进中外企业界、科技界在节能减排和新能源发展等相关领域的交流与合作，增强社会公众的节能环保意识。以"携手建设创新型国家"为主题的 2009 年全国科技活动周期间，组织科研人员深入企业和农村基层，为企业转型升级送去科技成果，为各行业应对国际金融危机给予科技支撑，为各地经济发展提供科技助力。科技活动周期间，在全国举办各类科技活动 3 万余项，开放国家重点实验室和科普场馆、基地近 2 000 所，直接参与公众突破 1 亿人次。以"节约能源资源、保护生态环境、保障安全健康"为主题的 2009 全国科普日活动在全国开展了 3 200 多项重点科普活动，参与群众近亿人次。教育部、中央文明办、广电总局、共青团中央等部门开展了以"节约纸张、保护环境"为主要内容的青少年系列科学调查体验活动，吸引了全国 330 多万青少年积极参与。环保部开展"关爱太湖、保护水环境"系列科普宣传活动，进一步拓展千村万乡环保科普行动活动的广度与深度，组织大学生志愿者队伍深入农村和边远山区开展环保科普活动，加强农村的环境保护工作。共青团中央在保护母亲河行动开展 10 周年之际，以"绿色中国，青年当先"为主题，深入推进青少年生态环保工作；在"挑战杯"全国大学生课外学术科技作品竞赛和中国大学生创业计划大赛中，增加保护生态环境、节约资源能源等内容。全国妇联、科技部主办以"家庭节能减排，科技伴我成长"为主题的示范活动，帮助广大家庭建立科学、文明、健康、环保的生活方式。工程院结合能源中长期发展战略和生物安全等咨询项目的研究，开展相关内容的普及，提高全社会的节能意识。

为进一步增强全民防灾减灾意识，提高防灾抗灾能力，在经国务院批准的首个全国防灾减灾日期间，各地各部门积极组织开展科普宣传活动。福建、四川、重庆、陕西、广西、上海、湖北、江苏等省（区、市）以挂图、影视、报告、网络、应急演练等多种形式广泛开展了防灾救灾科普宣传工作。中国气象局利用电视、报纸、网络等媒体加大应对气候变化的科普宣传，主办 2009 年气象防灾减灾宣传志愿者中国行活动，2 000 多名志愿者和气象专家奔赴全国 31 个省（区、市），深入农村、中小学校、厂矿企业等重点防灾地区，进行为期一个月的气象灾害预警和防御知识宣传。安全监管总局组织开展了以"关爱生命、安全发展"为主题的第八个全国安全生产月活动，以"科技兴安，安全发展"为主题的安全科技周活动以及送安全科技

进矿区、进企业、进基层活动，收到明显成效，2008 年，全国安全事故死亡人数降低为 10 万人，2009 年，死亡人数将继续减少。中组部将主题内容纳入干部学习培训教材，举办专题研讨班，组织四川省干部举办灾后重建专题培训班，学习科学的防灾救灾方法和灾后重建经验。全国妇联和联合国国际减灾战略秘书处联合主办性别与减灾国际会议，并实施千村妇女重建家园计划，帮助灾区妇女重建家园。针对 2009 年发生的甲型 H1N1 流感，为有效提高公众的认知程度，增强防控意识，卫生部等部门面向公众及时宣传各种预防措施，各类媒体充分报道流感疫情及防控措施。纲要办组织权威医学专家和新闻媒体对话，就群众关心的防控甲流问题开展讨论，传播有关信息。科技部、卫生部等 14 个部门进一步落实全民健康科技行动，举办健康科技高峰论坛，向公众推介健康生活方式，引导全民健康生活。

各类媒体围绕主题开展宣传工作。中宣部协调指导电视、广播、报纸、网络等媒体进一步加大科技新闻报道力度，通过新闻、专栏等形式重点宣传普及节约资源、保护生态、改善环境、安全生产、应急避险、健康生活等观念和知识，指导公众以科学的行为和方式应对公共卫生事件和重大自然灾害等突发事件。举办了第三届全国公众科学素质电视大赛，以"安全、健康"为主题，通过竞赛形式向公众传播危机急救、健康安全的知识。

■ 面向基层、突出特色，重点人群科学素质行动不断深入

各部门将提高各类重点人群科学素质与本部门职能工作有机结合，根据不同人群的特点，进行具体部署，积极推动落实。各级党委政府把提高重点人群科学素质纳入当地经济社会发展的总体计划，与教育改革、新农村建设和产业结构调整等各项工作有机结合，在各个层面推动深入，有效提升了重点人群的科学素质。

（一）加强校内外结合，未成年人科学素质行动稳步发展

加强学校科学教育，加大科技教师培训力度。教育部充分发挥课堂的主渠道作用，努力提高小学科学教育的质量，大力推进初中综合科学课程实验，提高科学教育质量，中小学科学课程标准的修订工作基本完成。江苏省教育厅发布《关于加强中小学科技教育工作的意见》，并召开全省中小学科技教育推进会议，加强中小学科技教育工作。为提高科技教师的教学技能，教育部在北京和上海对各青少年学生校外活动中心的科技教师进行了业务培训。云南组织实施百千万青少年科技教师培训工程，拟在 3~5 年内培训万名青少年科技教师。上海、福建、四川、广西等以研修、培训、夏令营等多种形式开展面向科技教师和农村校外活动中心辅导员的培训。

针对中小学生应急避险能力薄弱的情况，开展中小学生的安全健康教育。教育部、安全监管总局、共青团中央、中国气象局等 11 家单位以"加强防灾减灾，建设和谐校园"为主题，

开展全国中小学生安全教育日宣传教育活动，并特别向中西部中小学校赠送安全科普教育资料。中宣部、教育部等单位联合向全国未成年人推荐百种优秀音像制品，充实和丰富未成年人的精神文化生活，培养文明品德，树立健康安全理念。湖北在全省中小学校开展了"应急科技知识进校园"大型主题科普宣传活动。

开展校外场所共建共享试点，推进科学教育资源有效衔接。县级未成年人校外活动场所共建共享工作通过先期试点，在探索校内外科学教育资源整合方面已取得初步成效。科技馆活动进校园项目经过3年的试点，不仅把科技馆的科普活动送到学校，而且将科技馆资源与科学课程、综合实践活动、研究性学习的实施结合起来，有效推动了科技场馆与学校科学教育资源的衔接。广东、重庆、甘肃把少年宫、科技馆纳入公共文化服务体系，为提升未成年人科学素质服务。

校内外结合，为未成年人健康成长营造良好的社会环境。中央文明办、教育部、共青团中央、全国妇联等部门就进一步发挥好校外活动场所在未成年人全面发展方面的作用展开专项调研。工信部通过阳光绿色网络工程等行动，完善落实互联网和移动网信息安全管理制度，有效净化信息网络环境，为未成年人健康成长创造良好环境。教育部、共青团中央和山东、青海等地方政府共同举办第24届全国青少年科技创新大赛和第9届"明天小小科学家"活动，提高未成年人的创新能力。

（二）加大培训力度，农民科学素质行动深入推进

各地各部门围绕社会主义新农村对农民科学素质的要求，依据《农民科学素质教育大纲》，因地制宜、积极探索，不断丰富提高农民科学素质的有效途径、方式和方法，取得良好效果。

多种形式开展农民培训和科普活动，并取得实效。农业部大力开展基层农技人员培训和科技示范户培训，特别注重对西藏等少数民族农技人员和农民的培训。人力资源和社会保障部针对未能实现再就业的返乡农民工、中西部贫困家庭和零转移就业家庭的农村劳动力，开展"百日百万"农民工培训行动。大力发展农村中等职业教育，健全县域职业教育培训网络，对中等职业学校中农村家庭经济困难和涉农专业学生逐步实行免费，对农村应届初高中未能继续升学的人员开展劳动预备制培训。林业局启动科普服务集体林权制度改革试点工作，在试点地区为林农开展技术培训和咨询服务。全国妇联和农业部印发《关于联合开展百万新型女农民教育培训工作的意见》，大力开展农村妇女的教育培训工作，并通过现代远程教育确保培训分级分层分类抓出实效。中宣部等部门举办文化科技卫生"三下乡"活动，围绕提高农民科学素质，组织新型农民科技培训工程和乡土科技骨干人才培训工程。科技部等开展科技列车长白山行活动，组织专家赴长白山地区开展科技、卫生服务。全国政协科教文卫体委员会举办科技下乡活动，为河南基层送去科普资料和设备。中组部组织实施的全国农村党员干部现代远程教育电视栏目在教育频道播出，直接服务农村。

各类媒体加大了面向农民的科普宣传力度，扩大了受益面。中央电视台制作播出的"致富经"、"每日农经"、"聚焦三农"、"科技苑"等对农栏目系统地提供创富知识和经验，受到广大农民观众的好评。中央人民广播电台"致富早班车"开展农业科技教育普及、政策法规宣传、提供致富信息，并将节目制作成光盘和录音带，与进村入户的"大喇叭"共同配合，将各种实用技术和信息送到农村。云南创办的《云南农民科普报》把适用技术和致富信息送到田间地头，深受广大农民喜爱，受到省长的肯定。

进一步加大科普惠农兴村计划实施力度，建立科普惠农的长效机制。科普惠农兴村计划旨在引导和帮助更多的农民建立起科学、文明、健康的生产和生活方式，促进农村经济社会又好又快发展。2009年，中央财政奖补资金增至2亿元，共表彰奖补农村专业技术协会612个，农村科普示范基地300个，农村科普带头人302名，少数民族科普工作队5个。在这一专项的带动下，各地也普遍加大支持力度，因地制宜，出台提高农民科学素质、支持新农村建设的配套政策，实施具有地方特色的科普惠农兴村计划。

认真落实《关于进一步加强少数民族和民族地区科技工作的若干意见》，推进民族地区科学素质工作。百名农业科技专家和致富能手进民族地区科技下乡活动帮助少数民族地区依靠科技促进经济社会发展，提高少数民族群众的科学素质。继续开展少数民族"双语"科普共建试点工作，共建科普宣传队、科普资源、科普基地，为少数民族科普宣传提供"双语"科普资源共享服务。内蒙古启动科普报刊村村通项目，为农村牧区的广大农牧民提供"双语"科普知识。

深入开展农民科学素质行动试点村工作。确定一批试点村，结合当地社会主义新农村建设、科技入户、"一村一品"、科普惠农兴村计划、星火计划、科技特派员、大学生村官等各项工作，创造性地开展工作并取得了有益经验，对周边村庄和农民起到了积极的带动作用。开展了首届农民科学素质宣传教育优秀作品征集活动，共征集近千件作品，评选出100部优秀作品，进一步丰富了农民科学素质教育宣传科普资源。为全面描述我国农民科学素质现状，总结各地区各部门开展农民科学素质建设的总体情况，启动了《中国农民科学素质报告》的策划和编写工作。

（三）服务民生、振兴经济，城镇劳动者培训工作进一步加强

开展职业技能培训，以提高劳动者科技素质促进就业局势的稳定。为应对国际金融危机对我国经济的影响，保持就业局势稳定，人力资源和社会保障部、国家发改委、财政部实施特别职业培训计划，围绕受金融危机影响的各类劳动者的就业需求，通过政府购买培训成果的方式，集中对困难企业在职职工、返乡农民工、失业人员和新成长劳动力等群体开展有针对性的技能培训，提高其就业能力。印发《关于进一步规范农村劳动者转移就业技能培训工作的通知》，颁布了一批适合农民工培训需求的教学计划大纲和推荐教材书目，提高农村劳动者在金

融危机形势下的就业能力。针对产业结构调整和技术升级的需要，强化农民工专项技能培训，组织实施阳光工程、农村劳动力转移培训计划、农村劳动力技能就业计划等培训项目。开展农民工公共素质教育培训，全面提高农民工自身素质。全国总工会开展千万农民工援助行动，落实积极的就业政策，要求并支持指导各级工会开展项目开发、创业培训、开业指导、小额担保贷款、跟踪扶持等"一条龙"服务。农业部开展农民科技培训和农村富余劳动力转移就业培训工作，充分开发和利用农村劳动力资源潜力，增强农民转产转业的信心和技能。

在职人员培训内容丰富。人力资源和社会保障部继续实施专业技术人才知识更新工程，截至 2009 年，专业科目、公需科目培训均已突破 270 多万人次。继续推动创业、再就业培训工作，开展创业实际训练试点，完善资金补贴机制。开展以"技能就业，技能成才"为主题的活动，针对技能人才和技工院校进行大规模、全方位、多层次宣传。全国总工会积极开展"创建学习型组织，争做知识型职工"活动，积极推进职工素质建设工程，提高职工整体素质。全国职工职业技能大赛吸引数千万职工参与，对广大职工学习技术、提高技能起到了明显的示范和推动作用。各级工会以职工书屋为载体，广泛开展多种形式的群众性读书活动，引导职工多读书、读好书，为提高职工自身素质提供了有效途径。共青团中央建立近两万个"共青团青年就业创业见习基地"，提供见习岗位 50 多万个。安全监管总局加强对生产经营单位主要负责人、安全生产管理人员和特种作业人员的培训，促进职工安全学习制度化。

面向社区居民广泛开展科普工作。针对社会治理结构变迁、城区科普工作中心逐渐向社区转变的状况，各地积极探索社区科普新模式。北京通过实施社区科普益民计划，加强社区的科普设施和科普宣传服务队伍建设，明显改善了社区科普工作的条件，提高了科普服务能力。辽宁、沈阳、山东和青海等地通过社区科普大学的形式，为社区居民尤其是老年人提供贴近生活、贴近实际的科普培训课程，有效提升了社区居民的科学素质，受到了普遍欢迎。湖南开展科教进社区活动，利用社区活动室、科普活动中心等阵地举办科普讲座、科普展览、科普文艺等群众喜闻乐见的活动。黑龙江积极开展卫生科技进社区活动，组织知名专家深入社区开展科普活动，为推动医学科普进社区，惠及百姓健康发挥了积极作用。

（四）围绕推动科学发展、促进社会和谐，提高领导干部和公务员科学素质

加强对领导干部和公务员科学素质教育培训的指导。中组部认真贯彻落实全国干部教育培训工作会议精神，指导各地区各部门和各类干部教育培训机构，把提高科学素质作为干部教育培训的重要任务。结合开展深入学习实践科学发展观活动，把科学决策、提高发展质量、搞好生态文明建设、节约利用资源等作为考核党政领导班子和领导干部的重要指标。围绕深入贯彻落实科学发展观，不断丰富干部履职必备知识的相关内容。在党政领导干部选拔任用考试大纲和题库中，不断丰富科学素质的具体内容。人力资源和社会保障部将科学素质内容纳入公务员录用考试，作为公务员四类培训的重要内容。

干部科技培训层层落实。中组部将科学素质教育培训列入干部施教机构教学计划，增加当代世界科技、电子政务、科学决策、自主创新等方面的内容。2009 年，突出抓好应对国际金融危机、促进经济平稳较快发展的培训，举办了 6 期省部级领导干部培训班，4 期中管国有企业领导人员专题研究班和两期境外培训班。加大对地方党政领导干部科学素质的教育培训，培训地、县级党政领导干部近千名。全国妇联举办全国地县妇联干部科学发展专题培训班，28 个省（区、市）的 850 多名基层妇联干部参加培训。江西省委组织部将全民科学素质纲要培训纳入全省地方干部专题培训计划，对各县全民科学素质工作领导小组成员进行培训。安徽在选调生考试和公务员招考以及在职公务员的年度考核中，都将科学素质作为重要考查内容，组织开展了千名专家服务千村百镇活动，培训乡村党员干部 46.6 万人次。

为领导干部和公务员举办科普专场活动。社科院等单位举办"部级领导干部历史文化讲座"系列活动，产生良好影响。上海开展公务员科学讲座，每月为市、区两级党政机关的公务员举办一次科学讲座，打造"思齐讲坛"这一品牌。山东面向领导干部和基层群众举办"齐鲁讲坛"，在社会上产生较大反响。北京市举办公务员科学素质竞赛，推动公务员深入理解科学发展观，为提高全社会科学素质树立典范。

三 科普资源建设力度加大，科普服务能力显著提高

（一）繁荣科普创作，以需求为导向，开发各类科普资源

实施繁荣科普图书创作资助计划，对获得国家科技进步奖（科普类）和中国出版政府奖科普图书的作者、编者以及创作基地进行资助。开展优秀科普作品网上推荐和国际科普影视作品展评活动，扩大优秀科普作品的影响力。设立科普项目专项，推动将自然科学基金资助项目研究成果转化为科普资源。中科院、科技部、自然科学基金会、北京市等共同主办"科技创造美好生活——庆祝建国 60 周年科普展览"。农业部紧密围绕《农民科学素质教育大纲》主要内容，组织编印《农村致富新技术》等系列科普图书及挂图。共青团中央编制了《新农村新青年》文库，以农村青年最迫切需要的实用知识和技术为重点，编写出版和谐家园、发展生产、科普宣传等 8 个系列 50 本图书。中国气象局编制了农村生产气象灾害应急避险常识系列图书，并推进科普影视产品开发。国家民委面向少数民族地区编制了一批"双语"科普资料。北京以政策法规、科学知识、实用技术等内容编制了农民科学素质读本等。这些各具特色的科普资源通过交流、交换、捐赠、定制配送等方式，通过全国农村党员干部现代远程教育终端站点、科技场馆、中小学校和遍布城乡的科普画廊等基层设施，直接面向公众提供服务。

（二）落实《科普基础设施发展规划》，公共科普服务能力明显提升

为贯彻落实《科普基础设施发展规划》，2009 年出台了《全国科普教育基地认定办法（试

行）》等一系列标准和规范，指导全国科普设施的发展。

科技类博物馆取得长足发展。中国科技馆新馆建成开放，标志着我国科普基础设施建设迈上了新台阶。国家动物馆，重庆、浙江等地科技馆新馆相继开馆，上海自然博物馆开工建设，中国光学科技馆批准立项，国家自然博物馆正在积极筹划建设中。杭州正在以生态、节能、减碳为主题打造中国第一家低碳科技馆。中国科协 2009 年科普设施监测评估显示，目前我国已有科技馆 235 个，其中，建筑面积 30 000m² 以上的特大型馆 15 座，15 000~30 000m² 的大型馆 14 座，8 000~15 000m² 的中型馆 26 座，8 000m² 及以下的小型馆 180 座。全国 31 个省、自治区、直辖市中，28 个已经至少拥有一座省级或省会城市科技馆。在目前还没有科技馆的 3 个省（区、市）中，西藏自治区科技馆已经批准立项，甘肃省科技馆正在申请重新建设立项，海南省科技馆的筹建也在积极研究。

基层科普设施进一步拓展。据科技部 2009 年科普统计结果，全国共建有 10m 以上科普画廊 18.7 万个，城市社区科普（科技）专用活动室 5.6 万个，平均每万名城镇人口拥有 0.92 个活动室。农村科普活动场地 26.5 万个，平均每万名农村人口拥有 3.56 个活动场地。科普大篷车总量已经达到 250 辆。吉林结合实际研制"流动科技小屋"，成为当地群众喜爱的科普宣传形式。一批富有地方特色的科普场馆深受基层群众的欢迎。

社会各方积极参与科普设施建设。全国科普教育基地和全国青少年科技教育基地稳步发展，总数已超过 500 个。国土资源部、环保部、安全监管总局、林业局和公安部消防局积极开展科普教育基地的创建工作，并采取有效措施规范管理、发挥功能。中科院发挥所属科研院所的科普基地优势，在各地广泛面向公众特别是青少年开放实验室。工信部支持华硕集团在全国农村建立 1 000 个华硕科普图书室，积极引导企业科普投入向农村倾斜。广东利用社会资源兴办科普事业，由广告公司全额投资 5 000 万元兴建 2 000 多座科普画廊，并通过广告经营支持日常运行和维护。

科普设施内容进一步丰富，服务能力提高。"建设节约型社会"等 5 个主题科普展览在全国 20 多个大中型城市进行了巡展，参观公众达 83 万余人。中小科技馆支援计划在新疆等少数民族地区和边远地区举行了 39 场次巡展活动，共计 45 万名公众参观，大大提高了受援科技馆的展教水平，有效激活了各地中小科技馆的展教功能。一些省（区、市）也着力通过资源的共享，加强本地区基层的科普内容建设，山东启动"流动科技馆县县通"巡展工程，将科普知识送到群众家门口。

（三）大众传媒的科技传播力度加大、水平提高

围绕党和国家关于科技发展的大政方针、科学发展观、重大科技事件和活动加大宣传力度。中宣部、广电总局指导有关媒体做好广播影视科教宣传工作，在全国广播电视重点新闻类栏目开设专栏，大力宣传科学发展的理念；在常规新闻报道中进一步加大科教宣传力度；围绕

重大科技事件推出系列宣传报道。在庆祝新中国成立60周年之际，广泛宣传钱学森、袁隆平、李登海、邓稼先等科技战线英模的感人事迹和崇高精神，营造关心支持科普工作的浓厚舆论氛围。在日全食天文奇观的宣传报道中，各级各类大众媒体积极准备，加强与科技界的合作，邀请科学家进行专业点评和解说，引入高端科技观测器材，大大提高了本次科技传播活动的科学性和精彩度，表现出较强的科技传播能力。

办好科教频道和品牌栏目，打造科普宣传平台。广播和电视加大了科技传播力度。全国广播电台和电视台播出科普（科技）节目总时长分别达到18万小时和22万小时，比2006年增长了84.28%和92.66%。中央电视台科教频道收视率相对上年有了明显提高。"科技博览"、"科技之光"、"科学世界"、"走近科学"、"智慧树"、"芝麻开门"等栏目吸引了大量的稳定观众，取得了良好的收视率和社会效益。"魅力科学"等地方电视台的栏目也成为当地观众喜闻乐见的科普窗口。

（四）社会各方广泛参与，科普队伍逐步壮大

据统计，全国共有专兼职科普人员176万人，比2006年增长8.47%，平均每万人口中有科普人员13人。科普人员中有专职人员23万人，比2006年增长14.89%；科普兼职人员153万人，比2006年增长7.57%。

社会各方积极参与公民科学素质建设。国家中医药管理局成立中医药文化建设与科学普及专家委员会，加快中医药文化科普人才队伍建设。工程院组织院士深入企业、机关、学校作科普报告，内容涉及各专业技术领域。院士科普报告常年进行，涉及范围和对象不断扩充。上海组建万人科普志愿者队伍，促使全市科普、学术活动信息能够得到更有效的共享和传播。广东成立科普志愿者协会，充分动员广大科技工作者和社会热心人士投身科普事业。浙江、辽宁、江苏、四川、福建等省充分发挥大学生的智力优势，以多种形式吸收他们参与基层科普工作。山东省围绕落实选聘高校毕业生到农村任职工作，在部分市启动了到村任职高校毕业生兼任科普员活动，2 000多名大学生村官兼职科普宣传员，在提升农民科学素养，带领群众依靠科技致富方面发挥了积极作用，近百万农村群众从中受益。随着全社会对全民科学素质建设的日益关注，一些民间组织也积极投身科普工作。由一批科学媒体从业者和科学写作爱好者组成的科学传播公益团体科学松鼠会，以网络为主要阵地开展多种形式的大众科学传播，以其自由、活泼的科学传播方式赢得了数十万国内外科学爱好者的关注和称颂。

四 科学素质工作机制、内容和方法不断创新、取得实效

各地各部门在工作中积极探索、不断创新科学素质工作的机制、内容和方法，取得了良好的效果。

以重大科技事件的科普宣传为契机,搭建平台,形成社会化的科普工作格局。2009 年 7 月 22 日,我国出现了数百年来最壮观的日全食天象。根据国务院办公厅的要求,中央宣传、科技、教育等部门和大众媒体以及各级政府通力合作、协调部署,在全国掀起一次盛况空前的天文科普热潮,在全社会营造了学科学、爱科学的浓厚氛围。中科院、科技部、自然科学基金会等联合主办了 2009 年国际天文年日全食观测和科学普及活动周活动,组织专家和有关全国学会、地方科技部门、基层组织深入城镇社区和农村广泛普及天文科学知识和科学观测方法,取得了很好的效果。中央电视台多个频道和一些地方电视台对日全食进行了全程直播;新浪网等门户网站和中科院、南京紫金山天文台的官方网站也开通网络直播。纲要办邀请天文专家为媒体记者解读日全食现象,提高了媒体报道的科学性。山东、江苏、安徽、重庆、广西等地和处于日全食带中心线的城市结合当地文化特点,策划和组织了一系列丰富多彩、形式各异的观测活动,并通过报告会、巡回科普展、科普大篷车等面向公众广泛开展日全食的科普宣传。全国科技周、全国科普日等活动已经形成品牌,成为多部门联合、社会广泛参与科普工作的重要平台。

运用新媒体、新技术,加大科普资源数字化建设力度。中国数字科技馆第一期项目建设圆满完成。试运行期间,公众访问量超过 1 亿人次,为基层科普组织和全社会提供资源下载服务 4 431 次,在大型科普活动和应急科普中发挥了积极作用。中科院以中国科普博览网站为基础,集成院属机构的科普资源,初步形成覆盖自然科学领域的网络科普资源体。上海依托科普资源开发与共享信息化工程建设,积极探索利用网格技术及其核心思想,吸引全社会参与科普资源开发与共享的新机制,推动科普工作模式向网络、博客、数字电视、手机短信等新媒体传播方式的转变,实现了科普资源非集中式整合,提高了资源的利用率。

发挥新媒体优势,多渠道、多形式、多层次地开展科普宣传。据中国互联网协会网络科普联盟的调查,目前全国有各类科普网站(频道 / 栏目)600 多个。这些网站打破时间、空间和人数的限制,开展各类线上和线下的科学传播活动,深受网民欢迎。各级政府和纲要办注意发挥互联网、手机短信的优势开展科技培训和信息服务,使网络和移动媒体成为传播科普信息、服务公众科普需求的重要载体,尤其成为向农民进行科技传播的不可缺少的手段。大连启动科普视频惠农工程,利用现代网络技术,实现农业专家与农户远距离视频咨询服务。河北实施百万农民上网工程,整合互联网、手机短信、电话语音和农村信息服务站等多种传输方式,全方位服务当地百万农户。四川阿坝州利用"科普热线—专家热线"系统,实现了农牧民与科技专家的直接对话。宁夏依托信息化建设,建成集视频、语音和网络信息多种服务功能为一体的"三农"呼叫中心,为开展农民科技培训提供了新的途径。

不断丰富和拓展科学素质工作的内容。心理健康被纳入青少年、领导干部和特殊职业劳动者科学素质工作内容。卫生部等举办心的和谐——青少年健康上网科普宣传活动,引导青少年健康合理地使用互联网,提高青少年心理健康水平。中组部等开展领导干部和公务员心理健康教育课题研究与试点，初步形成了领导干部心理健康教育大纲、测评指标体系和课程设置方案等，探索了开展领导干部心理健康教育的方式，为在全国开展领导干部和公务员心理健康教育提供了指导和经验。安全监管总局编写了《煤矿职工安全心理健康实用手册》，受到基层单位和职工的欢迎。把提高家长科学素质纳入工作计划，全国妇联等部门在 8 省市开展了家长科学素质的相关调查，为下一步开展提高家庭科学教育的水平、加强对家庭教育的指导等工作提供基础。社科院积极探索将社会科学研究成果普及化的新途径。

五 加强领导、完善机制，《全民科学素质纲要》实施工作向基层深入

为了加强对科学素质工作的领导，纲要办在 2009 年年初分别召开了由 23 个成员单位负责人参加的《全民科学素质纲要》实施工作会和全国 31 个省、自治区和直辖市纲要办负责人参加的地方《全民科学素质纲要》实施工作座谈会，对 2009 年的工作进行了部署和安排。各地各部门联合协作，中央和地方上下联动、共同推进，进一步推动了《全民科学素质纲要》在基层的落实。

各地加强领导，加大投入，将全民科学素质纲要工作向基层推进。各地都明确了由政府领导分管全民科学素质工作的领导机制和相关部门分工负责、联合协作的工作机制，把科学素质行动纳入政府重要议事日程，切实加以推动。贵州发布《省人民政府关于加强全民科学素质工作的意见》，进一步推进科学素质工作深入开展。甘肃发布《中共甘肃省委甘肃省人民政府关于进一步加强新时期科协工作的意见》，要求科协组织作为各级政府推动《全民科学素质纲要》实施的组织协调部门，以贯彻实施《全民科学素质纲要》为抓手，增强科普服务能力，提高公民科学素质。江苏各级党委政府普遍把实施《全民科学素质纲要》纳入当地经济社会发展、科技发展规划，纳入党政领导重要议事日程和年度考核目标，全省有 95.7% 的乡镇、81.2% 的街道成立了领导小组。浙江省委、省政府办公厅发布全民科学素质纲要年度工作要点。河北沧州市所辖县（市、区）全部出台了加强全民科学素质工作的政策文件。广西在总结 2007 年开展第一次督查经验的基础上，组织进行科学素质工作第二次督查。政府投入的科普经费显著增加。2008 年，全国科普经费近 65 亿元，各级政府划拨的指定用于开展科普活动（基础建设经费除外）的科普专项经费 24.42 亿元，比 2006 年增长 56.7%。全国人均政府投入的科普专项经费 1.84 元，比 2006 年的人均 1.18 元增加了 0.66 元。

成员单位完善工作机制，落实政策措施，将工作推向深入。农业部等 19 个部门在北京召开农民科学素质行动协调小组联络员工作会议，进一步推动农民科学素质行动的实施。印发《2009 年农民科学素质行动工作要点》，保障各项工作顺利进行。中组部召开协调小组会议，推进领导干部和公务员科学素质行动。环保部建立实施协调机制，明确相关司局的工作任务和职责；召开环保科普工作会议；发布关于做好新形势下环境宣传教育工作的意见。科技部等修订

全国科技进步县、科普示范县（市、区）测评指标和管理办法，将落实《全民科学素质纲要》情况纳入测评。

财政部出台《2009-2011年鼓励科普事业发展的进口税收优惠政策》，极大地支持了科技馆、自然博物馆、天文馆（站、台）和气象台（站）、地震台（站）、高校和科研机构对外开放的科普基地进口科普影视作品工作。科技部启动科普工作"十二五"规划的制定工作，总结前期工作经验，探索科普工作未来发展方向；研究制订了《中国公民科学素质基准》，并在长三角地区组织入户测试工作；研究制定了《科普工作监测指标体系》；举办国家科普能力建设南宁论坛，研讨科普能力建设。

纲要办开展了实施《全民科学素质纲要》优秀案例征集评选活动，总结和推广《全民科学素质纲要》实施以来的典型经验，共征集各地各部门典型案例近200个。编印了《全民科学素质行动月刊》，为基层工作者服务。

2010年是实现《全民科学素质纲要》提出的"十一五"工作阶段性目标和衔接"十二五"全民科学素质工作的一年。2010年将继续以科学发展观为统领，加强主题工作，推进机制创新，抓好总结规划，全面落实任务，以重点人群科学素质行动带动全民科学素质的整体提高，加强科学教育与培训、科普资源开发与共享、大众传媒科技传播能力、科普基础设施等公民科学素质建设的基础，圆满完成"十一五"各项工作任务，为实现《全民科学素质纲要》的长远目标打下坚实的基础。

（本文作者：林利琴　朱　方　刘　渤　吴　爽

单位：中国科协科普部

谭　超　单位：中国科普研究所）

第一章

重点人群科学素质行动

紧扣主题、突出创新
未成年人科学素质行动取得新进展

　　2009 年，各部门集中力量继续加强校内外结合，推动未成年人科学素质行动稳步发展。教育部充分发挥课堂的主渠道作用，努力提高小学科学教育的质量，大力推进初中综合科学课程实验，提高科学教育质量，中小学科学课程标准的修订工作基本完成。教育部、共青团中央等部门开展科技活动与竞赛，培养未成年人的创新意识；各部门围绕生态、安全、健康的主题，广泛开展青少年科普实践活动，加强对青少年生态和环保意识的培养；各地各部门发挥校外场所、网络和家庭的优势，营造未成年人健康成长的良好氛围。

■　开展内容丰富、形式多样的科技活动，培养未成年人的创新意识

创新能力是经济和社会发展的重要动力，培养未成年人的创新意识对国家未来发展具有重要意义。2009 年，各地各部门广泛开展校外科技活动，举办青少年科技教育培训，鼓励青少年参与科技竞赛，对激发未成年人的创新意识具有不可忽视的推动作用。据《2010 中国科协统计年鉴》，2009 年中国科协系统四级科协共举办青少年科普讲座（报告）21 332 次，受众达 1 584 万人次；举办青少年科普展览 13 569 次，受众达 2 153 万人次；举办青少年科技竞赛 10 484 次，受众达 2 766 万人次；举办青少年科技教育培训 11 551 次，参加人数 373 万人次。

（一）全国青少年科技创新作品展

2009 年 9 月，为纪念邓小平同志为全国青少年科技作品展题词"青少年是祖国的未来，科学的希望"30 周年，"坚持科学发展，创新引领未来——全国青少年科技创新作品展"在中国科技馆新馆举办。

展览全面回顾了 30 年来青少年科技创新活动的历程，展示了优秀科技创新作品，把青少年的创意灵感开发成科普展品供公众体验，同时，让青少年们讲述自己的创新故事，与同龄人和观众分享其创新活动带来的快乐。展览选择了 69 个科技创新作品的青少年发明故事，与其作品、展品一同在现场展示，并将这些创新故事汇编成《创新 ABC》和《我的创新故事》两本小册子，各印发 1 万册，受到了公众和青少年的广泛欢迎。同时，还制作了《青少年科技创新活动 30 年》画册，收录了 30 年来的青少年科技创新活动成果。

展览在中国科技馆新馆展出后，在广东、湖北、四川、山西、山东、广西等地进行巡展。本次展览与巡展覆盖面广，有利于激发青少年的兴趣与热情，引导更多的青少年进行科技创新活动。

（二）青少年航天科技体验活动

2009 年 12 月 15 日，"希望 1 号"青少年科普卫星在太原成功发射，来自全国的近 200 名师生代表见证了这一时刻。

"希望 1 号"科普卫星由中国科协和中国航天科技集团公司发起，是中国航天科技集团公司免费为我国广大青少年量身定制的，围绕卫星的设计、研制、发射和使用，中国科协、中国航天科技集团公司和中国宇航学会，共同策划和组织实施了一系列全国范围的青少年航天科技体验活动。

2009 年 7 月，北京、天津、湖北、浙江等地 30 名青少年走进中国航天科技集团公司小卫星组装车间参加小卫星研制体验活动；同年 8 月，四川地震灾区的 55 名青少年在北京参加系

列航天科技体验活动，英雄航天员景海鹏、聂海胜出席了闭幕式，并与学生们互动，一起拼出神舟飞船模型。"希望1号"科普卫星在设计时预留了一定的空间来用于搭载青少年设计的科学实验方案。活动期间，共收到来自全国各地青少年提交的105个实验方案，这些方案全部都来自青少年的奇思妙想。这些活动内容丰富，形式多样，得到了全国广大中小学校和师生的响应和积极参与，进一步激发了全社会，尤其是广大青少年浓厚的航天科技创新兴趣。

卫星发射成功后，中国科协和中国宇航学会将陆续开展一系列卫星应用科普活动，如"天圆地方"五色土图形在太空中变化情况竞猜活动、"希望1号"图像识别大赛、全国青少年"希望1号"卫星通信竞赛和"希望1号"在轨运行监测活动等。

（三）科技竞赛选拔优秀创新人才

2009年，中国科协系统四级科协举办青少年科技创新大赛3 735次，参赛人数达1 390万人次；组织青少年参加国际竞赛235次，参加人数10 610人次。全国青少年科技创新大赛、奥林匹克学科竞赛、中国青少年机器人竞赛、"明天小小科学家"奖励等活动继续开展，竞赛中涌现出大批具有创新精神的优秀青少年，为国家发展储备了大量优秀的科技人才。

1. 第24届全国青少年科技创新大赛

2009年7月，第24届全国青少年科技创新大赛在山东省济南市举办，共有来自全国30个省（自治区、直辖市）、新疆生产建设兵团、军队子女学校以及香港特别行政区、澳门特别行政区共34支代表队的543名学生、189名科技辅导员参加终评活动，来自美国、法国、韩国、泰国等14个国家、48名青少年和科技教师参加了交流和展示。

大赛评出学生项目一等奖75项，二等奖150项，三等奖200项；评出科技辅导员项目一等奖26项，二等奖46项，三等奖69项；评出十佳优秀科技辅导员10名。

表 3-1　第 21~24 届全国青少年科技创新大赛获奖情况

项目	第 21 届（2006 年）	第 22 届（2007 年）	第 23 届（2008 年）	第 24 届（2009 年）
参加学生（名）	500	538	533	543
获奖学生项目（个）	398	386	413	425
入围科技实践活动（项）	162	160	160	170

本届大赛还举办了纪念邓小平同志为全国青少年科技竞赛活动题词30周年纪念展览、我国学生参加国际科技竞赛回顾展览、创新大赛科幻画获奖作品展览、优秀科技实践活动展览、"建设节约型社会"等主题展览，在当地产生了良好效果，受到社会各界和主办单位的一致好评。

2. 第6届中国青少年科技创新奖

2009 年 12 月，第 6 届中国青少年科技创新奖评选表彰及颁奖大会在北京举行。本届评选活动在各地、各学校层层严格选拔、认真推荐的基础上，经过由国内科技教育领域知名专家学者组成的评审委员会的审核评定，并经中国青少年科技创新奖励基金管理委员会确认，共评选出包括大、中、小学生和研究生在内的 100 名获奖学生。参加颁奖大会的获奖学生参加了"希望与未来"第 5 届中国青少年科技创新论坛，到中国科技馆进行了科技体验活动。同时，反映青少年科技创新实践的《创新不是梦》一书已由中国青年出版社出版发行。

表 3-2　第 3~6 届中国青少年科技创新奖获奖情况

项　　目	第 3 届（2006 年）	第 4 届（2007 年）	第 5 届（2008 年）	第 6 届（2009 年）
参赛地区（个）	31	30	33	33
小学生（名）	13	10	10	10
中学生（名）	38	35	35	37
大学生（名）	19	35	28	24
研究生（名）	30	20	27	29

3. 第9届中国青少年机器人竞赛

2009 年 8 月，第 9 届中国青少年机器人竞赛在青海省举办。本届竞赛共有来自全国 29 个省（自治区、直辖市）以及香港、澳门特别行政区选拔的 433 支代表队，1 220 名参赛选手和 433 名教练员参加了活动。通过高中、初中、小学三个组别的角逐，共产生一等奖 70 队，二等奖 154 队，三等奖 202 队，企业专项奖 50 队。竞赛还评选出十佳优秀教练员和十佳优秀组织单位，同时向青海省科协和青海民族大学颁发了突出贡献奖。本届竞赛在场地的布置、竞赛规则、评审专家和裁判员管理机制和竞赛信息管理等几个重要方面都有所创新和改进，竞赛组织工作水平有很大提高，为青少年机器人竞赛活动的健康开展提供了有力保障。

表 3-3　第 6~9 届青少年机器人竞赛参赛情况

项　　目	第 6 届（2006 年）	第 7 届（2007 年）	第 8 届（2008 年）	第 9 届（2009 年）
涉及地区（个）	31	31	30	31
代表队数目（个）	400	396	467	433
参加学生（名）	1 100	1 200	1 357	1 220

4. 国际奥林匹克学科竞赛

2009 年，我国共派出 31 名学生分别赴德国、墨西哥、日本、英国、保加利亚等国家参加国际奥林匹克学科竞赛，共获得金牌21枚，银牌2枚。其中，6人参加数学奥赛，均获得金牌；5人参加物理学奥赛，全部获得金牌；4人参加化学奥赛，3人获得金牌，1人获得银牌；4人参加生物学奥赛，均获得金牌；4人参加信息学奥赛，3人获得金牌，1人获得银牌。

表 3-4　2006~2008 年国际奥林匹克学科竞赛获奖情况

学　科	2006 年		2007 年		2008 年		2009 年	
	队员（名）	金牌（枚）	队员（名）	金牌（枚）	队员（名）	金牌（枚）	队员（名）	金牌（枚）
数　学	6	6	6	4	6	5	6	6
物　理	5	5	5	4	5	5	5	5
化　学	4	4	4	4	4	4	4	3
生物学	4	4	4	4	4	2	4	4
信息学	4	4	4	4	4	3	4	3
合　计	23	23	23	20	23	19	23	21

5. 第9届"明天小小科学家"奖励活动

2009 年 11 月，第 9 届"明天小小科学家"奖励活动终评在中国科技馆新馆举行，全国520 名申报学生经过初评和复评，申报人数为历年来最高，有 100 名学生脱颖而出进入终评。在终评阶段通过对学生进行项目问辩、知识水平测试、综合素质考察，最终评选出一等奖 10名，二等奖 30 名，三等奖 60 名。

终评活动期间，参赛学生们走进中国科技馆新馆、中国科学院奥运村科技示范园区和国家重点实验室参观学习，邀请国内著名科学家与学生们座谈，美国天文学家杰奥夫·马尔西教授为学生作了主题演讲。通过丰富多彩的活动，使学生们感受到科技探究的魅力，领悟了投身科技创新活动的意义。

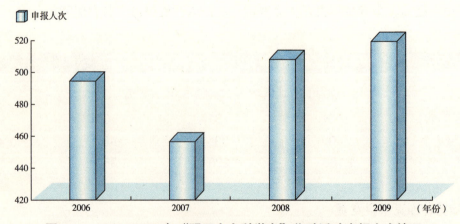

图 3-1　2006~2009 年"明天小小科学家"奖励活动申报人次情况

6. 第5届"中国少年科学院小院士"评选

为引导和激励广大少年儿童培养创新意识，参与创新实践，体验创新成果，2009年，全国少工委、中国少年科学院开展了第5届"中国少年科学院小院士"的评选活动，共有23个省的1 200余名少年儿童参加，选拔出74名小院士。

参加这项活动的都是热爱科学的在校中小学生，年龄在7岁至14岁之间。这些科学少年们在由著名科学家组成的课题研究活动专家委员会指导下，选择研究题目，实施课题研究，编写结题论文，最后再由中国科学院院士主持论文成果交流答辩。

■ 围绕生态、安全、健康主题，广泛开展青少年科普活动

2009年，围绕生态、安全、健康的工作主题，青少年科普活动继续蓬勃开展，将科学发展、生态和谐和安全成长的意识传播给广大青少年。

（一）培养青少年环保意识

1. 青少年科学调查体验活动主题不断丰富，形成系列

2009年，教育部、中央文明办、广电总局、共青团中央和中国科协等5个部门继续组织开展青少年科学调查体验主题活动，活动主题是"节约纸张，保护环境"，吸引了全国近350万青少年积极参与。

据不完全统计，2009年，共发放青少年科学调查体验活动活动手册50 000册、活动资源包1 500套、活动宣传折页5 000册；活动网站的访问量由2008年的392 934人次增加到2009年的593 040人次。活动在引导鼓励青少年节约纸张、保护环境、宣传贯彻科学发展观方面发挥了积极作用，受到学校和师生的广泛好评。

自2006年以来，该项活动已经围绕节能、节水、节粮、节纸形成系列主题，对于提高青少年的环保意识，吸引他们参与到环保行列中具有重要意义。

表3-5 2006~2009年青少年科学调查体验系列活动基本情况

年度（年）	主　　题	参与人数（万人）	活动网站访问量（人次）
2006	节能在我身边	30	—
2007	节水在我身边	30	—
2008	节粮在我身边	180	392 934
2009	节约纸张，保护环境	350	593 040

2. 保护母亲河行动不断深化，影响广泛

2009 年，共青团中央以保护母亲河行动开展 10 周年为契机，以"绿色中国，青年当先"为主题，深入推进青少年生态环保工作。在保护母亲河日、植树节、世界水日、世界环境日等生态环保纪念日，联合有关单位开展了"倡导绿色生活、共建生态文明"系列宣传实践活动，举办了中国（漠河）生态文明建设高层论坛。以教育培训、活动指导、项目扶持的方式，密切联系和凝聚了一批青少年生态环保社团，委托北京林业大学团委，开展了全国青少年生态环保社团骨干培训，来自全国 20 所高校的 40 名生态环保社团骨干参加了培训。

活动还组织开展了全国青少年生态环保社团统计工作；组建了全国青少年生态环保社团网络社区；开展了绿色家园建设自查工作，对受资助的 8 个重点全国青少年绿色家园的建设情况和活动开展情况进行检查；完成了保护母亲河工程湖南邵阳项目、怀化项目、内蒙古大青山项目的验收。

活动与《青年参考》报社、欧莱雅（中国）有限公司合作，开展了第 4 届"母亲河奖"评选表彰活动，共收到申报材料 189 份、网络来信 1 530 余封、网络留言 14 160 余条，参与网络投票的社会公众达 745 万人次，在全国范围内评选出 7 名获奖个人、5 个获奖组织和 5 个获奖项目，授予第二批 10 家单位为"国家生态文明教育基地"，极大地激发了青少年和社会公众参与生态环保事业的热情。

保护母亲河行动开展 10 年来，吸引了 5 亿多人次青少年参与，面向海内外筹集资金 4.42 亿人民币、20.52 亿日元，建设了 5 540 个总计面积达 335.02 万亩的工程，与 30 多个国家和地区的青少年进行了友好交流，在海内外产生了广泛的影响。

3. 环保部依托绿色学校等平台，开展多种形式的环境宣传教育活动

2009 年，依托绿色学校等平台，环保部开展了第 7 届"ITT 杯"全国中学生水科技发明比赛，有力促进了我国青少年对水资源的关注；在北京启动贝迩中国可持续发展创新课程推广计划，通过聚焦不同的环境热点问题和环保产业最新发展趋势，使更多学生关注环境保护事业；举办第 3 届中国青少年创意大赛区域选拔赛；启动汇丰生态学校气候变化项目，帮助全国绿色学校更好地了解气候变化科学知识；继续推进"酷中国——全民低碳行动"试点项目，在社区

链接 1

自 1996 年《全国环境宣传教育行动纲要》提出要求起，绿色学校创建活动的开展至今已有 13 年。在各地学校的积极参与下，在社会各界的共同努力下，绿色学校创建活动规模不断扩大，从 2000 年的 16 个省（自治区、直辖市）的 3 200 余所学校，已经发展到目前的 31 个省（自治区、直辖市）的 42 000 余所学校，约占全国中小学总数的 7%，覆盖的青少年人群达到 5 000 多万人。目前，共有 4 批 705 所绿色学校获得国家表彰绿色学校的荣誉。

开展环保宣传，倡导低碳生活理念。通过学校这个教育主渠道，这些活动向中小学生和公众传播了环境和可持续发展的有关科学知识，有效提高了中小学生和公众的环境保护和可持续发展意识，极大推动了环境保护的公众参与能力，扩展了环境保护的公众参与平台。

（二）关注青少年安全健康

针对中小学生应急避险能力薄弱的情况，各部门继续开展中小学生的安全健康教育。教育部、安全监管总局、共青团中央和中国气象局等11家单位以"加强防灾减灾，建设和谐校园"为主题，开展全国中小学生安全教育日宣传教育活动，并特别向中西部中小学校赠送安全科普教育资料。中宣部和教育部等单位联合向全国未成年人推荐百种优秀音像制品，充实和丰富未成年人的精神文化生活，培养文明品德，树立健康安全理念。

1. 安全教育活动不断深化

共青团中央推动"中国少年儿童平安行动"不断深化和广化。进一步加大对学校、社区的安全知识教育力度，播发安全知识宣传片，印制安全知识手册，开展安全知识竞赛。组织18场大型安全知识全国巡回讲座，邀请著名儿童安全和心理教育专家深入各地为少年儿童和家长讲授安全自护自救知识。共青团中央与教育部等单位共同主办"中小学生安全教育日"活动，在全社会倡导形成预防未成年人意外伤害的社会干预机制。湖北在全省中小学校开展了"应急科技知识进校园"大型主题科普宣传活动。

自2006年暑期开始，共青团中央联合有关单位通过报刊、网络、电视、广播等媒体连续发布了三届青少年假期自我保护提示，对青少年假期的娱乐、出行、心理、家庭安全等方面的注意事项进行提醒。2009年暑期发布的青少年假期自我保护提示分为文字版、语音版、漫画版、动画版，更为青少年喜闻乐见。

各地方也不断加强针对未成年人的安全宣传活动。湖北在全省中小学校开展了"应急科技知识进校园"大型主题科普宣传活动。广西壮族自治区科协、科技厅举办了未成年人安全教育科普漫画展，培养教育未成年人学会自我保护、维护社会公共安全、保持心理健康等，参观的青少年儿童及家长逾万人次。

2. 保证青少年身体健康

针对我国青少年用眼健康问题逐渐凸现的问题，中国教育学会少年儿童校外教育分会、中国少年科学院联合中华医学会眼科分会、同仁医院等社会组织开展"孩子眼睛好，未来大不同——青少年爱眼护眼中国行"科普活动。在全国各地团属青少年宫（青少年活动中心）等青少年活动场所，面向广大青少年普及爱眼护眼科学知识，增强青少年爱眼护眼的意识和能力，受到青少年、家长和学校的欢迎和好评。

卫生部与国际扶轮社 3 450 区（中国香港特别行政区、中国澳门特别行政区、蒙古）从 2002 年开始开展"再创生命——扶轮百万小儿健肝工程"项目，为内地贫困地区新生儿及未成年人接种、补种乙肝疫苗。项目先后在河北省邯郸市、安徽省安庆市和重庆市的 4 个县以及青海省、甘肃省、宁夏回族自治区，为当地新生儿、小学生、高中生和大学生约 100 万人接种、补种了乙肝疫苗，并进行了广泛的乙肝知识健康教育活动，为推动内地乙肝疫苗接种的普及和乙肝疾病防治工作作出了积极贡献。

各方力量发挥优势，确保未成年人成长的良好氛围

（一）结合校外场所建设，开发科学教育资源

1. 发挥各类校外活动场所的科普功能

中央文明办、教育部、共青团中央、全国妇联等部门就进一步发挥好校外活动场所在未成年人全面发展方面的作用展开专项调研。2009 年，全国新建 24 个青少年工作室，并在和谐社区建设和科普教育资源共建共享工作方面进行了有益的探索。2008 年有 70% 以上的工作室达到 100 天的运行定额标准，2009 年，相关部门着手制定了青少年科学工作室监测评估办法，进一步提高工作室运行的制度化、规范化，提高工作室科普传播的效果。

2009 年 9 月，中国科技馆新馆开放，参观人数比以前有大幅增加。广东、重庆、甘肃把少年宫、科技馆纳入公共文化服务体系，为提升未成年人科学素质服务。山东省文化厅加强综合性文化科普设施建设，新建成符合标准的乡镇文化站 300 余个，山东省博物馆新馆将于 2010 年建成，全省免费开放的博物馆达到 98 家，比上年增加 45 家，接待观众 1 000 余万人次。

河北充分发挥省青年新闻工作者协会和全省农村青年中心、青少年宫、青少年活动中心等的阵地优势，广泛开展各类科技教育、传播和普及活动。上海市整合建立了青少年英才俱乐部，定期组织"英才有约"、"院士的故事"等科普讲座活动，培养青少年会员科学探索的精神和能力。安徽指导各地成立青少年科技俱乐部，加大对青少年科学工作室的培育、扶植。山东加强青少年校外活动场所的建设与管理，督促各地不断完善校外活动场所的服务功能，提高服务能力。河南等地充分利用各类科技馆、博物馆、青少年教育基地等科普场馆，组织参观考察、学习体验活动，将校外科技馆资源向学校延伸，将科普资源与课堂对接。广西开办了全区农村未成年人校外活动中心试点负责人及辅导员培训班，为校外活动场所发展奠定基础。

2. 开展县级未成年人校外活动场所共建共享工作

教育部和中国科协联合开展的县级未成年人校外活动场所共建共享工作通过先期试点，在探索校内外科学教育资源整合方面已取得初步成效。

第一，扩大了校外活动场所在科普资源共建共享方面的试点。2009 年，中国科协与教育部基教一司共同组织研究制定《校外活动场所科普资源共建共享试点工作指南》，进一步规范和加强了试点单位的运行和管理工作。县级校外科普场所共建共享试点县从 2008 年的 8 个扩大到 2009 年年底的 30 个，直接提供资助 150 万元，并配发了价值 30 万元的壁挂科技馆等益智科普教育资源。

第二，积极开发适合农村校外青少年非正规教育的活动资源。在西部 20 个贫困县 140 个村社区，为校外青少年举办了艾滋病和毒品预防、健康卫生、进城务工知识、安全逃生、文化传承、生活技能等活动；组织了畜禽养殖、果树栽培、修理等谋生技能培训，广泛开展送科普资源到农村活动，使近万名农村校外青少年受益，获得相关科学知识与生活技能。

3. 群英计划开发适合农村地区的科普资源包

2009 年，群英计划主要以开发适合农村等弱势地区的学校、教师、青少年使用的科普教育资源包为主体内容，为科普示范县、科普大篷车、科普示范学校、县级青少年科普活动中心开展活动提供支持和服务。

该项目委托汉博科学教育中心、东南大学出版社印刷出版《影子的秘密工具包》3 000 套，委托河南青少年科普中心、《DV@时代》杂志社、化学工业出版社印刷出版《青少年科学 DV 资源包》5 000 套，配发到科技馆活动进校园 40 家试点单位、200 家青少年科学工作室等单位试用，并将电子版本放到全国青少年科技创新平台上免费共享，受到各工作室和试点学校的欢迎。

案　例　1

海南省群英计划科普系列活动

2009 年 9 月 14~19 日，由海南省科协和省教育厅共同举办的农村群英计划青少年科普系列活动在保亭、五指山、乐东、白沙和琼中 5 个市县巡回开展，邀请七巧科技全国组委会林松老师为中小学校的学生和科技教师作"七巧科技"科普讲座，在校园开展节纸实验活动，向贫困山区学校赠送节纸科普资源包和七巧科技教材。此次群英计划青少年科普系列活动受到了所到市、县广大师生的欢迎和好评，共有 1 000 多名学生和 150 名科技教师参加了活动。

该项目为进一步鼓励和支持研究所、高校、企事业单位以及社会各界关注和参与青少年科技综合实践活动资源包开发，通过社会公开招标的办法，资助资源包开发。经过严格评审，从 42 家单位提交的 58 份申请中，选出北京天文馆、中国科学院地理科学与资源研究所、中国力学会等 9 家单位的方案予以资助。

4. 馆校结合开发青少年科普资源

科技馆活动进校园项目经过 3 年的试点，不仅把科技馆的科普活动送到学校，而且将科技馆资源与科学课程、综合实践活动、研究性学习的实施结合起来，有效推动了科技场馆与学校科学教育资源的衔接。

试点单位在开展青少年科技活动过程中设计开发了课外科技活动资源。例如，广西青少年科技中心的"蜡染活动包"，山西省青少年科技中心的"简单机械和机器人活动包"，新疆青少年科技中心的"认识中草药活动包"，合肥科技馆的"奇妙的声音活动包"等。

天津科技馆经过一个学期的在试点学校的教学实践，编写出以课堂教学和天文观测相结合的天文校本教材初稿。为了配合16课时的校本教材使用，天津科技馆还根据不同课的主题开发了图文并茂的幻灯片，供教师使用，配套的硬件器材也在开发之中。

（二）建设网络资源，搭建青少年科普平台

工信部通过阳光绿色网络工程等行动，完善落实互联网和移动网信息安全管理制度，有效净化信息网络环境，为未成年人健康使用互联网提供了保证。

1. 利用网络资源进行未成年人科普

案 例 2

心的和谐——青少年健康上网科普宣传活动

2007年，中国科协、卫生部和中央文明办联合举办了心的和谐——心理健康教育系列科普活动，2008年，"心的和谐"科普活动围绕四川地震灾区心理援助继续开展。2009年，精神卫生宣传的重点确定为关注青少年健康上网，主题是"使用网络应有度，科学合理才健康"。此次心的和谐——青少年健康上网科普宣传活动是"心的和谐"科普活动的延续，是精神卫生宣传的一项重点活动，也是2009年全国科技活动周的重点活动之一，同时，该项活动还被纳入了科技部、中国科协等14部委的全民健康科技行动之中。

卫生部和中国科协共同举办心的和谐——青少年健康上网科普宣传活动，引导青少年健康合理地使用互联网，提高青少年心理健康水平。全国妇联利用网络开展"平安·健康家庭大行动"。在健康863网站播放宣传平安健康家庭生活理念的优秀科普影片，举办全国平安健康家庭征文征图大赛，开展"全国平安健康家庭"评选活动，近100万家庭成员参与。

吉林通过网络进行科学教育，设立科学与我们的生活论坛和科学教育民主论坛，举办了高中生物理、化学、生物实验创新与实验技能大赛和"身边的奥秘"、"身边的科学"科普知识系列教育。

2. 完善青少年科技活动网络平台

2009年，全国青少年科技创新活动服务平台完成了第24届全国青少年科技创新大赛、第9届"明天小小科学家"奖励活动、第9届中国青少年机器人竞赛、求知计划、国际奥林匹克

学科竞赛、紫荆计划组织管理工作系统的设计开发、测试维护和数据管理等工作，在活动通报、信息公告、资源集成、互动共享等方面发挥了重要作用。实现了 26 个省级青少年科技创新活动服务平台的建设维护。进一步充实完善了专家数据库、作品数据库、获奖学生档案数据库，完成了中国科协青少年科技教育网络信息管理 4.0 版本的建设维护。

进一步加强了数字科技馆青少年创意馆资源建设。利用数字科技馆网络平台，建立了"5.12 防灾减灾日青少年在线体验活动"和"7.22 日全食科普创意方案征集活动"专题网站。设计制作青少年创意馆"在线搭建机器人"专题活动网站，为广大青少年机器人爱好者提供在线设计、搭建机器人和虚拟体验、竞赛网络平台。

（三）开展家长教育，优化青少年成长环境

家庭教育是提高未成年人科学素质，促进未成年人健康成长和社会和谐的基础性工作，全国妇联及所属各级儿童活动中心围绕提高家长科学素质开展了大量家庭教育工作。

1. "双合格"家庭教育宣传实践活动

各级妇联积极联合相关部门，通过报告会、演讲会、知识竞赛、印发宣传材料等形式，对"双合格"家庭教育宣传实践活动进行广泛宣传。通过"双合格"活动的开展，家长逐步掌握了科学的家庭教育知识，使亲子关系更为和谐；同时，注重发挥电视、广播、报刊和网络等新闻媒体的影响力，不断拓宽"双合格"家庭教育的宣传覆盖面，使家庭教育先进理念、科学知识和方法家喻户晓，深入人心，努力为未成年人的健康成长营造良好的家庭氛围。

全国妇联与中国教育电视台合作，完成了农村妇女现代远程教育"家庭教育"系列教学片的制播工作，共编制了专题教学片 10 集，内容涵盖儿童营养健康、习惯兴趣培养、青春期生理心理、不良行为预防等多个领域，为家长提高自身素质和家庭教育水平提供了及时指导和帮助。

案　例　3

河北省家庭教育宣传实践月

河北省妇联稳步推进千万家长育英才工程，与河北电台农民频道联合开办面向农村家长的"乡村父母学堂"，与交通频道联合开办了面向城市家长的"好妈妈课堂"，组织开展了家庭教育宣传实践月活动。

2. 开展家长科学素质调查

2009 年，中国科协青少年科技中心和全国妇联儿童工作部联合开展了中国 8 省市家长科学素质相关调查，依靠中国科普研究所、中国家庭教育学会的专家力量，委托清华大学媒介调查实验室执行。本次调查是国内第一次针对家长群体开展的科学素质调查，目的之一是摸清中国家长的科学素质现状，二是强化工作的科学监督和管理，三是推进建立更加完善的资源共

享平台。

本次调查有效样本量为 3 000 份，调查覆盖全国 7 个地区的 8 个省市，分别为华北地区的山西和北京、东北地区的辽宁、华东地区的上海、华中地区的湖北、华南地区的广东、西南地区的四川、西北地区的陕西。调查对象是我国 6~15 岁处于义务教育阶段儿童的家长，包括法定监护人（父母）和实际监护人（照顾陪护孩子时间超过 1/3，祖父母、外祖父母、保姆等），男性家长与女性家长的比例为 3∶7。调查内容包括两个部分，一是家长具备的基本科学素质，二是家长对科学教子知识的认识、态度及行为。

本次调查分析了家长科学素质与未成年人科学素质之间的互动关联，基本反映了家长的科学素质水平状况和发展趋势，为进一步指导和推进家庭教育提供了科学依据。

3. 打造家庭教育信息化服务平台

2009 年 3 月，全国妇联儿童工作部创建了中国家庭教育网（http://www.jiaj.org/），开辟了宣传普及家庭教育知识的新阵地。网站着力宣传健康文明的上网知识，帮助家长引导孩子科学合理上网；及时报道各级妇联组织开展家庭教育的宣传和实践活动，交流各地信息和经验；适时组织中国家庭教育网专家团成员在网上回答家长提问，解决孩子网瘾、沉迷网络游戏等问题。目前，该网站点击量已经达到 553 万余次，页面总浏览量达到 184 万余次。

（本文作者：王丽慧　单位：中国科普研究所）

巩固协调机制、创新工作方法
农民科学素质行动求实见成效

　　2009 年，农民科学素质行动工作坚持针对实际、注重实用、讲求实效的"三实"原则，集中力量、发挥优势、整合资源，巩固并创新农民科学素质行动工作机制，培育打造农民科技教育培训的精品项目，延伸科普活动的持续影响效应，强化示范体系的辐射带动作用，繁荣面向少数民族、民族地区居民和农村妇女等人群的科学素质工作，以服务"三农"为基点，大力支持社会主义新农村建设。紧密围绕国情和农民自身实情，以丰富而突出重点的科普内容、生动而易于农民接受的科普形式，开展各种宣传、教育培训和科普活动，使农民科学素质逐步提升。

一 农民科学素质行动协调小组巩固机制，探索新模式，加快工作进程

农民科学素质行动协调小组通过完善工作会议制度，进一步加强所有成员单位以及与有关省份的工作联合与协作，巩固协调机制，完善保证措施；整合部门之间和系统内部的现有资源，探索试点模式，以实现优势互补，协调配合。农民科学素质行动协调小组于2009年年初印发了《2009年农民科学素质行动工作要点》，保障各项农民科学素质工作按计划、分步骤地顺利开展。农民科学素质行动试点村建设、首届农民科学素质宣传教育优秀作品征集推介活动是农民科学素质行动协调小组在2009年开展的重点工作。

（一）积极开展农民科学素质行动试点村建设探索

2009年年初召开的联络员会议针对上年度启动的农民科学素质行动试点村工作进行了研究部署。试点村的工作与各个试点开展的社会主义新农村建设、科技入户、"一村一品"、科普惠农兴村计划、星火计划、科技特派员、大学生村官等各项工作紧密结合，各部委在所联络的试点村创造性地开展工作并取得了一些有益经验，对周边村庄和农民具有积极的带动作用。

农民科学素质行动协调小组组织10个试点村80余名村"两委"干部和科技带头人等参加了农村实用人才培训，并为10个试点村各配备了1个华硕科普图书室，为推进农民科学素质教育和科普工作提供了必要的科普制品。在农民科学素质行动协调小组的统一安排下，各成员单位来到试点村建设工作开展较好的村，召开现场观摩会，进行参观学习和经验交流，探索进一步深入开展工作的方式和方法。

案例 1

各成员单位深入试点村开展科学素质工作

2009年3月20日，环保部科技司和生态司、中国科协科普部、中国环境科学学会等单位的专家共赴河北省西柏店村，与村领导座谈村里的环保工作和正在开展的环保生态项目，并将《希望2006》、《温暖2007》两张环保科普宣传光盘赠送给该村村委会。同年7月29日，共青团中央、中国科协等在河南省驻马店市遂平县刘庄村开展了农民科学素质调查暨科普活动，组织当地农业、畜牧、医疗卫生专家有针对性地开展了农作物种植、畜牧养殖、预防手足口病和甲型H1N1流感等内容的科普咨询活动。专家与农民朋友就学习农业科技知识、获取农业科技信息渠道等提高农民科学素质的有关问题进行了交流，并对村庄的下一步可持续发展提出了较好的建议和意见。

（二）举办首届农民科学素质宣传教育优秀作品征集推介活动

2009年3月，农民科学素质行动协调小组发布《农业部办公厅　中国科协办公厅关于举办首届农民科学素质宣传教育优秀作品征集推介活动的通知》（农办科〔2009〕12号），本着"贴

近农业、贴近农村、贴近农民"的原则，在成员单位及其系统内征集并推介一批结合实际、内容丰富、形式多样、通俗易懂、生动形象、喜闻乐见的农民科学素质宣传教育优秀作品，以创新、丰富服务"三农"的科普制品资源并实现共享，为进一步开展农民科学素质行动、农民培训和农村农业科普工作、文化科技卫生"三下乡"活动等提供优秀的宣传、教育、科普材料。本次评选活动共收到各部门推荐作品 280 余件（本、册、套、片），包括图书、教材、挂图、宣传画、连环画、资料、音像制品、动漫等作品。此次活动还选择金盾出版社作为面向社会进行征集推介的试点，推荐其参与了征集活动。通过专家初审、复评和终审，最终评选出了 100 件优秀作品，其中，科普图书 54 件、科普美术作品 17 件、科普音像制品 29 件。《冬季农业生产 100 问》、《农村疾病防治手册》、《气象与蔬菜的栽培和病虫害防治》、《农村沼气"一池三改"》、《有机农业 110》以及《画说防艾——农村科学防治艾滋病连环画》等 6 本科普图书被列为新闻出版总署 2009 年农家书屋采购图书，在全国几十万个乡村农家书屋广泛配送。评选出的优秀作品通过新闻媒体向社会各界进行广泛推介。

（三）加大各类大众媒介面向农民群体的科普力度

中央电视台制作播出的"致富经"、"每日农经"、"聚焦三农"、"科技苑"等对农栏目以实在、鲜活的案例为载体，提供了致富知识和经验，易于广大农民观众理解和学习。

中央人民广播电台"致富早班车"栏目致力于开展农业科技教育普及、政策法规宣传、致富信息提供，并将节目制作成光盘和录音带，与进村入户的"大喇叭"共同配合，将各种实用技术和信息送到农村。中央人民广播电台还面向农民积极宣传科学发展观，重点开展保护生态环境、节约水资源、保护耕地、防灾减灾，倡导健康卫生、移风易俗和反对愚昧迷信、陈规陋习等内容的宣传教育，深入报道文化科技卫生"三下乡"、科技活动周、全国科普日等活动，发布《"中医中药中国行"中医药科普宣传活动走进贵州》、《大连市启动"科普视频惠农"工程》、《山西农村广播建立首个科普惠农基地》等稿件，2009 年累计发布篇目达 89 篇。

多个部委结合各自优势和特色，编印了多种图书和报刊。其中，农业部紧密围绕《农民科学素质教育大纲》主要内容，组织编印《农村致富新技术》等系列科普图书及挂图。共青团中央编制了《新农村新青年》文库，以农村青年最迫切需要的实用知识和技术为重点，编写出版和谐家园、发展生产、科普宣传等 8 个系列 50 本图书。中国气象局编制了《农村气象防灾减灾科普系列丛书》（4 种），组织完成《葡萄栽培与气象》、《杨梅生产与气象》、《农村观天测风雨》、《药用植物栽培与气象》等编写工作，并推进科普影视产品的开发编制和出版。国家民委面向少数民族地区编制了一批"双语"科普资料。云南省开办的《云南农民科普报》把适用技术和致富信息送到田间地头，一定程度上满足了广大农民的科普需求。西藏自治区编译出版了一些优秀科普图书，创建了农村牧区健康书架。

二　充分结合农民新需求，打造农民科技教育培训精品

　　按照党的十七届三中全会和中央农村工作会议精神要求，大力发展现代农业、培育新型农民是当前和今后一个时期的重要任务。2009 年，面向农民的科学素质教育培训工作紧密结合农民实际需求，围绕实用性技术的传授推广，开展了富有实效的多项精品培训。

（一）现代远程教育成为农村党员干部科技培训的主渠道

　　2009 年 5 月，中组部发布《关于加强农村党员干部现代远程教育终端站点管理和使用工作的意见》，要求各远程教育终端站点坚持以用为本，建设成为农村党员干部现代远程教育培训的阵地；服务于中心工作，紧紧围绕党委政府工作大局、服务社会主义新农村建设，把现代远程教育与政策解读、就业创业、适用技术、市场信息、生活健康、医疗卫生、文化娱乐、安全生产、普法宣传、防灾减灾、社会治安等与人民群众生产生活密切相关的民生服务工作结合起来，促进农村经济社会全面发展；切实抓好集中学习，及时组织农村党员干部和农民群众集中学习农村适用技术、市场开发以及农民群众喜闻乐见的文化娱乐等课件。此外，中组部组织实施的全国农村党员干部现代远程教育电视栏目在教育频道播出，直接服务农村。

　　共青团中央承担农村党员干部现代远程教育专题教材制播工作，先后制作播出了《网络是青年致富的好帮手》、《青年创业故事汇》、《蔬菜病虫害的克星》、《守护青春》、《上海郊区农村青年就业创业优秀典型巡礼》、《促进农村青年就业创业》、《农村青年小额贷款》、《农村青年创业致富能人》等 25 集教材，并协调全国远程办单独划拨专门时段进行加播。共青团中央还下发了《关于依托农村党员干部现代远程教育网络加强农村团员青年和团干部培训的意见》，依托远程教育网络开展了全国农村青年创业小额贷款工作培训，2 199 个县、2 601 个培训点、39 195 名团县（市、区）委书记和乡（镇）团委书记同时接受了远程培训。

（二）农村实用人才带头人培训是农民科学素质工作的新亮点

　　按照《农业部 2009 年度农村实用人才培训计划》的安排，在农业部人事劳动司的统一领导下，农村社会事业发展中心、中央农业广播学校和中国农学会等单位协同北京、山东、江苏、四川、陕西、西藏、河南、黑龙江、广西和新疆等 10 省（自治区、直辖市）农业主管部门，在 10 个农业部农村实用人才培训基地完成 26 期农村实用人才带头人培训班、4 期大学生村官培训班以及 3 期少数民族基层农技人员培训班。面向村党支部书记、村委会主任、农村专业大户、农民经纪人和农民专业合作社、专业技术协会负责人、民族地区基层农技人员以及到农村基层任职的大学生村官总计 3 129 名进行了培训。其中，培训村两委 1 562 人，占 49.9%；农民经济合作社社长、副社长 823 人，占 26.3%；大学生村官 400 人，占 12.8%；民族地区基层农技人

员 160 人，占 5.1%；其他人员 184 人，占 5.9%。通过 2009 年农业部农村实用人才带头人培训，学员了解和掌握了党和国家的强农惠农政策，增强了做好本村农业生产和村庄建设的能力，提高了农村实用人才带头人带领农民群众发展农业农村经济、管理农村事务和推进各项农村社会事业的能力。

为适应农村能源建设的进一步发展，农业部及各省（自治区、直辖市）、市、县等有关单位加大对农村能源暨

案　例 2

山东省培训生产大户和农村公益型岗位人才

2009 年，山东省安排 50 个项目县（市、区）开展新型农民科技培训，共培训农民辅导员 1 万人、示范农户 20 万户；围绕当地主导产业，以关键技术培训为重点，培训基层农技人员和生产大户 2 万人；同时启动农村公益型岗位培训试点，培训农村信息员、村级防疫员和农产品质量监管员等农村公益型岗位人才 2 000 人。

沼气生产人员的培训工作，2009 年总计培训 40 万人次，其中获得国家职业资格证书的为 5 万人。

此外，教育部在 2009 年进一步落实农村实用技术培训计划。全国农村成人文化技术培训学校结业生 4 130.67 万人，其中，教育行政部门和集体举办的农村成人文化技术学校培训 4 007.18 万人，其他部门和民办机构培训 123.49 万人，教育系统培训数占培训总数的 97.01%。全国 12.94 万所农村成人文化技术培训学校（机构）和 35.33 万个教学点（班）参与开展了农村实用技术培训，其中，乡镇成人文化技术学校 1.8 万所，培训学员 1 910.56 万人，村办学校 10.57 万所，培训学员 1 915.30 万人，乡、村两级农村成人文化技术学校培训人数合计 3 825.86 万人，占培训总量的 92.62%，是在农村地区开展农民教育培训的主阵地之一。

（三）百万中专生计划扩充实用型专业招生规模

2009 年，在农业部的统一部署下，全国农广校系统积极组织实施农村实用人才培养百万中专生计划，共招生 140 282 人，比 2008 年增加 2 238 人，增长 1.6%。学员中全日制学员 60 455 人，占 43.1%；农民学员 105 820 人，占 75.4%。从 2009 年招生专业分布看，农科类 10

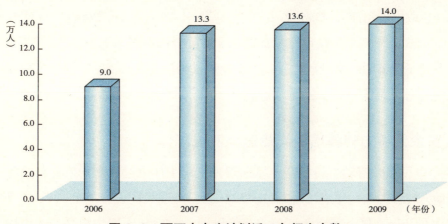

图 3-2　百万中专生计划近 4 年招生人数

个主干专业共招生 65 712 人，占招生总数的 68.4%。其中，现代种植技术专业招生 34 213 人，占 52.1%；现代养殖技术专业招生 7 628 人，占 11.6%；畜牧兽医专业招生 7 111 人，占 10.8%；现代乡村综合管理专业招生 6 130 人，占 9.3%；其他农科专业招生 10 630 人，占 16.2%。

（四）农村就业创业培训契合实情创新培训模式

共青团中央联合人力资源和社会保障部下发《关于应对当前经济形势实施青春建功新农村就业创业培训项目的通知》，在加强与人力资源和社会保障、农业、科技、扶贫等部门合作的基础上，通过共青团自主培训、团企联合培训、与专业机构合作培训等方式，培训农村青年 217 万人。依托农村青年能人、企业家，建立一批农村青年就业创业培训基地，广泛开展实用技术培训，提高农村青年科学素质。与联想集团、上海种都公司、四季沐歌公司等企业合作，抓住企业拓展农村市场、延长产业链的需求，共同组织农村青年开展培训，并帮扶他们在产业链上创业就业。种都项目共培训 856 名学员，联想培训项目在 1 569 个县培训农村青年 2 万人，四季沐歌项目在全国 10 个省（区、市）培训农村青年 1 000 人。河南、湖北、山东等地也按照这种模式，与企业积极合作，启动了圣工生态漆、千里马挖掘机等多个促进农村青年创业就业的示范项目。共青团中央还专门下发《关于大力开展共青团农村青年春季培训行动的通知》，各地团组织在短短 4 个月内集中培训农村青年 130 万人。

全国总工会开展了以就业援助为重点的千万农民工援助行动，落实积极的就业政策，要求并指导支持各级工会开展项目开发、创业培训、开业指导、小额担保贷款、跟踪扶持等"一条龙"服务。在全国范围内确定了 12 个全国工会农民工技能培训示范基地和 113 个全国工会就业培训基地，并带动全国 2 013 家工会培训机构，推动全国工会职业培训和就业服务工作的深入开展。截至 2009 年 10 月底，全国各级工会共对 1 393.58 万名农民工实施援助，培训农民工 520.49 万人（技术培训 189.51 万人，创业培训 27.67 万人，基础和适应性培训 303.31 万人），为 362.21 万名农民工提供就业服务（其中，成功介绍 207.23 万名农民工实现就业）；对 510.88 万名农民工开展了生活救助、法律维权等方面的帮扶。全国工会农民工援助行动投入资金 10.1 亿元，其中，争取中央和地方财政帮扶专项资金投入 4.25 亿元，争取政府劳动部门职业培训和就业服务补贴 2.13 亿元，工会经费投入 2.37 亿元，社会捐助筹集 1.4 亿元。千万农民工援助行动的开展，有利于缓解国际金融危机对我国就业造成的压力，提升农民工素质，帮助农民工解决生产生活中遇到的困难，维护农民工权益。

（五）农村富余劳动力转移培训聚焦返乡农民群体

2009 年，全国农村劳动力转移就业培训阳光工程工作继续实施。农业部委托全国农广校开展农村劳动力转移就业引导性培训 3 361 152 人，开展农民职业技能培训 2 141 989 人。

共青团中央开展进城务工青年订单式技能培训。2009 年，团中央联合人力资源和社会保障部共同开展了进城青年农民工"订单式"技能培训项目。项目以各类符合条件的培训机构为依托，以企业用工需求为前提，以现有政策为保障，充分发挥共青团的组织联结优势、人力资源和社会保障部门的政策资源优势以及行业协会、龙头企业的组织协调优势，对进城青年农民工特别是尚未就业的青年农民工进行"订单式"技能培训，提高就业能力，帮助他们顺利实现就业。截至 2009 年 12 月底，全年共举办实用技术培训 400 余次，培训 70 810 人。

教育部印发《教育部关于切实做好返乡农民工职业教育和培训工作的通知》（教职成〔2009〕5 号），要求各级教育行政部门和职业学校把做好返乡农民工职业技能培训工作作为重要而紧迫的任务，采取强有力措施，切实抓紧抓好。2009 年，农民工技能培训 792 万人次，比 2008 年增加 30 万人次。此外，教育部继续实施农村劳动力转移培训计划。据各省级教育行政部门统计，2009 年，教育系统共开展农村劳动力转移培训 4 249.31 万人次，其中，引导性培训 1885.61 万人次，占培训总人数的 44.37%；技能性培训 1 564.46 万人次，占培训总人数的 36.82%；转移后（进城农民工）培训 791.62 万人次，占培训总人数的 18.81%。与 2008 年的统计数据比较，2009 年教育系统农村劳动力转移培训总数增加 300.10 万人次，其中，技能性培训数量增加 167.87 万人次，转移后培训数量增加 91.45 万人次。培训量增幅较大的 5 个省（区、市）是：山东、四川、吉林、新疆和上海，共有 16.44 万所职业院校、农村成人学校参与了农村劳动力转移培训工作。其中，职业院校共培训农村转移劳动力 1 045.32 万人次，农村成人学校共培训 2 600.65 万人次，其他教育培训机构共培训 603.34 万人次。

人力资源和社会保障部印发《关于进一步规范农村劳动者转移就业技能培训工作的通知》，颁布了一批适合农民工培训需求的教学计划大纲和推荐教材书目，提高农村劳动者在金融危机形势下的就业能力。针对产业结构调整和技术升级的需要，强化农民工专项技能培训，组织实施阳光工程、农村劳动力转移培训计划、农村劳动力技能就业计划等培训项目，全面提高农民工自身素质。人力资源和社会保障部特别针对未能实现再就业的返乡农民工、中西部贫困家庭和零转移就业家庭的农村劳动力，开展了"百日百万"农民工培训行动。该计划统筹整合当前农民工各项培训计划的资源，发挥现有各类农民工培训计划和培训政策的作用，对农民工进行专业的、有针对性的技能培训，使其提高与企业技术进步相适应的岗位能力，加快提升农民工的职业技能，增强农民工就业的稳定性。

三 农村科普氛围高涨，科技普及活动效应持续延伸

（一）科技下乡逐渐成常态，活动效果得到巩固

1. "三进村"活动，总结经验推典型

2009 年，全国农广校在 859 个县、20 313 个村开展"三进村"行动，共组织培训教师进村

275 383 人次，进村举办各类培训班 88 656 个，培训农民 8 539 229 人次，441 352 人获得绿色证书，建立科技书屋 16 699 个，赠送科技图书近 5 128 025 册、科技光盘 1 414 683 片。

为系统回顾和总结近年来"三进村"行动工作，中央农广校组织召开了全国农广校"三进村"工作经验交流暨农民培训工作座谈会，并重点推广了山东省东平县和河南省孟津县的典型经验。在多数地方，"三进村"已经成为农广校抓农民教育培训的一个明显特色和抓手。"三进村"行动的实施，使广大农民得到实惠，农村产业得到发展，教师队伍素质也得到了提高。

2. "三下乡"活动，文化科技卫生齐并进

中宣部等部委继续组织开展文化科技卫生"三下乡"活动。在安徽省肥西县举办全国"三下乡"活动启动仪式，向当地农村捐建 10 个"万村书库"图书室。在河北省文安县举行集中示范活动，向当地农村捐建 5 个"万村书库"图书室，推动培养新型农民，丰富农民群众的精神文化生活，提高农民群众的科学文化素质。

2009 年 10 月，全国政协教科文卫体委员会、中国科协在河南林州市联合开展了科技下乡活动，中国科协向林州市捐赠科普图书、挂图、电脑和科普光盘，价值人民币 10 万元，并创建青少年科普活动室。同年 12 月，中宣部等 13 部委在贵州共同举办"三下乡"活动，向黔西县捐赠价值 10 万元的科普图书、光盘、电脑等。

广电总局通过视频、图文、互动等多种形式，积极开展"三下乡"活动报道，让"三下乡"在更大范围、更宽领域、更深层次开展起来。

3. 科技列车长白行，贴近当地农民需求

作为全国科技活动周的重要活动，2009 年科技列车行活动由中央宣传部、科技部、环保部、铁道部、卫生部、国家粮食局、共青团中央、中国科协和吉林省人民政府共同主办。2009 年 5 月 15~20 日，50 多位来自科研、医疗、教育单位的科技工作者带着知识和经验，带着技术成果和物资在吉林省白山地区深入基层开展了一系列服务"三农"的科技活动。

按照白山地区提出的科技服务需求，动员了农业技术、工业技术、医疗卫生、信息技术、粮食食品等领域的专家以及科普专家奔赴白山地区，以火车和汽车作为主要交通工具，深入全市 6 个县（市）区的 47 个乡镇、社区街道，举办医疗义诊、实用技术培训、现场指导；开展科技人员进企业技术咨询；组织科技创新支撑主导产业发展、循环经济与医疗保健等专题报告会、科学发展专家建言献策座谈会；共青团志愿者科普一日活动。同时，还向当地捐赠价值 300 多万元的科技物资，主要包括中宣部、中央文明办捐赠的"万村书库"图书室，国家粮食局捐赠的 500 套新型储粮仓以及环保部捐赠的环保科普读物《梦想与期待：中国环保的过去与未来》、《世界环境》、《绿色未来》等 5 000 册，中国科协捐赠的科普图书和期刊 3.7 万册和科教电影展播资源，共青团中央捐赠的电脑知识培训和一批实用科技图书等。中宣部、中央文明

办捐赠"万村书库"工程图书室 12 个，卫生部捐赠社区卫生科普图书室 1 个，科技部捐赠农村青少年科技操作室和自主创新的笔记本计算机教室，科技部和奇瑞汽车公司共同向白山地区基层科技管理部门捐赠 6 辆越野车作为科技服务车，专门用于提升吉林白山地区基层科技部门服务能力。

4. 暑期"三下乡"活动，大中专学生教育帮扶农民

2009 年，全国共有 20 多万支团队、近 400 万名大学生在暑期深入全国农村基层，广泛开展了理论及成就宣讲、教育帮扶、医疗服务、科技支农、文艺演出、法律援助、社会调查等形式多样、内容丰富的社会实践活动。以迎接新中国成立 60 周年为契机，全国 1 000 多所大中专学校组织了 19 980 支学习宣讲团队，超过 22 万名大学生通过搜集资料、社会调查等方式，充分学习、了解、感受新中国成立 60 年来的发展道路和巨大变化。在此基础上，大学生们奔赴全国 2 300 多个县区、114 100 个村庄，结合当代农村农民的特点，采取各种喜闻乐见的方式组织群众性爱国主义教育活动，共在各地举办了 23 000 多场报告会（座谈会）、40 000 多次图片展、36 000 次专题讲座，并结合文艺演出、宣传板报等形式累计走访和教育当地群众达 2 800 多万人次。

5. 防灾减灾专题科技下乡，应急必备得到保障

在全国首届防灾减灾宣传周活动期间，中国气象局联合中国科协、中国农学会，在贵州省长顺县开展"手拉手，预防灾害；心连心，共建和谐"为主题的防灾减灾科技下乡活动。近千名当地农民、学生和政府机关干部参加了活动，在现场免费发放了大量宣传资料，还向当地政府赠送了数千套《农村（中小学）气象灾害避险指南》、《农村生产（生活）气象灾害避险常识》、《如何应对气象灾害》、《防雷避险常识科普挂图》等科普书籍和挂图。

2009 年 7 月 5 日，由中国气象局、中国气象学会主办的 2009 年气象防灾减灾宣传志愿者中国行活动在成都信息工程学院启动。之后，2 000 多名志愿者和气象专家分成 200 个分队，携带 70 万份资料奔赴全国 31 个省（自治区、直辖市），深入农村、中小学校、厂矿企业等防灾能力薄弱地区，进行为期一个月的气象灾害预警和防御知识宣传。此次活动是中国气象事业发展史上参与人数最多、活动地域最广、规模最大、队伍构成最专业、影响最大的一次气象防灾减灾志愿者宣传活动。团中央还将此次活动纳为全国百支大学生科学发展观实践服务团的主要内容。

（二）科技扶贫与服务，鱼渔兼授效果显著

1. 科技之光——科技扶贫专项活动，科技帮扶具体实在

共青团中央结合科技部的相关意见和各地项目申报情况，拨付团中央驻灵丘扶贫工作队

5 万元，拨付团内蒙古土默特左旗委 3 万元，用于科普培训、专家技术指导和扶植青年创业典型，并签订项目协议书，以确保拨付的专项资金在协议书规定的有效期内完全用于科技扶贫活动。在山西省灵丘县，河北农业大学专家受邀进行有机蔬菜技术培训与病虫害防治指导，在 3 个乡镇为 400 多名蔬菜大棚种植户进行了集中培训，印制了 8 万份相关的技术材料，分发到 8 个乡镇的农村青年和农民群众手中。在内蒙古土默特左旗，为全旗 16 个乡镇（区域服务中心）购买了养牛、养猪、养羊、养鱼、种植瓜菜、防治动物疾病、预防猪流感等相关知识的农村科技图书 667 册，按照每个乡镇（区域服务中心）的实际情况配发给乡镇（区域服务中心）团委，并邀请奶牛养殖方面的专家分别在北什轴乡和把什区域服务中心举办了农村养殖实用技术专题讲座，为青年奶牛养殖户讲授奶牛养殖、奶牛疾病防治方面的知识。

2. 与科技同行，开展老区科技惠民服务

科技部和广西壮族自治区人民政府举办的与科技同行——百色示范活动是 2009 年全国科技活动周期间以开展一系列科技惠民服务为特色的一项重要活动。科技部为此向百色捐赠了 100 台自主创新产品"龙芯"笔记本计算机，捐建 3 个青少年创新操作室，用于支持百色的科普能力建设和中小学科技创新教育。广西壮族自治区科技厅向百色农村捐赠了农村科技书屋和其他科技物资。同时，与科技同行——百色示范活动也是宣传、倡导和鼓励科技人员深入基层服务企业、社区和农村的活动。通过活动引导更多的有真才实学的科技人员，带着技术、带着成果深入基层，参与到生产实际当中开展科技创新和服务活动，助推当地经济社会进一步发展。该项活动对于政府部门服务贫困地区教育发展、缩小"数字鸿沟"具有重要意义。

3. 华硕科普图书室共建项目继续实施

2009 年，中国科协和华硕集团在各地乡村建立了 200 个华硕科普图书室。主要由县级科普工作队、少数民族科普工作队和科普活动站、科普惠农服务站等科普工作队伍和科普活动网点建设、管理和使用，常年为农民及其他人群提供图书借阅等服务。

（三）生态环保与健康，倡导农家新时尚

1. 实用环保知识挂历进农家

2009 年 1 月，在环保部科技司的指导下，中国环境科学学会编制了《农村环保科普知识（挂历篇）》1 万本，组织中国农业大学、北京林业大学、北京大学城市与环境学院的农村籍志愿者 700 名，利用寒假回家探亲的机会，将挂历送到了中国西部的 12 个省和东北 3 省的 500 多个村镇的 1 万个农户家中。据中国环境科学学会反馈问卷的统计结果显示，90% 以上的农民对《农村环保科普知识（挂历篇）》表示喜爱。

2. GE通用电气公司赠送节能灯泡照亮农舍

GE通用电气公司（以下简称GE公司）根据国家目前大力倡导推行的节能减排举措，考虑到农村老百姓生活的实际需求，特捐助了2 000只家用节能灯。中国环境科学学会和GE公司携手，通过大学生志愿者环保科普下乡活动，将这些节能灯泡赠送给了农民家庭，使广大农民在获得了实惠的同时，接受节能环保的理念。2009年6月19日，中国环境科学学会和GE公司在中国农业大学共同举办了2009 GE携手大学生志愿者千乡万村环保科普行动座谈会暨节能灯捐赠仪式。节能灯的发放本着偏远农村优先、学校优先、孤寡老人优先、公共设施优先的原则，通过大学生暑期农村环保科普行动的渠道发放到农村。

3. 高校大学生带来乡间环保之风

中国环境科学学会组织首都部分高校大学生开展暑期环保科普下乡活动。北京大学、清华大学等部分首都高校团委组建暑期环保科普专项小分队118支，其中有70支小分队将农村环保科普实践活动的地点选在了新疆、西藏、内蒙古、广西、宁夏、甘肃、青海、四川、重庆、陕西、贵州、云南、山西、陕西、河南等中西部欠发达贫困地区的农村。2009年7~8月，1 000多名大学生志愿者深入全国200多个村庄，将《农民身边的环保科普知识》和《环境法律科普知识（农村篇）》各1万册发放到农民手中；将400套（4张／套）《农民身边的环保科普知识挂图》、《让农民喝上放心的水》、《环境法律科普知识挂图（农村篇）》张贴到村委会和农村中小学校。同时，大学生志愿者们在1~2周的农村社会实践中，针对当地实际情况开展形式多样的农村环保科普活动，如结合当地环境状况调研，挨家挨户向村民普及科学施用农药化肥知识；在农村中小学开展环境教育课，设计环保游戏，引导农村未成年人形成环保观念和意识；在农村大集开展环保科技咨询，宣传生态厕所、沼气池等新技术；为村民播放环保电影；发放自制的农村环保宣传资料等，在农村乡间吹起了一阵环保的清新之风。

四　不断挖掘示范内涵，科普示范建设强化辐射带动作用

（一）科普惠农兴村计划总结示范成果，放眼长效

2009年，科普惠农兴村计划中央财政奖补资金继2007年后再次翻番，增至2亿元。按照2009年中央1号文件的要求，围绕"保增长、扩内需、调结构、促就业"的中心任务，经过科学测算，合理分配推荐名额，将奖补资金向农村专业技术协会倾斜，向粮、棉、油、生猪等农业大省倾斜，向返乡农民工较多的省份倾斜，向中西部等条件差的省份倾斜。经过基层推荐、四级评审和公示，确定表彰奖补农村专业技术协会612个，农村科普示范基地300个，农村科

普带头人 302 名，少数民族科普工作队 5 个，共 1 219 个。在中国科协和财政部科普惠农兴村计划的示范和激励下，许多省、地、县积极跟进，实施具有地方特色的科普惠农兴村计划，带动了各地区各部门农村科普工作和农民科学素质建设工作的蓬勃开展。

2009 年 11 月 25~26 日，中国科协、财政部联合召开了科普惠农兴村计划经验交流会。总结交流了各地实施科普惠农兴村计划的成功经验和做法，分析了面临的形势和任务，研讨了下一步的发展思路和对策。来自全国 31 个省（自治区、直辖市）、新疆生产建设兵团科协和财政（财务）部门的同志以及获得科普惠农兴村计划表彰的基层获奖代表近 200 人参加了会议。

为建立科普惠农长效机制，完善农村新型科技服务体系，在上年度开展科普惠农服务站试点工作的基础上，完成了 15 个省共 100 个试点的建设工作，下发中国科协《关于建立科普惠农长效机制开展科普惠农服务站建设工作的通知》，在全国组织开展科普惠农服务站建设工作。计划通过 3~5 年的努力，率先在各级科协和财政部门科普惠农兴村计划表彰的农村专业技术协会、农村科普示范基地和带头人所在单位中建立起科普惠农服务站；其他在农村科普工作方面积极性高、组织基础好、辐射带动能力强的农村基层科普组织积极建立科普惠农服务站，努力为农民提供更加及时、周到、长期、有效的科普服务，推动科技发展惠及"三农"。通过引导、帮助农村基层科普组织建立科普惠农服务站，各级科协对农村基层科普组织的凝聚力明显增强，为农村基层科普组织和农民开展科普服务的能力普遍提高，农村科普队伍建设、基础设施建设、资源建设和能力建设有较大推进，科普惠农长效机制进一步完善。围绕科普惠农，中国科协组织实施了西部科普工程，支持中西部地区的基层科普组织建立科普惠农服务站，重点扶持 160 个科普惠农服务站。

在这一专项的带动下，各地也普遍加大支持力度，因地制宜，出台提高农民科学素质、支持新农村建设的配套政策，实施具有地方特色的科普惠农兴村计划。据《中国科协 2009 年度事业发展统计公报》，各级科协表彰奖励作出突出贡献的农村基层科普组织和个人共 11 100 个（人）。其中，农村专业技术协会 2 961 个，农村科普示范基地 2 542 个，农村科普带头人 4 792 人，少数民族科普工作队 123 个。

> **案 例 3**
>
> **各地实施地方特色的科普惠农兴村计划**
>
> 各地普遍加大支持力度，因地制宜，出台提高农民科学素质、支持新农村建设的配套政策，实施具有地方特色的科普惠农兴村计划。甘肃制定下发了《甘肃省"科普惠农兴村计划"实施方案》，确保科普惠农兴村计划真正成为惠农兴村的惠民工程。山东省财政厅、省科协密切协作，配合国家科普惠农兴村计划，实施了山东省科普惠农示范工程。截至 2009 年年底，全省有 61 个县（市、区）、113 个农技协、78 个科普基地、87 个带头人受到国家或省里的表彰奖励，累计奖补资金 4 065 万元，其中省财政投入 1 500 万元。

（二）全国科普示范县（市、区）创建开拓新思路，取得新进展

1. 确定深入创建全国科普示范县（市、区）的新思路

据《中国科协 2009 年度事业发展统计公报》，中国科协命名的全国科普示范县（市、区）共有 713 个，省级科协命名的科普示范县（市、区）685 个，地级科协命名的科普示范县（市、区）617 个。

2009 年 11 月，按照"自愿申报、逐级创建、积极推进、动态管理、常抓常新"的新发展思路和原则，中国科协修订了《全国科普示范县（市、区）创建办法》，并以中国科协办公厅名义印发了《关于开展 2011-2015 年度全国科普示范县（市、区）创建工作的通知》（科协办发普字〔2009〕38 号），部署了今后几年全国科普示范县（市、区）创建活动的各项工作任务。

这项面对基层县级行政区划单位的科普示范创建活动，每 5 年一个周期，正式实施动态管理；取消创建单位名额总量限制，由各省份根据实际发展需要，制定本地发展规划和计划，提出创建数量。新一轮的创建活动强调了"逐级创建"的原则，新检查命名的全国科普示范县（市、区）必须预先达到省级科普示范县（市、区）的标准，并且在辖区内建立起比较完善的各级科普示范体系。鼓励全国各县（市、区）积极参加创建活动，不断与时俱进，创新发展，通过创建活动推进基层落实《全民科学素质纲要》。

2. 深化全国科普示范县（市、区）创建活动的内涵

按照国务院《全民科学素质纲要》实施机构调整的要求，依据新发布的《科普基础设施发展规划》，进一步修订了《全国科普示范县（市、区）测评指标》，加大了对农民等重点人群科学素质工作的考核权重，细化了落实《全民科学素质纲要》各项任务的考核内容和要求。同时，强化了对基层科普组织建设工作的考核力度。

链接
1

《2011-2015 年全国科普示范县（市、区）测评指标》中针对农民科学素质行动提出了 5 条指标，分别是：农业、科技、教育等部门共同落实《农民科学素质教育大纲》，制定培训规划、年度计划和教学大纲；90% 以上的乡镇（含乡镇企业）干部每年接受科技培训，80% 以上的村干部和农民党员劳动力每年接受科技培训；充分发挥好农广校、农函大等科技教育机构在农民科技培训中的作用；实施科普惠农兴村计划，充分发挥农村专业技术协会、农村科普示范基地和科普惠农带头人在农民科技培训中的作用，大力发展科普惠农服务站；广泛开展文化科技卫生"三下乡"活动，面向农民的科技下乡活动每年不少于两次。

3. 实施百县百项科普示范特色建设专项，培育特色示范载体

为发掘培育一批在创新机制、搭建平台，提高农民等重点人群科学素质，加强基层科普基础设施、科普资源及基层科普组织队伍建设等方面的典型，2009 年，面向全国科普示范县（市、区）实施了百县百项科普示范特色建设专项。全国 31 个省、自治区、直辖市和新疆生产建设兵团科协共申报了 124 个项目，经中国科协科普部组织专家进行评审，最后评选出优秀类项目 33 个，建设类项目 75 个。评审过程严格按照"合理性、创新性、实效性、示范性"的标准，评选出的项目均具有一定特色和示范作用，可供各地参考借鉴。通过此次评选，促进了各地对特色科普示范工作的总结交流，提供了培育科普示范品牌的载体和平台，推介出了一批具有特色的示范项目，如四川省大竹县特聘全县 131 名大学生村官为村科普使者，解决了向农民开展科普教育的人员队伍问题；海南省白沙黎族自治县科协在县政府的支持下自编、自演、自制科普实用技术光盘，在当地群众中颇受好评。

（三）基层农技推广体系改革，建设示范体系

2004~2008 年，农业部、财政部共同组织实施了农业科技入户示范项目，取得了显著成效。为贯彻落实 2009 年中央 1 号文件和《政府工作报告》对基层农技推广体系改革与建设工作所作出的部署，进一步加强我国基层农技推广工作，促进农业科技创新成果转化应用，提升农民科学种养水平，农业部、财政部决定从 2009 年起，共同组织实施基层农技推广体系改革与建设示范县项目。该项目的实施原则是统筹规划、系统设计，整合资源、形成合力，择优选择、示范带动，明确职责、共同推进。

> **链接 2**
>
> 基层农技推广体系改革与建设示范县项目致力于推进构建职能明确、机构完善、队伍充实、保障有力、运转高效的基层农技推广体系，完善专家—农技人员—科技示范户的农业科技成果转化应用快速通道，建立县、乡、村农业科技试验示范网络；加强示范县主导品种和主推技术的筛选与推广，使每个示范县的主导品种和主推技术入户率和到位率达到 95% 以上，保证每个示范县培育农业科技示范户 1 000 名，建设现代农业试验示范基地不少于 10 个，参加集中培训农技人员200 名。

通过 2009 年该项目的实施，全国 31 个省（自治区、直辖市）、新疆生产建设兵团、黑龙江农垦、广东农垦和大连、青岛、宁波三个计划单列市，共建立了 770 个国家级示范县，培育农业科技示范户 76.33 万户，投入项目经费总计 7.7 亿元，每个示范县 100 万元。其中，粮食

案　例　4

各地基层农技推广体系改革和建设工作各具特色

各地加大力度实施基层农技推广体系的改革和建设。江西省、广西壮族自治区尝试了"三权归县"，湖北省尝试了"派出制"等做法。安徽、河北等省开展了地方主导品种和主推技术的遴选、推介与推广工作，加速了农业科技成果的转化应用，支撑主导产业的发展。湖南、四川等省采取措施吸引大学生村官加入基层农技推广体系，着力于提升基层农技人员的服务能力和水平。山东、山西等省以项目促进县、乡、村农民专业合作组织的发展，搭建良好的技术推广平台，放大惠农政策效果。

作物示范县 729 个，示范户 39.15 万户；油料作物示范县 184 个，示范户 3.23 万户；园艺等经济作物示范县 635 个，示范户 24.60 万户；畜牧示范县 327 个，示范户 7.87 万户；水产示范县 120 个，示范户 1.48 万户。同时，带动有关地区建立省级示范县 169 个，投入配套资金 2.02 亿元。

（四）林改科普示范启动试点，服务林农

国家林业局通过开展技术培训、咨询服务、参观学习、推广主导产业示范样板、协助林农建立农村基层社会组织等科普活动，积极探索、建立科普服务集体林权制度改革，提高林农科学素质的成功经验和模式，切实为促进林业增产、林农增收、林农富裕和推进集体林权制度改革提供科技支撑。辽宁省宽甸县、江西省铜鼓县启动了科普服务林改试点工作，建立了林改科普服务站，选建了示范村、示范户、示范林和示范企业 15 个，组织技术培训和指导 1 000 人次，印制散发科普资料 15 000 份，聘任了以林农科技致富能手为主的专家 20 名，长期在试点地区为林农服务。

五　少数民族、民族地区及农村妇女的科普工作欣欣向荣

（一）民族地区迎来科技专家能手，共建"双语"科普工程

1. 联合开展"百名农业科技专家和致富能手进民族地区"科技下乡活动

为贯彻落实《关于进一步加强少数民族和民族地区科技工作的若干意见》（民委发〔2008〕245 号），推动民族地区《全民科学素质纲要》的深入实施，国家民委、中国科协、农业部、科技部共同举办百名农业科技专家和致富能手进内蒙古通辽市和百名农业科技专家和致富能手进回乡等两次科技下乡活动。农业科技专家和致富能手深入两地社区和农村，通过培

训、宣传、义诊、讲座等形式，把先进的市场经营理念、致富信息、实用新技术带给广大的农牧民，帮助两地广大农牧民掌握科学的生产技能和生活方法，提高科学素质，引领农牧民依靠科技脱贫致富。

2. 与国家民委继续开展少数民族科普共建试点工作

国家民委教科司与中国科协联合发文，在 6 个少数民族自治州（县）和 4 个民族高等院校开展试点，通过科协与民族高等院校协作配合，共建少数民族"双语"科普宣传队、"双语"科普资源、"双语"科普基地，开展"双语"科普宣传和服务，为同语种地区开展少数民族科普宣传提供资源共享服务，探索"双语"科普工作的经验和有效模式。

内蒙古启动科普报刊村村通项目，为农村牧区的广大农牧民提供"双语"科普知识。

3. 促进农村和少数民族地区发展专门委员会支持民族地区科学素质研究

为充分发挥促进农村和少数民族地区发展专门委员会（以下简称专委会）委员的专业特长及所在团队的资源优势，加强科普工作的理论和实践研究指导，设立了专委会科普专项，支持张京泽等 3 位委员实施少数民族科普工作队现状及发展研究、编印《西部重要生态区域少数民族社区保护指南》、开展少数民族科普工作现状与发展对策研究——基于吉林省延边朝鲜族自治州科普工作的实证研究等项目。

（二）农村妇女科学素质建设动力十足，培养新时代女性农民

1. 开展农村妇女实用技术培训，培育新型女农民

全国妇联与 16 个部委联合在广大农村妇女中大力开展"学文化、学技术，比成绩、比贡献"活动，依托设在北京、天津、黑龙江、山东、四川、广东、浙江、福建、陕西等地的 10 个全国妇女培训基地和在全国各省区市扶持的 16 万所农村妇女学校联合开展农村实用技术培训，2009 年共培训农村妇女 1 500 多万人次。全国妇联还启动实施了新一轮"5123"培训计划，即用 5 年时间对 500 万女农民、100 万创业妇女、20 万女经纪人和 3 000 多名地县妇联干部开展示范性培训。全国妇联和农业部印发了《关于联合开展百万新型女农民教育培训工作的意见》，大力开展农村妇女的教育培训工作，并通过现代远程教育确保培训分级、分层、分类抓出实效。百万新型女农民教育培训工作的主要目标是：2009~2013 年，对 500 万新型女农民开展教育培训（每年 100 万人）。要按照"政府主导、妇联发动、面向市场、妇女受益"的方针，以农村妇女劳动力、返乡女青年和转移就业妇女为重点，以农业科技培训、创业培训、转移就业培训和学历教育为主要内容，以整合资源、优势互补、协调合作为基础，探索建立适应需求、服务妇女、手段先进、灵活高效的农村妇女教育培训机制。各级

妇联组织与农业部门加强领导，制订切合实际的教育培训计划，在大力开展农村妇女教育培训中，普及农业科技新知识，推广农业生产新技术，提高妇女创业就业和增收致富能力，确保培训落到实处。

2. 利用现代远程教育，提高农村妇女科学素质

全国妇联落实农村妇女现代远程教育专栏的开播和持续制播工作。根据中组部全国远程办工作部署，全国妇联在全国农村党员干部现代远程教育频道开辟了"时代女性"栏目，开展了面向广大农村妇女的现代远程教育，为广大农村妇女参与经济、政治、文化、社会以及生态环境建设提供知识、技能等智力支持。播出方式为周播 1 小时，每周四 14:00~15:00 定时播出，每年 52 小时（重播率 50%）。

全国妇联农村妇女现代远程教育工作领导小组成立并制定了全国妇联农村妇女现代远程教育制播工作方案，下发了《关于做好农村妇女现代远程教育专题教材制播工作的通知》。拍摄制作了法律政策解读、家庭教育、和谐家庭创建、女性健康、成功女性典型、致富技能和妇女工作等具有妇联特色的教学节目，开设了"女性驿站"、"幸福生活"、"巾帼风采"、"一技之长"等 4 个栏目。

3. 利用现代信息网络，搭建农村妇女致富平台

全国妇联联合农业部、劳动部等部门共同开通了"中国妇女劳动力转移就业网"，目前通过该网站征集了 8 万多个就业岗位和 200 多万人的转移输出信息，为妇女就业开辟了绿色通道。扶持吉林省妇联开展"巾帼信息桥"工程建设，截至 2009 年 12 月，共建设新农村巾帼信息服务站 538 个，信息站已成为妇女姐妹学习致富经验的课堂、交流致富信息的平台、开展文化娱乐活动的场所、传播文明新风的阵地。上海市妇联与农委等有关部门建立了"白玉兰妇女远程教育网"，在郊区建立 13 个接收站，一次授课可使 2 000 余人同时受益，每年可培训 20 多万农村妇女。

2009 年农民科学素质行动在扎实工作的基础上，贴近"三实"原则，不断巩固与创新，在工作机制、内容和方式等方面稳步前行，取得了显著成效，进一步推进了社会主义新农村建设。

（本文作者：胡俊平　单位：中国科普研究所）

加强培训、提升能力
城镇劳动者科学素质行动积极拓展

为应对国际金融危机对我国经济的影响，保持就业局势稳定，有关部门、企事业单位、社区和城镇劳动者等多方面调动积极性，优化整合各种教育培训资源，开展各种形式的劳动预备制培训、再就业培训、创业培训、农民工培训和各类从业人员的在岗培训和继续教育等，这些培训工作注重促进就业工作，成为城镇劳动者科学素质行动的中心工作。此外，以社区为阵地的科普新模式的探索在各地展开，北京市的"社区科普益民计划"、哈尔滨市道里区的"社区科普体验驿站"、郑州市的"社区科普大学"等科普模式成为城镇劳动者科学素质行动中的新亮点。

一　丰富的职业技能培训，提高城镇劳动者职业能力

人力资源和社会保障部、国家发展改革委、财政部实施特别职业培训计划，围绕受金融危机影响的各类劳动者的就业需求，通过政府购买培训成果的方式，集中对困难企业在职职工、返乡农民工、失业人员和新成长劳动力等群体开展有针对性的技能培训，以提高劳动者科技素质，促进就业局势的稳定。

（一）人力资源社会保障部实施的一系列就业计划初见成效

1. 全面推进"十一五"时期各项职业培训工作

人力资源和社会保障部在职业培训工作领域实施了新技师培养带动计划、城镇技能再就业计划、能力促创业计划、农村劳动力技能就业计划等工作。经各地几年的努力，截至 2009 年，新技师培养带动计划共培养技师和高级技师 141.6 万人，新培养 599.2 万名高级技工；城镇技能再就业计划共组织开展再就业培训近 2 400 万人次，培训后共有 1 581 万人实现再就业，再就业率达到 68%；能力促创业计划共组织近 320 万人参加创业培训，培训后创业成功率达 60% 以上，并实现了平均 1 人创业带动 3 人就业的倍增；农村劳动力技能就业计划共组织 3 700 多万名农村劳动者参加培训。

2. 启动实施特别职业培训计划

针对国际金融危机对我国就业局势的影响，积极协调国家发展改革委和财政部，下发了《关于实施特别职业培训计划的通知》，按照扩大培训规模、延长培训期限、增加培训投入、提升培训能力、保持就业稳定的思路，依托技工院校和各类职业培训任务，进一步加大职工培训工作的力度，重点对困难企业在职职工、返乡农民工、失业人员、新成长劳动力等群体开展有针对性的职业培训。特别职业培训计划成为应对金融危机、促进就业工作的一项重要举措，被列入国务院促进就业工作的重点安排。2009 年，全国共开展各类职业培训近 3 000 万人次，对于提高劳动者素质、促进和稳定就业发挥了积极作用。

（二）农村劳动者转移就业技能培训，提高农民工在金融危机形势下的就业能力

1. 印发《关于进一步规范农村劳动者转移就业技能培训工作的通知》

人力资源和社会保障部与财政部联合下发了《关于进一步规范农村劳动者转移就业技能培训工作的通知》，就规范农村劳动者转移就业技能培训工作提出明确要求，为进一步规范农村

劳动者转移就业培训工作奠定了基础；同时，颁布了一批适合农民工培训需求的教学计划大纲和推荐教材书目，提高农村劳动者在金融危机形势下的就业能力。

2. 针对产业结构调整和技术升级的需要，强化农民工专项技能培训

农业部组织实施的阳光工程、科技部的星火计划、教育部的农村劳动力转移培训计划、扶贫办的雨露计划、住房城乡建设部的建筑业农民工技能培训示范工程等各类培训，人数均比2008年有所增加。同时，充分发挥各级工会、共青团、妇联组织的教育培训作用，积极开展"就业创业见习基地"等群众性农民工职业技能培训活动。全国总工会开展千万农民工援助行动，落实积极的就业政策，要求并指导支持各级工会开展项目开发、创业培训、开业指导、小额担保贷款、跟踪扶持等"一条龙"服务。农业部开展农民科技培训和农村富余劳动力转移就业培训工作，充分开发和利用农村劳动力资源潜力，增强农民转产转业的信心和技能。

中央和地方财政增加了农民工培训资金，其中，阳光工程培训补助资金11亿元，农村劳动力技能就业计划培训资金预计约45亿元，提高了人均补贴标准。

3. 针对女农民工的就业需求，开展职业技能培训

家政服务和手工编织是吸纳农村妇女劳动力的优势领域。全国妇联着重抓了两个方面的培训：一是组织家政经理人师资培训。发挥巾帼家政服务在安置妇女就业中的积极作用，依托全国巾帼家政联席会议，开展巾帼家政服务机构经理人师资培训，提高家政管理人员素质和从业人员技能水平；扶持发展一批家政服务培训示范基地，推进妇联系统家政服务机构（企业）的产业化发展、市场化经营和品牌化运作，帮助更多妇女在社区家政服务领域实现就业；二是开展妇女手工编织培训交流。发挥手工编织投资少、风险小、适合城乡妇女就业的特点，推广各地发展手工编织业安置并带动妇女就业的经验，整合各地妇女手工业编织资源，成立全国妇女手工编织协会，搭建服务平台，开展手工编织技能及市场推广的示范培训，帮助失业女性创业及农村妇女就近就地转移就业。

（三）在职人员培训提升职工队伍整体素质

在职人员培训内容丰富。人力资源和社会保障部继续实施专业技术人才知识更新工程，截至2009年，专业科目、公需科目培训均已突破270多万人次。继续推动创业、再就业培训工作，开展创业实际训练试点，完善资金补贴机制。开展以"技能就业，技能成才"为主题的活动，针对技能人才和技工院校进行大规模、全方位、多层次宣传。人力资源和社会保障部开展专业技术人员高级研修班79期，培养专业技术人才3 950名。为新疆培养少数民族专业技术人才348名。专业技术人员知识更新工程专业科目培训近60万人次。

全国总工会积极开展"创建学习型组织，争做知识型职工"活动，积极推进职工素质建设

工程，提高职工整体素质。全国职工职业技能大赛吸引了数千万职工参与，对广大职工学习技术、提高技能起到了明显的示范和推动作用。共青团中央建立近两万个"共青团青年就业创业见习基地"，提供见习岗位 50 多万个。安全监管总局加强对生产经营单位主要负责人、安全生产管理人员和特种作业人员的培训，促进职工安全学习制度化。环保部结合污染减排、结构调整等重点工作需要，加大了对环评从业人员、环保"三同时"验收技术人员、环境污染治理设施运营人员、国家重点企业环境管理监督员等系统外环保从业人员和环评工程师、环保工程师、核安全工程师等专业资质人员的岗位培训工作力度，目前已累计培训 16 000 人。

开展农民工公共素质教育培训，充分利用现代化网络技术，组织开展农民工思想道德、公共服务、城市生活、权益维护、社会治安等内容的引导性公共教育培训，全面提高农民工自身素质。

案例 1

北京市总工会 3 举措激励技术人才成长

北京市总工会推出 3 项措施，围绕首都振兴产业和重点行业，合力推动形成以技能大赛为引导，以选拔培训、职称奖励、成果展示为主要内容的技能人才培养工作机制，力争通过几年时间建立适应首都重点产业、重点行业发展需求的职工人才队伍。3 项措施为：①每年在全市举办涉及 30 个行业、每个行业 1~2 个工种的技能大赛，前 3 名选手由劳动部门给予高级技术职称奖励，第 4 至 20 名选手给予晋升一级技术职称奖励。这是北京市总工会为激励首都职工队伍中涌现出更多知识技能型、技术技能型和复合技能型人才而采取的措施；②每年都要为通过竞赛等选拔产生的 30 名行业技能领军人才建立创新工作室，通过创新工作室形成创新团队，发挥其带动辐射作用，激励职工广泛开展科技创新；③每年评选一批职工优秀创新成果，不定期举办技术技能成果推介交易活动，将全市各重点行业、重点产业的职工创新成果纳入北京科技周成果展示会，以推动创新成果的转化利用。

案例 2

青岛市总工会开展多层次劳动竞赛活动

青岛市总工会在全市职工中开展"同舟共济保增长，建功立业促发展"竞赛活动，以创建"工人先锋号"为载体，组织部分行业的"工人先锋"、"服务标兵"展示技能绝活，带动职工开展技术创新和争当"创新能手"、"创新示范岗"，推动"技能型、效益型、管理型、创新型、和谐型"班组建设。竞赛活动以促进重点工程建设、完成节能减排目标、推动企业技术进步、提升职工技能素质、实现安全生产为重点。

以节油节电节水为重点，开展"我为节能减排作贡献"和"职工节约环保"活动；开展岗位练兵和技术培训比武活动，组织"日新巴士杯"汽车驾驶员、汽车维修工等工种的示范性技术培训比武活动；开展"安康杯"竞赛活动。推行签订《劳动安全卫生专项协议书》，参与职业病防治，落实工会劳动保护监督检查三个《条例》，开展到企业、到矿山、到工地、到社区，看职工劳动保护、看职工劳动环境、看职工劳动设施、看职工劳动健康、看职工劳动报酬的"四到五看"活动。

二 探索社区科普新模式，提高社区科普能力

针对社会治理结构变迁、城区科普工作中心逐渐向社区转变的状况，各地积极探索社区科普新模式。

（一）北京市的社区科普益民计划

北京通过实施社区科普益民计划，加强社区的科普设施和科普宣传服务队伍建设，明显改善了社区科普工作的条件，提高了科普服务能力。

> **链接 1**
>
> 2008 年 6 月，北京市科协和北京市财政局联合印发了《北京市社区科普益民计划实施方案》和《北京市"社区科普益民计划"专项资金管理办法（试行）》。这个计划以城镇社区为对象，以提升基层科普能力、推动市民科学素质行动为目的，通过"以奖代补、奖补结合、重在建设"的方式，着力加强社区科普活动室、科普场馆和户外科普设施建设，引导科技工作者到社区开展科普活动，壮大科普志愿者队伍。

从该计划实施到 2009 年年底，社区科普益民计划投入奖励资金 2 600 万元，共奖励优秀科普社区 148 个、优秀基层科普场馆 54 个、优秀社区科普宣传员 420 名，资助重点新城的新建社区 8 个，经济适用房、廉租房社区 28 个，户外科普园地 7 个，同时科普画廊建设也颇有成效。

其中，户外科普园在四区县开发试点。在此期间，北京市科协实地考察 11 个社区，召开 7 次研讨论证会（其中专家现场会 3 次）、3 次招邀标会（15 家单位参加），深入基层协调 14 次。目前，北京市科协已经策划设计出 16 个主题，133 件户外展品；4 组主题户外科普园，近 40 件展品投入开发制作。

科普画廊以展板为主要形式，立足社区，以节能减排、环境保护、奥运等内容为主题，将固定展览和流动展览相结合，与爱国者、汇源等企业合作，共同推出各类展板千余块，其中，以"节能减排"为主题的展板 27 块，"人体 24 小时"展板 11 块，"生活小窍门"展板 10 块，"科普之夏奥运"展板 17 块，"奥运系列知识"展板 234 块，"怀柔科协"展板 189 块，修改科协展板 1 024 块，"中山公园文明制作"展板 20 块，"奥运"展板 20 块，"航天"展板 20 块。

> **链接 2**
>
> 社区科普益民计划自 2008 年开始，"十一五"期间在全市城镇实施，每年投入 1 300 万元。到 2010 年年底，评选优秀科普社区 200 个，占全市社区总量近 10%，每个社区奖励 10 万元；评选优秀科普场馆 50 个，每个场馆奖励 5 万元；评选优秀社区科普宣传员 600 名，每名科普宣传员奖励 5 000 元；资助重点新城的新建社区，经济适用房、廉租房社区和户外科普园地，扩充完善科普设施。

实施社区科普益民计划的工作重点是加强科普设施和资源的集成和配送，探索社区科普工作的新模式和长效机制。一是结合科普资源建设，开发适合社区科普的设施和产品，形成多种科普室资源配置套餐，将投入的资金充分有效利用，转化为社区的科普能力；二是探索建立社区科普工作的激励机制和长效机制，加强社区科普益民计划的组织推动和科学管理，采取区县科协与高校科协结队共建等措施，强化并规范社区科普志愿服务队伍，同时总结创新模式，推广成功经验，引导社区科普活动深入开展；三是会同市财政局开展社区科普益民计划的绩效评估。绩效是对工作的客观评价，绩效评估的结果对社区科普益民计划能否持续开展将起到决定性作用。

实践表明，社区科普益民计划适合北京市的实际，是推动《全民科学素质纲要》实施的有效措施；社区科普益民计划符合财政部门的项目资金管理方式，是获得政府科普经费支持的有效途径；将社区科普益民计划与科普资源建设相结合，可以使资源开发共享与增强社区科普能力相得益彰。

（二）哈尔滨市的社区科普体验驿站

哈尔滨市道里区科协针对科普工作现状，结合本地实际，自 2009 年 4 月开始，创办社区科普体验驿站。通过大力整合社会资源，实现了科协组织有抓手，科普活动有内容，居民参与有定向。目前，有 10 个位于闹市区的社区建立了科普体验驿站。从 2009 年 11 月起 3 个月的时间，哈尔滨市道里区 10 个社区科普体验驿站，共接待参加科普活动的市民 2.45 万人次。

从项目的建设方法来看，社区科普体验驿站最大的创新是将课堂式科普教育与实际操作结合起来。"科普体验驿站"六字的解释是：科普——科学知识普及教育，体验——亲自动手操作感受科学知识，驿站——固定的科普场所。道里区科协为 10 个试点社区分别配备了 1 台 29 英寸电视机、1 台 DVD 播放机、6 套科普展板、3 件科普体验器材以及 200 册图书、20 套科教光盘。目前，10 个社区的科普体验驿站全部投入使用，基本实现了科普讲座、影像教育、科普体验、图版展示、图书阅览于一体的科普教育功能。从项目的内容来看，社区科普体验驿站设立了影视、图版、图书、体验和课堂五大功能区，充分调动视觉、听觉、触觉这三大感知系统，增强了居民的兴趣，提高了科普教育的质量。

社区科普体验驿站的成功建设呈现出三个特点：一是充分展示科普宣传功能。在立项中，主要根据社区中受教育者文化程度高低不一、年龄结构参差不齐、接受新事物或新理论的能力不同而加以设计。社区科普体验驿站的总体规划分为五大功能区，即影视教育区、图书阅览区、图版展示区、科普器具体验区、课堂面授答疑区。建设目标是：实现教育功能影像化、体验功能生活化，成为一个门进站，却能体验多项科普活动的综合性社区科普场所。二是建立社区科普体验驿站管理制度。社区科普体验驿站建到哪个社区，哪个社区就要形成一整套设施使用管理制度。确定专人负责，保证科普器具、科普图书不损坏或不丢失。对科普用品登记造册，定期清点核对，发现损坏及时维护，保证其正常使用。确定社区科普体验驿站的开放时间，每天免费开放 8 小时，法定节假日、双休日根据情况灵活掌握，平时不得无故拒客，不准从事非法活动。三是建立社区科普体验驿站的教育制度。在区科协的指导下，成立一支由相关专业人员组成的科普志愿者队伍，定期深入各社区科普体验驿站开展国民健康、国防科技、航天航海、防震减灾、节能减排等方面的知识讲座。选定中国科协推广的科普光盘，通过影像、网络等渠道对居民进行科普教育。由社区居委会组织居民参加科普讲座，开展小发明、小制作活动，举办个人发明作品展示活动。利用先进的智力开发、健康测试器材，组织居民开展科普体验活动。

社区科普体验驿站正式运行以来，得到了街道、社区、企业、学校及居民的充分肯定，不仅填补了许多社区科普教育的空白，解决了城市专业科技场馆少、老少居民不便于参与的问题，同时也为寒暑假的中小学生提供了免费的科普活动课堂。社区科普体验驿站在探索社区科普工作方面具有启发和带动作用。

1. 发挥科普载体作用

每年社区都要开展科普知识抢答赛、居民家庭才艺比赛以及健康咨询、科教影片展等活动，过去这些活动都在室外进行，到了冬季就无法开展。建立社区科普体验驿站后，相当于在社区里搭建起永久的科普舞台，这些活动四季都可以开展。同时，社区科普体验驿站发挥了科学知识的普及作用。很多行业都想在社区寻找一个展示科研成果的平台，需要和居民零距离接触，建立社区科普体验驿站后，有很多科技企业主动上门举办讲座。

2. 社会效应大

社区科普体验驿站传播出的小小科学音符汇聚到文明社会的大合唱中，崇尚科学成为社区里的最强音，使很多居民淡化了迷信思想。一件小事就证明了这一点：过去走在夜晚的街道上，经常看到烧纸现象，而夏季街头算卦的人也不在少数。现在，在哈尔滨市道里区友谊社区、大民兴东段社区、爱建社区、北安社区等几个建立科普体验驿站的社区，迷信活动明显减少，环卫工人对此有很深的体会。

3. 项目具有推广意义

社区科普体验驿站对新时期推进社区科普工作有一定的实践意义：一是该项目易操作。从当前各城市社区的条件看，随着服务职能的增多，社区用房的面积相应扩大，很多空间没有很好地利用，只要腾出空闲房间就可以实施该项目。二是可以与社区现有的康复室、图书室、电教室、文化活动室组合使用。利用墙壁空间搞图版展示，利用原有桌椅办科普讲堂，利用康复室开展科普体验活动。如设置自动测高仪、高倍望远镜、电子测电压仪、光学显微镜、地壳断面沙盘等。三是资金来源广。可通过与企业、大学、大科研所联建，社区无偿为企业、院校提供展示科研成果的机会，企业、院校出资建科普体验驿站；也可以采用化整为零的方法，由市、区、街三方出资建设，实现资源共享。四是社区工作人员积极性高，只要将这一项目建到社区，丰富社区的服务功能，社区工作人员就感到自豪，愿意为科普教育出力出智慧。

这种创新的理念能得到大众的认可，关键在于把科普教育与居民的动手体验结合到一起，提高了居民的科普兴趣，具有较好的发展前景。

三　发挥工会"大学校"作用，提高职工队伍整体素质

（一）积极开展"创建学习型组织，争做知识型职工"活动

在"创建学习型组织，争做知识型职工"（以下简称"创争"）活动开展五年来所取得成绩的基础上，为进一步发挥其吸引职工、培育职工、凝聚职工的作用，做大品牌，一是表彰先进，激励各地、各单位及全国广大职工在"创争"活动中不断创造新的成绩。2009 年 1 月 16 日，召开了全国"创争"活动表彰电视电话会议，向标兵单位、班组和个人颁发奖牌和证书，同时授予"全国学习型组织标兵单位"和"全国知识型职工标兵"全国五一劳动奖状、全国五一劳动奖章，授予"全国学习型标兵班组"工人先锋号称号。全国"创争"活动领导小组办公室印发了《关于表彰 2008 年度全国"创争"活动先进集体和先进个人的决定》，表彰 2008 年度"创争"评选活动中获奖的 265 家单位、535 个班组和 1 096 名个人。二是组织全国"创争"活动标兵事迹报告团，先后赴山东、江苏、安徽三省进行巡回演讲，为推动全国"创争"系列活动不断深入发展，全面提高职工队伍整体素质作出了积极贡献。

（二）按照大学校《决议》要求，多举措推进职工素质建设工程

为贯彻胡锦涛总书记在同全国总工会新一届领导班子成员和中国工会十五大部分代表座谈时提出"要充分发挥工会'大学校'作用，把提高职工队伍整体素质作为一项战略任务抓紧抓好"的重要讲话精神，全国总工会印发了《关于充分发挥工会"大学校"作用，提高职工队伍整体素质的决议》（以下简称《决议》），并起草《中华全国总工会关于全面实施职工素质建设工程的意见》（以下简称《意见》）。《意见》围绕《决议》精神，从全面实施职工素质建设工程的重大战略意义、指导思想和目标任务、实践活动、保障机制和措施等 4 个方面进行阐述，对培养和造就一支适应时代要求的高素质职工队伍提出了具有现实指导性的意见。同时，成立了全国职工素质建设工程领导小组及办公室。

1. 开展大学校《决议》贯彻落实情况的专题调研工作

2009 年 7~10 月，由全国总工会副主席、书记处书记倪健民带队，赴北京、天津、上海、

浙江、福建、黑龙江等地进行实地调查，先后在四川、湖北、甘肃等省召开了专题调研座谈会，并印发调研通知，全面了解各地工会贯彻落实大学校《决议》的情况，形成了《关于贯彻落实〈关于充分发挥工会"大学校"作用，提高职工队伍整体素质的决议〉的调研报告》初稿（以下简称《报告》）。《报告》从职工队伍发展变化的基本情况、各地工会贯彻落实《决议》精神的主要做法、突出成效与显著特点、结合各地工作开展情况得出的几点启示及对策建议等方面，研究探讨各地工会贯彻实施《决议》精神的情况。

全国职工素质建设工程领导小组办公室印发通知，动员各地工会全面落实大学校《决议》精神，着力加强基层职工文化教育阵地建设，以基层企事业单位为重点，推荐一批基层职工学校示范点，以带动各地工会为广大职工提供更好的学习环境和条件。

2. 起草《2010–2014年全国职工素质建设工程实施规划》

为推动大学校《决议》的贯彻落实，全国总工会起草《2010–2014年全国职工素质建设工程实施规划》（初稿）（以下简称《规划》）。2009年11月，全国总工会宣教部在京举行"全国职工素质建设工程"专题研讨会，重点论证了《规划》。全国总工会副主席、书记处书记倪健民出席了会议并作重要讲话。来自北京、河北、辽宁、上海、江苏、广东、云南等省、市级和基层企业工会的同志参加了会议。与会人员对《规划》的起草给予充分肯定，并提出了许多宝贵的意见和建议。

案例 3

青海职工书屋建设步入快车道

2009年年初，职工书屋建设被列为青海省2009年度精神文明建设工程实施项目，省总工会又以每个书屋补助资金1万元为标准，首次投资50万元用于省级职工书屋示范点建设。各级工会则普遍采取"申请补助一点、政府投入一点、工会自身投资一点、基层单位自筹一点"的"四个一点"资金筹措办法，形成了"多措并举、多方投入、调动各方面力量、整合各类资源、合力推进'职工书屋'建设"的工作格局。至2009年11月底，在不到1年的时间内，全省各级工会先后投资600多万元建设书屋。已建成的职工书屋总面积达3.2万平方米，有专职工作人员412名，书架1956组，电脑760台，藏书总量达140万册，音像制品14502张。青海省各级工会已建成全总职工书屋示范点30个，省总工会职工书屋示范点50个，基层企事业单位职工书屋100个，职工书屋建设正步入快车道。

（三）有序推进全国工会职工书屋建设

2009年，由全国总工会扶持建设的1 000家全国示范点的图书配送工作已经如期完成，并带动各地工会按计划自建了一大批省、市和基层职工书屋。

天津、河北、内蒙古、山西、吉林、山东、河南、广东、四川、江西、云南等地以职工书屋为载体，引导职工"多读书、爱读书、读好书"。江苏、福建、安徽等地工会以职工书屋为平台，广泛开展各类群众性读书捐书活动、读书征文、读书论坛、星级书屋评选等活动。浙江、湖南、辽宁大连、福建泉州等工会积极探索职工书屋网络化管理服务体系、电子图书的管理应用等，努力提升职工书屋可持续发展能力。目前，职工书屋已经成为基层企业欢迎、职工群众喜爱的群众性读书活动的重要载体和活动品牌，是提升职工素质的一个有效途径。

案 例 4

安徽职工书屋建设突出"用"字

从 2009 年 8 月开始，安徽省总工会对全省已建的两届两级职工书屋进行了全面的检查和调研交流。互查调研得出的数字显示，截至 2009 年 10 月底，全省已建成全国、省两级职工书屋 892 家，其中包括两届全国示范点 70 家、省级 822 家，其中，2009 年建全国示范点 35 家、省级 437 家。此外，合肥等经济发展较好的城市 2009 年开始建设市级职工书屋。2009 年 12 月 3 日，安徽省总工会召集部分地市总工会相关人员座谈，与会人员再一次将关注的焦点集中在创新学习载体、发挥书屋效用上。在建设和管理好职工书屋的基础上，着力引导职工书屋发挥文化传播功能和为职工提供读书学习平台作用。各地基层工会以职工书屋为阵地，开展读书会、读书演讲、社区读书队、农民工流动书屋等丰富多彩的活动，帮助职工解决看书难、借书难问题，为职工搭建读书平台，提供学习场所，增强职工读书兴趣，提高职工读书用书效率。

（四）积极筹备职业道德建设先进评选表彰活动，推动职业道德建设

2009 年是第 11 届职业道德建设先进评选表彰活动年。一是研究部署全年工作，要求各省市各单位从实际出发，广泛开展形式多样、内容丰富的群众性职业道德建设活动，积极宣传推介职业道德建设先进典型，使评选表彰的过程成为总结经验、巩固成果的过程，成为改进工作、推动工作的过程。二是指导各地以评选表彰为契机，大力推动职工职业道德建设，引导广大职工树立职业理想、建立职业道德意识和提高职业技能，有计划、有组织、有步骤地进行职业道德建设标兵单位、标兵个人评选的发动、推荐、公示和宣传工作，将评选过程演绎为广泛传播先进事迹、充分发挥先进模范带头作用的过程。三是广泛开展调查研究，研讨工作重点和方法，总结不同行业、不同企业开展职业道德建设活动的经验，宣传职业道德建设新典型、新方法。四是加强全国职工职业道德建设指导协调小组各成员单位的沟通合作，及时调整、重新确认各协调小组成员单位及人员情况，增加了工信部、国资委为新的领导机构成员单位。

（五）探讨工会推进企业文化、职工文化建设的方式和作用

召开了"新形势下企业文化与职工队伍建设"专家研讨会，来自中国企业文化研究会、中国企业联合会、社科院、中国劳动关系学院、工人日报社等单位的专家学者和媒体人士，围绕

企业文化与职工队伍建设关系，作了主题发言。与会人员就企业文化的发展渊源及趋势、工会组织在推进企业文化、职工文化建设中的地位作用等方面进行了广泛交流和深入探讨。研讨会为工会推进企业文化、职工文化建设拓宽了思路，提供了参考与实践依据，对于进一步推进企业文化和职工队伍建设的实践创新，将起到积极的推动作用。

四 树立典型活动，推进安全生产科普宣传工作

1. 全国安全生产月活动

全国安全生产月活动现已成为我国安全生产宣传教育工作的重要组成部分。2009 年 6 月，以"关爱生命、安全发展"为主题，组织开展了形式多样、内容丰富、声势浩大的全国安全生产月活动。2009 年安全生产月的各项活动，突出以人为本，以"安全发展"为主旋律，紧紧围绕安全生产年总体部署，以确保实现重特大事故、事故总量和伤残人数"三个压下来"为目标，大力开展安全生产执法、安全生产治理和安全生产宣传教育"三项行动"，全面促进安全生产法制体制机制、安全生产保障能力、安全监管监察队伍"三项建设"，努力实现全国安全生产状况持续稳定好转。

全国性的活动有：组织县以上城市和中央企业在安全生产月第二个周日开展群众宣传咨询日活动、"安全生产万里行"宣传采访活动、全国职工安全文艺汇演、职业安全健康知识竞赛、"安全伴我行"演讲比赛、"安全伴我在校园，我把安全带回家"主题教育活动、"安康杯"竞赛和"青年安全生产示范岗"活动、"安全发展"高层论坛等。通过广泛深入开展全国安全生产月活动，宣传党和国家安全生产的方针政策、法律法规和安全科普知识，努力营造"关爱生命、关注安全"的舆论氛围，对提高全民的安全意识、责任意识和防范技能，推动安全生产专项整治，促进全国安全生产形势稳定好转，发挥了积极作用。

2. 安全科技周活动

安全监管总局于 2009 年 5 月 16~22 日在全国范围内全面开展了以"科技兴安，安全发展"为主题的 2009 年安全科技周活动。为做好安全科技活动周工作，安全监管总局办公厅下发了《关于举办 2009 年安全科技活动周的通知》，对各省、自治区、直辖市及新疆生产建设兵团安全生产监督管理局、各省级煤矿安全监察机构开展安全科技周活动提出了具体要求。

安全科技活动周期间，全国各地通过广播、电视、报刊、网络等不同媒体，利用标语、板报、图片、宣传栏、电影专场、文艺演出等宣传形式，召开学术讲座、座谈会、专家到企业会诊等，科普大篷车开进企业发放科普图书、宣传册，开展知识竞赛，组织安全生产事故应急救援预案演习等多种形式，向广大群众、职工、青少年普及安全科学知识，体现了本届安全科技周"形式活、内容多、效果好"的特点，全国直接参与人数达到 50 多万人。

3. 安全科技知识普及及优秀科技成果推广应用

为加强安全科技知识普及及优秀科技成果推广应用，安全监管总局举办了优秀安全科技成果展。以第 4 届安全生产优秀科技成果推广项目为重点，以煤矿瓦斯高效抽放技术与装备等 9 个重点技术成果推广方向为主线，展示成果涵盖了国内 37 家科研院所、高等院校及企事业单位近年来在煤矿、非煤矿山、危险化学品、应急救援、职业安全等重点领域取得的优秀安全科技成果，同时还展出了部分国外先进安全技术和装备。通过制作宣传展板、印制相关资料及现场讲解等方式，对安全生产高危行业和领域优秀科技成果进行展示。

4. 开展送安全科技进矿区、进企业、进基层活动

紧紧围绕安全监管总局安全生产年及"三项行动"、"三项建设"重点工作，创新活动方式，增强工作实效，积极在全国范围内面向企业、面向矿区、面向基层宣传安全科技方针，弘扬安全发展、科技兴安理念，普及安全科学知识，倡导安全健康的生产生活方式，宣传推广优秀安全科技成果，开展安全科技进企业、进矿区、进基层活动，加快推动安全生产科技进步和创新，让科技成果惠及基层，服务企业，服务于安全生产的总体目标。以第 4 届安全生产优秀科技成果推广项目为重点，通过丰富多彩的活动，将安全知识、安全理念在企业、在社会做到年年讲、月月讲、天天讲，让安全知识与理念贯穿于日常生产生活中。

（本文作者：钟　琦　单位：中国科普研究所）

围绕提高科学决策和科学管理水平
领导干部和公务员科学素质行动扎实推进

以培训、考核、选拔相结合为主的领导干部和公务员科学素质提升策略经过 3 年的实践，已全面铺开并逐年扎实推进。2009 年，围绕提高科学决策和科学管理水平，领导干部和公务员科学素质行动各成员单位在以往工作基础上，继续以培训教育为抓手狠抓科学素质，并在领导干部和公务员的选拔、考核中强化科学素质的测查，促进领导干部和公务员群体科学素质的提升。与此同时，科普活动也在提升领导干部和公务员科学素质工作中发挥着一定作用。

一 继续以领导干部和公务员培训教育为抓手促进科学素质提升

（一）中组部宏观规划领导干部培训教育，组织开展实际培训

2009 年，中组部继续认真贯彻落实全国领导干部教育培训工作会议精神，指导各地区各部门和各类领导干部教育培训机构，把提高科学素质作为领导干部教育培训的重要任务。

链接 1

在全国领导干部教育培训工作会议上，针对领导干部科学素质提升方面，习近平在讲话中强调：要突出抓好科学发展观的教育培训，着力提高领导和推动科学发展的本领，坚持用各类业务知识和科学文化知识培训领导干部。在领导干部培训工作中，要以坚定理想信念、增强执政本领、提高领导科学发展能力为重点，促进学习型政党、学习型社会建设，使领导干部教育培训工作更好地为领导干部健康成长服务、为科学发展服务。

1. 对领导干部科学素质培训教育加强宏观管理

2009 年颁布的《2010–2020 领导干部培训教育改革纲要》把提高领导干部科学素质作为大规模领导干部培训的重要任务和领导干部教育培训机制体制改革的重要目标。同年，为适应领导干部培训教育工作改革发展的需要，对《全国领导干部教育通讯》进行了改版，改版后的《全国领导干部教育通讯》将科学发展观作为领导干部教育培训工作的指导方针，重点突出了提高党政领导干部科学素质的重要性、紧迫性和长期性，为进一步推进领导干部教育培训改革创新奠定了基础。

2. 把科学素质教育培训作为领导干部教育培训的重点内容

（1）把科学素质教育培训列入领导干部施教机构教学计划

2009 年，在中央党校举办的主体班次中，增加了当代世界科技的内容；在国家行政学院的司局级领导干部任职培训班、进修班、青年领导干部培训班中，增加了现代科技与电子政务内容；在中国浦东干部学院、井冈山干部学院、延安干部学院的青年领导干部培训班、西部大开发专题研究班、司局级领导干部培训班、高级专家理论研究班中增加了科学决策、科技教育发展、自主创新等方面的内容。2009 年突出抓好应对国际金融危机、促进经济平稳较快发展的培训，中组部举办了 6 期省部级领导干部、4 期中管国有企业领导人员专题研究班和两期境外培训班。其中，与联合国计划开发署合作举办的"小康社会领导者培训项目"，

把提高领导科学发展的能力作为一个重要培训目标。

（2）继续探索科学素质相关教材建设

案 例 1

西藏自治区地（市）、县主要领导干部应急处变能力培训班

为提高西藏自治区地（市）、县主要领导干部应对和处置突发事件的能力，2009年，中组部会同西藏自治区党委组织部、中央统战部、国务院应急办等，举办了西藏自治区地（市）、县主要领导干部应急处变能力培训班，把提高领导科学发展的能力作为重要培训目标，深入贯彻落实中央关于新时期西藏工作的指导方针，帮助领导干部进一步认清西藏改革发展稳定的形势与任务，科学编制突发事件预案，科学处置突发事件，提高应急处变能力，为西藏的跨越式发展和长治久安提供保证。

2009年，中组部在组织编写第3批全国领导干部学习培训教材方面又有新进展。该教材以科学发展观为主题，围绕自主创新、城市规划、危机处理等专题，采取案例编写体例。编写工作于2008年10月开始启动，2009年已完成初稿。

（3）会同有关部门加大对地方党政领导干部科学素质的教育培训

2009年，先后举办了学习贯彻《关于历史科学发展观加强环境保护的决定》、科技富民强县、可靠创新促进社会主义新农村建设、增强自主创新能力等专题研究班次，培训地、县级党政领导干部近千名。

（4）在全国组织系统中学习贯彻十七届四中全会精神，提升领导干部科学发展、科学决策水平

2009年，中组部举办组织部长培训班，以学习贯彻十七届四中全会精神、进一步以改革创新精神做好新形势下组织工作为主题，分期分批对全国组织部长进行轮训，旨在提高领导干部科学发展、科学决策水平。共组织培训8期，3 115位领导干部参加了培训。

（二）环保部开展系统培训、派出培训及单位自身培训

1. 制定本系统内大规模领导干部教育培训规划和实施意见

2009年7月，环保部印发了《全国环保系统2008-2012年大规模培训领导干部工作实施意见》，确定了领导干部培训工作的主要任务是：以各级领导干部为重点，按照分级分类和全员培训的原则，整体推进各级党政领导干部、国有大中型环境监控企业经营管理人员、专业技术人员的培训。不断增强各级领导干部把握全局、依法行政、科学管理、带好队伍、开拓创新等方面的能力；要抓紧环保工作急需人才培养，努力保障环保中心工作需要和重大任务的完成；把环保教育培训工作的着眼点、着力点和着重点放在基层，全面提高基层领导干部的综合素质和岗位技能；切实加强培训机构建设和培训者培训，努力提高培训质量和效果。把领导干部教育培训的普遍性要求与不同类别、不同层次、不同岗位领导干部的特殊需要结合起来，不

断增强教育培训的针对性、实用性和有效性。

2. 围绕新形势、新任务、新要求，使培训工作不断向纵深、周边、基层延伸

2009 年，环保部领导干部教育培训工作紧紧围绕全国环保厅局长会议、全国领导干部教育培训工作会议有关要求，以深入学习贯彻实践科学发展观，举全局之力推进环境保护历史性转变和生态文明建设为重点，深入研究制订和组织实施全系统环保业务培训计划，并及时针对重点流域区域治理、节能减排、抗震救灾等中心工作需要进行适当调整，坚持国际视野和培训基础工程建设，认真抓好环保大培训的落实，努力为推进历史性转变和国家实现环保目标提供人才保障和智力支持。

截至 2009 年 10 月 20 日，共举办培训 185 期，培训各级领导干部近 4 万人。

（1）以各级领导干部为重点，抓培训带队伍促工作

2009 年，环保部派出机关及直属单位司级领导 39 人次参加中央党校、国家行政学院、延安干部学院、井冈山干部学院、中国浦东干部学院的学习；在组织各级领导干部外出参训的同时，推荐他们围绕中心工作需要走出去授课交流，大力宣传生态文明和环保历史性转变，提升环保历史性转变在全国各级各类领导干部培训中的影响和作用，全年安排各级领导干部和高级专家应邀为中组部、国家行政学院、中国浦东干部学院、延安干部学院等中央和地方有关培训，为环保部门各类培训授课近 200 人次。

2009 年，环保部同时着力抓好地方环保领导干部岗位培训，切实提升系统合力。围绕地方环保部门和"两大体系"建设需要，以地市级环保局局长、环境监测站长和环境监察执法机构负责人为重点狠抓培训，共调训地市级环保局局长 4 期（283 人）、环境监测站长 4 期（200 人），并指导和帮助各省（区、市）环保部门抓好县区环保局局长（500 人）和有关骨干的岗位培训工作，通过抓培训评估和跟踪了解，推动受训学员以训促学、学以致用，使培训效能进一步向全系统延伸，切实体现在支持推动各项中心工作上。

此外，环保部结合中组部要求，并以树组工领导干部新形象活动为载体，集中轮训部系统各级组织人事领导干部、党务领导干部、培训工作者 300 人次；以加强监测系统能力建设为重点，组织系统内各级骨干出国进行环境监测、环境管理等专项培训，目前已出国培训 100 人次；按照"从严治部、从我做起"的要求，在 2009 年年初培训了 41

案　例　2

全国乡镇领导干部农村环保培训班

2009 年 5 月 21 日到 30 日，环保部人事司和生态司联合在北戴河环境技术交流中心首次举办全国乡镇领导干部农村环保培训班，分为两期，共有来自全国 30 个省（自治区、直辖市）和新疆生产建设兵团的 176 位乡镇领导和有关省（市、县）环保局的管理人员参加了培训。

名得到提拔的处级领导干部，并先后举办了两期来部挂职（学习）锻炼领导干部培训班，95名同志得到培训。

（2）推进重点区域、流域地方党政领导干部环保培训工作

2009年，环保部以解决危害群众健康和影响可持续发展的突出环境问题为重点，开展了重点区域、流域地方党政领导干部环保培训工作。同年7月，在北戴河举办了"锰三角"地区党政领导干部环保专题培训班，湖南花垣、重庆秀山、贵州松桃3县的各级党政领导和重点企业负责人共89人参加了为期一周的专题培训。9月，在武汉举办了湖北、湖南建设两型社会专题培训班，武汉城市圈和长株潭城市群的市县两级党政领导近120人参加了专题培训班。2009年8月和9月，经中组部批准，为落实党中央、国务院让不堪重负的江河湖海休养生息的战略决策，环保部举办了太湖流域和海河流域水环境管理专题研究班，调训上述流域所涉及的地方政府分管环保工作的县（区、市）党政领导63名。11月初，在昆明市举办滇池、巢湖流域水环境管理专题研究班，调训29名党政领导干部。

这种专题研究班按不同流域进行整体培训，使流域上下游和不同流域的地方政府领导共商推进全流域水环境治理大计，共谋实现全流域科学发展宏图，取得良好效果。

（3）培训教育工作与地方结合开展

案 例 3

新疆县处级党政领导干部培训

人事司与新疆党委组织部第4次联合培训50名新疆县处级党政领导干部，首次与宁夏区委组织部联合培训50名党政领导干部，有力地促进了西部地区的环保工作，增强了地方领导干部以环境保护优化经济增长的意识和能力。

提升能力、开阔视野、密切联系。

与此同时，环保部还积极与省市地方领导干部教育培训工作结合，开展培训教育。根据领导赴灾区调研慰问时关于对灾区环保领导干部开展培训的指示，继2008年年底为陕西震区举办专题班之后，于2009年年初为四川、甘肃两省震区基层环保领导干部举办了专题培训，支持138名震区基层环保领导干部及时调整状态、

（三）全国妇联的系统内培训持续开展

1. 加强对妇联系统领导干部教育培训的指导和服务

2009年，全国妇联切实加强妇联领导干部教育培训教材建设，为妇联系统领导干部教育培训工作提供服务。组织编写《妇联领导干部教育培训参考教材》14本，内容涉及马克思主义妇女理论、国内外妇女运动历史、妇女工作实用理论、维护妇女儿童权益法律法规、妇联能力建设和妇联工作基本知识等，进一步推动新形势下具有时代特色和妇女工作特色的教材

体系建设，推动妇联系统领导干部科学素质提高。同时，为充分发挥教材在提高领导干部素质中的作用，全国妇联下发了《关于开展妇联领导干部岗位读书活动的通知》，启动了妇联领导干部岗位读书活动。

2. 切实开展妇联系统领导干部教育培训

2009 年，全国妇联人才开发培训中心举办全国地县妇联领导干部科学发展专题培训班 7 期，来自全国 28 个省区市的 850 多名基层妇联领导干部参加了培训。当年，全国妇联举办了省区市妇联主席领导科学研修班。全国妇联机关相关部门还举办妇联系统领导干部培训班 3 个，培训学员 220 人；举办妇联系统领导干部境外培训班 7 个，培训学员 76 人，学习相关科学知识和技能。此外，全国省级妇联加大培训力度，2009 年共举办各类培训班 326 个，培训学员 34 192 人次。

3. 依托农村妇女现代远程教育专栏开展干部教育

2009 年，根据中组部全国远程办工作部署，全国妇联在全国农村党员领导干部现代远程教育频道开辟了"时代女性"栏目，开展了面向广大农村妇女的现代远程教育，拍摄制作了法律政策解读、家庭教育、和谐家庭创建、女性健康、成功女性典型、致富技能和妇女工作等具有妇联特色的教学节目，为广大农村妇女参与经济、政治、文化、社会以及生态环境建设提供知识、技能等智力支持。随后，还下发了《关于做好农村妇女现代远程教育专题教材制播工作的通知》。

> **案　例　4**
>
> **陈至立副委员长讲授《男女平等基本国策》**
>
> 2009 年 4 月 9 日"时代女性"首播。全国人大常委会副委员长、全国妇联主席陈至立讲授《男女平等基本国策》。各地妇联按照通知要求，在党委组织部门的大力支持下，组织城乡各界妇女收看的同时，还邀请乡镇党政领导、村党支部和村委会领导干部进行收看。北京市 13 个涉农区县近 4 000 个远程教育网站点于 2009 年 4 月 9 日下午进行了集体收看，并在怀柔设立收看主会场，在大兴区庞各庄镇梨花村委会设立收看分会场，并召开了座谈会。天津、辽宁、江苏、福建、湖南、重庆、青海等省区市组织了机关领导干部收看，江苏通过手机短信，要求全省妇女代表收看。

链接 2　"时代女性"栏目下设"女性驿站"、"幸福生活"、"巾帼风采"、"一技之长"4 个子栏目，播出方式为周播 1 小时，每周四 14:00～15:00 定时播出。每年 52 小时（重播率 50%）。

（四）团中央开展多种形式的领导干部和公务员培训教育与学习

2009 年 4 月，团中央制定下发了《团的领导干部学习大纲》，明确要求团的领导干部要以提高科学素养、培养战略眼光、增强服务能力、完善知识结构为主旨，以政治理论、政策法规、业务知识和相关学科为主要内容，通过在职自学，养成自觉学习、终身学习的良好习惯。在此精神指导下，团中央 2009 年开展了不同方式的领导干部和公务员科学素质提升相关学习及培训。

一是坚持团中央书记处集体学习制度。2009 年以来，围绕"新媒体的发展及对青年的影响"等主题开展的集体学习，带动了全团在青少年工作中对现代科技特别是信息手段的研究和运用。二是坚持团中央机关年轻领导干部学习交流会制度。在每月一次的学习交流会上，加大对新科技知识的讲解和探讨，提高年轻领导干部的科学素养。三是大规模培训基层团领导干部。从 2009 年 4 月起，由团中央书记处成员集体授课，采取集中办班与电视电话培训相结合的方式，对全国所有 2 902 名县级团委书记、1 171 名地市级团委各部门主要负责同志和 2 398 名省、地、县、乡团组织的负责同志培训一遍，进行了包括科技素质等内容的直接培训，使基层团领导干部依靠科技手段开展工作的意识和能力明显增强。

此外，人力资源和社会保障部针对公务员开展了一系列培训，深入贯彻落实科学发展观。2009 年，国家公务员局在公务员培训工作中，开展了一系列科学素质的培训。如在公务员中开展科学素质培训班中，参观北京市地震科学研究所，了解地震形成的原理和探测手段，提高相关领域公务员应对突发自然灾害的能力。在中央机关处级公务员任职培训班中，邀请专家从自然科学和人文科学发展的角度讲解科学发展观，还设置了应急知识讲座，使学员通过了解相关科学知识，学会正确面对突发事件。

二　着力加强领导干部和公务员选拔、考核的科学素质测查

（一）把科学素质作为考核党政领导班子和领导干部的重要指标

中组部结合开展深入学习实践科学发展观活动，认真贯彻落实《体现科学发展观要求的地方党政领导班子和领导干部综合考核评价试行办法》，把科学决策、提高发展质量、搞好生态文明建设、节约利用资源等作为考核党政领导班子和领导干部的重要指标。制定下发了《地方党政领导班子和领导干部综合考核评价办法（试行）》、《党政工作部门领导班子和领导干部考核评价办法（试行）》、《党政领导班子和领导干部年度考核办法（试行）》，把科学决策、提高发展质量、搞好生态文明建设、节约利用资源作为考核党政领导班子和领导干部的重要指标。

（二）加强领导干部和公务员录用考试中科学素质的测查

从 2009 年开始，人力资源和社会保障部在申论考试中首次加入了对贯彻执行能力的测查，进一步提升了申论考试的科学化水平。

> **链接 2**
>
> 2006 年以来，公务员录用考试加大了对科学素质的测查。中央机关招考公共科目所测查的能力素质，尤其是定义判断、演绎推理、数量关系、资料分析、分析解决问题方面的能力，也是科学思维、科学活动能力的具体反映。

从 2009 年开始，各招录机关组织实施的专业科目考试和面试，也有大量涉及科技专门知识、创新能力以及其他科学素质方面的测查，并更加强调各招录机关的职责特点。

此外，中组部围绕深入贯彻落实科学发展观，不断丰富领导干部履职必备知识的相关内容。2009 年在党政领导干部选拔人才考试大纲和题库中，不断丰富和提高与科学素质要求有关的具体内容。

1. 重视公务员考核中的科学素质测查及研究

2009 年，公务员考核的科研工作开展起来。人力资源和社会保障部与上海、江苏、湖南三省市人事部门及中国行政管理学会联合实施"公务员绩效考核"课题研究工作，与江苏、江西、陕西三省人事部门及中国人事科学研究院联合实施我国县乡基层公务员考核指标体系课题研究工作。课题研究的结果将作为公务员考核工作中的理论依据。同时，人力资源和社会保障部还组织公务员考核理论、技术、方法的国际交流活动。一是积极实施中欧公共管理项目的有关调查研究工作，完善公务员考核指标体系制定；二是执行人力资源和社会保障部与联邦德国内政部的交流计划，借鉴发达国家的行政管理中的科学做法，研究实施适合我国国情的公共管理政策、规范。

三 面向领导干部和公务员开展科普活动

除了培训、考核、选拔结合的主要策略，科普活动也在领导干部和公务员科学素质提升中扮演着很重要的角色。每年的全国科普日、全国科技周等重大科普活动都已成为领导干部和公务员提升科学素质的重要机会。同时，2009 年，中组部机关还带头开展"节约能源资源、保护生态环境、保障安全健康"活动；社科院等单位举办"部级领导干部历史文化讲座"系列活动，产生良好影响。各地针对领导干部和公务员的科普活动更是多样化重实效。北京市举办公

案 例 5

北京市公务员科学素质大讲堂

北京市公务员科学素质大讲堂于 2009 年 5 月 19 日正式开讲。针对城八区及各委、办、局，北京市统一在地坛体育馆举行每场 2 000 人的讲座 3 场，共计 6 000 余人次，内容分别是科技北京、关于全球变暖及其对策的几点思考、我国十年来城镇化的进程及其空间扩张。郊区县从统一下发的《北京市公务员科学素质大讲堂课程目录》中选定讲座课程，在区县人事局与科协共同组织下，组织专家进机关、下基层，组织讲座 12 场，讲座内容涉及科学素质、科学方法、科学思想、科学精神、科学知识、科技史、科学技术与社会，约 4 000 名领导干部及公务员听讲。

务员科学素质大讲堂，并将现场讲座录制成课件，上传到"北京继续教育网"、"北京科普在线网"上，提供给领导干部和公务员自选学习，丰富了学习形式，在此基础上，2009 年 10 月还举办了北京市公务员科学素质竞赛，18 个区县队参加，推动公务员深入理解科学发展观，为提高全社会科学素质树立典范。上海开展公务员科学讲座，每月为市、区两级党政机关的公务员举办一次科学讲座，打造"思齐讲坛"这一品牌。山东面向领导干部和基层群众举办"齐鲁讲坛"，在社会上产生较大反响。安徽组织开展了千名专家服务千村百镇活动，培训乡村党员领导干部 46.6 万人次。

（本文作者：张志敏　单位：中国科普研究所）

第二章

基础工程建设

科学教育与培训基础工程探索教育方式加大培训力度

2009年，科学教育与培训基础工程继续推进。教育部门继续推进科学教育，在保证中小学科学课程教育质量的同时，探索有效的科学教育方式；全国各地教育部门与各协会加大对科技教师、科技辅导员的培训力度，提高科技教师、科技辅导员的教学能力；社区校外青少年非正规教育项目、求知计划、科技馆活动进校园等项目继续发挥带动作用，培训科技教师与学生，加强教学基础设施建设，为开展科学教育与培训提供基础条件支持。

一　加强学校科学教育，探索科学教育有效方式

（一）基础教育阶段科学教育稳步推进

教育部充分发挥课堂的主渠道作用，努力提高小学科学教育的质量，大力推进初中综合科学课程实验，提高科学教育质量，中小学科学课程标准的修订工作基本完成。在保证科学课教育质量的同时，教育部积极探索科学教育的有效方式。2009年11月，中国教育部与美国教育部联合举办了中美科学教育专家研讨会，就科学课程设计、课程实施等方面进行交流与研讨。研讨会上，中美教育专家就如何传递科学新观点、如何在科学教学中运用技术和开放教育资源、如何让全体学生接受高水平教育和使用何种学生评测方法等问题展开讨论。

2009年2月，福建省教育厅、福建省科技厅与福建省科协联合发布了《关于加强中小学科技教育工作的意见》（以下简称《意见》）。《意见》指出，从2009年起，福建省将每年公布一批省级科技教育基地校，争取用5年时间建立150所省级科技教育基地校。《意见》规定，支持和鼓励学生申报发明专利，把学生参加科技活动的表现作为全面评价学生综合素质的一项重要内容，对在设区市级（含市级）以上科技创作和竞赛中获奖的学生，将在综合素质评价中如实记载并可获学习能力A等级。该《意见》的下发为青少年科技教育提供了政策支撑，对加强中小学科技教育工作具有重要的指导意义。

链接 1

中小学校要严格按照课程计划的要求，开齐开足小学的科学课，初中的物理、化学、生物课程，高中的物理、化学、生物和技术课程。在综合实践活动课程中要安排科技教育专题，组织学生参与科技实践活动。要加强所有科学课程的实验教学，按国家科学课程标准的要求开足开全所有科学实验课。在搞好科学教育课程教学的同时，要充分发掘其他学科知识体系中的科技教育因素，自然渗透科学思想、科技知识，培养学生对科学技术的兴趣。要建立学生社会实践制度，在课余时间和寒暑假期间组织学生开展社会调查，参加生产实践和社会服务活动，利用社会科普教育资源开展科技教育。

——福建省教育厅、福建省科技厅、福建省科协《关于加强
中小学科技教育工作的意见》

此外，吉林省启动了科学教育特色校建设活动，在科学课程、科学教育课题研究、设施建设、校园环境建设与科学活动等方面都取得了长足的进展。安徽省开展了"科技教育特色学校"和"科技教育示范学校"的考核评选活动，进一步提高了基础教育阶段学校科学教育的质

量。湖南省在小学教育阶段普遍开设了《科学》课程，积极推进科学课程改革，不断完善科学教材教法体系，培养学生对科学技术的兴趣和爱好。

（二）"做中学"项目持续探索科学教育有效方式

1. "做中学"教育改革实验项目教学中心成立

自 2001 年以来，由教育部和中国科协共同发起的"做中学"项目已成为提升未成年人科学素质与推动科学教育的重要行动项目。经过近 8 年的实践，"做中学"项目不断探索科学教育方式，为国家义务教育阶段小学科学教育标准的修订积累了宝贵的经验，奠定了重要的基础。

2009 年 5 月 22 日，中国科协与东南大学共建的"做中学"科学教育改革实验项目教学中心挂牌成立，韦钰院士担任中心首届主任。"做中学"科学教育改革实验项目教学中心的成立，将充分发挥"做中学"科学教育实验成果的引导、辐射和示范作用，稳步推进"做中学"科学教育项目的进一步发展，促进我国在科学教育实践和研究领域与国际同行进行交流和合作。该中心的成立，标志着"做中学"项目迈进了一个新的高度，项目在搭建起科学界和教育界的桥梁的同时，将继续开展探究式科学教育的研究和教学实践，并促进该项目在全国的推广。

2. 举办第二届国际未成年人科学素质发展论坛

2009 年 10 月，中国科协青少年科技中心与教育部基础教育司联合主办第二届国际未成年人科学素质发展论坛。论坛分设了上海国际初高中科学教育推广项目研讨会和上海国际"做中学"科学教育推广项目研讨会两个专场，美国科学促进会"2061 计划"项目专家、法国"动手做"项目专家与我国来自一线的幼儿园、中小学科学教师、科学教育专家、科协所属学会专家代表以及部分省市科协代表等 200 多人参加会议，交流分享了国内外探究式科学教育的进展和相关研究成果。

借国际未成年人科学素质发展论坛举办的机会，中国科协联络中国力学会、中国动物学会、中国植物学会、中国天文学会科普委员会，推荐并邀请多位科研专家赴上海参与论坛。各学科专家们通过论坛主题报告、教学示范课等方式，初步了解探究式科学教育的特点，并将在今后进一步深入参与科学教育改革，为教师提供专业支持的工作。

3. 各地积极推进"做中学"项目

2009 年，上海"做中学"科学教育试点学校总数由上年的 131 所增加到 150 所。项目先后组织编撰"科技资料包"80 本（包含 100 多套多媒体课件）和具有上海特色的"做中学"教学案例 30 个；每年定期开展"科技资料包"和"做中学"教师培训，至今共培训教师上万人次；完成 25 个国际优秀未成年人的科学教育案例，并形成数字化文本，为广大"做中学"教育工作者提供借鉴与参考；组织优秀专家教师共同编撰与开发《上海"做中学"课堂教学百问百答》，以推进"做中学"项目的深入实施。

吉林省 40 所小学和幼儿园参与"做中学"项目，共有 500 余名项目实验教师，先后开发出了具有特色的与科学课程日常教学整合的 20 多个模块。北京市小学科学课程"做中学"项目召开交流研讨会，近 70 位来自各区县"做中学"科学教育改革实验项目的老师们参与交流研讨。

■ 加大培训力度，提升科技教师和科技辅导员教学能力

（一）教育部加大科技教师和科技辅导员培训力度

1. 教育部加大科技教师和科技辅导员培训力度

2009 年，教育部组织实施小学科学学科骨干培训者国家级培训，采取"送陪下省"方式，为北京、天津、辽宁、吉林、上海、江苏、浙江、福建、广东、甘肃、广西、四川、云南、陕西、重庆等 15 个省（区、市）培训小学科学学科骨干教师及教研人员 100 人，参训人员进一步明确科学教育的目标、方法和发展现状，培训效果良好。此外，在实施高中课改实验省骨干教师培训、农村义务教育学校教师远程培训和边境民族地区中小学骨干教师培训等国家级项目培训中，对义务教育和高中阶段数学、物理、化学、生物、地理、信息技术和通用技术等科学技术学科的骨干教师开展培训。

2009 年，为提高科技教师的教学技能，教育部在北京和上海对各青少年校外活动中心的科技教师进行了为期 10 天的业务培训。

2. 中国青少年科技辅导员协会加大科技教师和科技辅导员培训力度

2009 年 3 月，中国青少年科技辅导员协会与天津师范大学签署了共建科技辅导员业务培训基地的协议，为科技辅导员培训的可持续性奠定了较好基础。今后，将依据《青少年科技辅导员标准》，充分发挥培训基地的作用，对从业和在职科技辅导员的培训大纲、课程设置、教学资料等方面进行研究；根据会员、科技辅导员的需求，积极开展全国、区域相结合，不同层次、内容的业务培训；发展青少年科技辅导员队伍，提高辅导员的素质和能力。

2009 年，中国青少年科技辅导员协会分别在北京、上海组织近 600 人参加全国骨干科技辅导员使用科教资源培训班；依托科技教育专家辅导团，在四川、山西、贵州、新疆等培训当地基层科技辅导员 600 余名，并指导当地开展青少年科技教育示范活动。2009 年 8 月，中国青少年科技辅导员协会与北京市教委、北京市科协共同主办了金鹏科技教师论坛，来自北京、天

津等地的科技辅导员 200 余人参加了论坛。同年 10 月，中国青少年科技辅导员协会召开了以"科技、教育、责任"为主题的中国科技教育论坛，全国各地 236 名科技辅导员代表参加了该论坛。

（二）各地大力开展科技教师、辅导员培训

2009 年，云南、上海、吉林、江苏、广东等地继续加强科技教师的培训活动，以研修、培训、夏令营等多种形式开展面向科技教师和农村校外活动中心辅导员的培训，提高科技教师和辅导员的业务能力。其中，广东省培训科技辅导员 2 600 人次；江苏省组织小学科学教师省级骨干的培训活动，为苏北地区培训 4 000 名科学类学科教师。

1. 云南省百千万青少年科技教师培训工程

云南省科协自 2008 年起，组织实施了云南省百千万青少年科技教师培训工程，计划在 3~5 年时间内，由云南省科协为州（市）培训 300 名省级科技骨干教师，使全省 100 所科普示范学校每校配备 1~2 名省级科技骨干教师；由 16 个州（市）科协与当地教育部门联合，为县（市、区）培训 1 000 名科技教师；由 129 个县（市、区）科协与当地教育部门联合，为本地培训 10 000 名科技教师。

至 2009 年 8 月，已举办 3 期 5 轮的培训，共培训了来自云南 14 个州（市）科协组织工作者，中、小学校的一线科技教师 145 人。

2. 上海市未成年人科学素质行动——科学教育推广项目教师培训

2009 年，上海对全市 19 个区县项目试点学校的科技教师进行了初高中科学教育"资料包"培训和"做中学"科学教育培训，共培训幼儿园、小学及初高中科技教师 2 000 人次，培训上海专兼职科普工作者 5 000 人次，培训科普志愿者 5 000 人次。特邀科学教育专家对全市试点学校科学教师进行首期美国"2061 项目"科学素养导航图培训，参与培训的教师达 100 余人次。

3. 吉林省农村骨干科学教师培训

2009 年，吉林省教育厅委托长春师范学院开展 100 名农村骨干科学教师培训，切实提高农村科学教师的知识素养和教育教学能力。举办了全省校外活动场所负责人培训班，全省各校外活动场所负责人和各地德育办主任 80 多人参加了培训。

（三）以青少年科技创新人才培养项目推进科技教师培训

2009 年，青少年科技创新人才培养项目组织实施了四川地震灾区的骨干科学教师"项目孵化"培训班。创新研究院的在线辅导效果令人鼓舞，有 9 大学科的 14 位教授（研究员），为

全国 23 个省的 61 所项目实验学校 369 名教师提供教学支持；组织实施了第 6 届项目实验学校网上成果展评活动。项目在全国分 6 个区域组织了 8 次"聚焦课堂"教学研讨活动，共有约 4 000 名教师参加。

2009 年 11 月，该项目在上海举行科教合作——普通高中科技创新人才培养学术研讨会，教育部和有关省教育部门领导、重点高校招生办、科研机构和部分重点中学校长等众多代表参会。会议围绕普通高等教育定位任务，交流科技创新人才培养的经验和做法、研究科学发展方向、探讨存在的问题与解决的建议。

三 项目发挥带动作用，为开展科学教育与培训提供条件支持

（一）校外非正规教育项目培养农村青少年生活、生存能力

2006~2010 年，是中国科协与联合国儿童基金会合作的社区校外青少年非正规教育项目的第 7 周期。2009 年，项目继续依托陕西、甘肃、青海、湖南、河南、内蒙古、新疆、云南、贵州、四川的 20 个国家级贫困县所设立的 140 个村的农村校外青少年学习活动中心（知识信息资源中心），开展农村校外青少年的非正规教育工作试点。

1. 增建农村校外青少年学习中心

140 个校外青少年学习中心利用项目前几年提供的摄影活动资料和体育器材等，组织校外青少年开展了多次摄影和体育活动，活跃了气氛，调动了校外青少年参与的积极性；活动除服务本村的校外青少年外，也开始辐射周边临近村和社区的校外青少年，综合利用率得到了进一步提高。

2009 年，项目新建立了 4 个流动青少年知识信息资源中心。经过 4 年的实践，知识信息资源中心模式逐步被地方政府接受并采纳，利用这一有利时机，项目积极推动条件成熟的项目县开展知识信息资源中心模式的推广工作。青海同仁、甘肃临洮、湖南桑植 3 个项目县在县政府的支持下，主要由当地政府出资，新建了 6 个青少年知识信息资源中心。这项活动也推动了基层项目办的跨部门协作，多个项目县出台了进一步加强非正规教育工作的意见。

案 例 1

2009 年湖南新建两个项目村知识信息资源中心

湖南省桑植县政府除积极支持新建两个村中心外，还承诺支持在新建的两个项目村知识信息资源中心做好非正规教育项目工作，从县财政每年安排 1 万元专项经费，具体由县科协实施。县科协积极协调有关部门配合、支持两村的非正规教育项目工作，青峰溪村抓住建扶贫项目村的机遇，由扶贫单位解决青少年活动中心有关的设施。刘家坪村由县体育局利用群众体育活动项目，解决该村活动中心的体育设施。

项目继续组织各省为每个知识信息资源中心每年提供价值 300 元的报纸、期刊、光盘等，各省在充分征求意见的基础上，为校外青少年订阅了他们喜欢的报纸杂志。同时，项目还出资为 140 个知识信息资源中心每季度提供科普挂图一套，各中心利用这些挂图组织校外青少年深入社区和农户家中开展了宣传活动，得到了群众的热烈欢迎和好评，收到了很好的科普效果。

链接 2

截至 2009 年 11 月，用于建设县级移动型知识信息资源中心的科普大篷车已经设计改装完毕。经申报、评审两个阶段，全国项目办选择甘肃省安定区、云南省富源县、陕西省丹凤县、青海省同仁县等 4 个县作为 2009 年的流动中心建设县，于同年 12 月中旬完成车辆的交接和使用培训工作。

2. 开展校外青少年培训活动

2009 年，非正规教育合作项目继续开展跨部门的农村校外青少年培训活动，通过艾滋病和毒品预防、常见病预防、儿童权利、技术应用、安全教育、生活技能、谋生技能培训、体育运动等活动，直接受益 3 500 多名校外青少年，使他们的生活技能和谋生技能得到了提升。

（1）安全、健康活动

根据校外青少年的需要，各地举办了艾滋病和毒品预防、健康卫生、进城务工知识、安全逃生、文化传承、生活技能等活动共计 32 场次，其中，村级 22 次，县级 10 次，直接参与校外青少年 2 178 人。

案 例 2

妇幼保健活动

利用联合国儿童基金会资助的《孕产妇保健》、《新生儿护理》、《珍贵的第一年》等书籍，全国项目办指导并出资资助 15 个县开展了妇幼保健活动，共有 398 名青少年儿童和 2 162 名青年妇女参加。活动围绕孕期保健、新生儿护理、儿童生长发育等内容，除了现场的演示和实际操作培训外，还注重理念的传播。该活动深受基层群众的欢迎，甘肃安定科协还向政府建议，将这项内容纳入"三下乡"的工作范畴中去。

（2）谋生技能培训

各地开展畜禽养殖、果树栽培、修理等谋生技能培训 13 场次，其中村级 8 次，县级 5 次，直接参与校外青少年 753 人。通过参与这些活动，校外青少年初步掌握了一些基本的谋生技能，也对一些职业有了初步的认识，为未来的就业择业提供了帮助。

（3）生活能力拓展营

项目所在的 10 个省、自治区共举办 10 场省级生活能力拓展营，448 名校外青少年参与，

案 例 3

云南省养殖及深加工培训

云南省富源县针对大河乌猪养殖和深加工的地方经济特色，与县畜牧局和当地省级农业龙头企业东恒集团公司合作开展了大河乌猪的养殖及深加工培训。活动充分利用东恒集团公司先进的生产、教学、科研设施，由县畜牧局聘请专业老师，加上东恒集团的中高层管理人员和高中级技术员作为授课老师。活动从不同的角度讲授了养殖技术、良种繁育、防疫治病、深加工等技术知识，介绍了龙头企业与农户的联结机制，活动采用互动式教学，理论和实际操作演示结合，听、看、做三位一体。这次活动有效整合了资源，结合了校外青少年的需求和心理特点，讲课生动，实践具体，既使校外青少年学到了技能，开阔了视野，也深化了部门间的合作。

校外青少年在参与体育、文艺、培训、参观等多样化的活动中提高了沟通交流能力、增长了自信、培养了团队意识。各地举办 20 场县级运动会和生活能力拓展营，1 030 名校外青少年直接参与。拓展营活动除了体育运动以外，还有计算机知识培训、法律、健康卫生、生活技能方面的培训。

3. 资助基层项目团队

项目积极推进县级项目培训者团队建设工作，指导多个项目县组建和调整了县级培训者团队，直接给予河南汝阳、河南宜阳、甘肃临洮、湖南桑植、青海同仁现金资助。项目开展辅导员工作津贴试点工作，制定了辅导员津贴管理办法（试行），大部分省县级项目办公室都采取了积极的措施，为辅导员配套津贴。

4. 开发活动简报

2009 年，全国项目办利用校外青少年和辅导员提交文稿、照片，创办了项目季度《校外青少年社区生活简报》4 期，每期 1 000 份，除送达 140 个知识信息资源中心和 32 个基层项目办公室以外，该简报还将作为项目宣传的有力工具送达基层政府和各部门以及用作筹款和新闻宣传等。

（二）求知计划推动教师与学生的共同发展

求知计划项目培训包括教师培训与学生培训。学生培训通过社区、课外教育使学生基本具备 21 世纪知识经济社会所需的认知能力和数字技能。求知计划在 60 多小时的动手操作型技术培训中，通过具体的项目和活动，注重培养团队协作与思辨能力。

1. 项目培训情况

2009 年，求知计划项目在全国 29 个省（自治区、直辖市）开展，共有超过 430 个培训中心（包括青少年工作室、社区活动中心、学校）参与了培训工作。

项目工作继续注重教师团队的建设，强调发挥骨干教师的作用，加强教师支持工作。2009年年初在北京举行了骨干教师研修班，来自各地的 60 余名项目主管、骨干教师、优秀教师参加了为期 3 天的培训；除此之外，还在广西、天津开展了两期新教师培训，共培训新教师 92名。项目全年共开展各类省级活动 40 余项，共有 60 000 余名青少年完成 30 个小时的免费信息技术课程培训，其中 30% 的青少年为县级以下农村地区学生。

表 3-6　求知计划项目培训情况（2003~2009 年）

年　份	培训地区（个）	培训中心（个）	培训教师（人）	培训学生（人）
2003	19	24	51	4 350
2004	29	73	164	35 882
2005	32	203	261	67 993
2006	31	254	203	69 486
2007	28	318	840	55 738
2008	29	450	100	71 634
2009	29	430	92	>60 000

2. 学生作品反馈

2009 年，项目开展新的教学支持工作，即对学生作品进行反馈。由骨干教师对每期项目培训结束后提交的学生作品评价并提出改进建议，完成 3 000 幅作品的反馈。通过这项工作可以从学生作品的角度来分析每期培训的质量和效果，发现培训过程中存在的问题，并可以及时将问题反馈给相关省市项目主管进行解决，授课项目教师通过骨干教师的反馈意见也可以了解自己的课程需要改进和调整的地方。同时，项目加强了评估的力度，会到各个项目点进行现场评估，同时根据学生作品反馈情况对参加培训的学生进行电话回访。

3. 选拔优秀作品参赛

2009 年，项目首次选拔学生优秀科幻画作品、优秀科技实践活动推荐参加全国创新大赛评选。其中，1 项获十佳科技实践活动，1 项获优秀科技实践活动一等奖，3 项获优秀科技实践活动二等奖；两幅电脑绘画作品获科幻画一等奖，三幅获科幻画二等奖。另外，为了庆祝求知计划在中国正式开展 5 周年，同时还进行了项目案例征集工作，收集了项目开展以来的优秀案例、档案和学生作品。

4 求知计划的省级活动

2009 年，项目全年共开展各类省级活动 40 余项。各项目单位结合项目要求和本地特点开展了各种主题活动，包括山西项目走进革命老区、云南骨干教师到偏远少数民族地区进行教学支持、青海关注城乡留守儿童、北京郊区开展学生家长共求知活动、内蒙古、辽宁进行跨省交流等，青海、甘肃等省在科普日期间进行了项目展示和回顾，天津、江西等地也结合节约纸张的主题开展了相应活动。

（三）科技馆活动进校园探索校外科技场馆与学校教育衔接机制

2009 年，科技馆活动进校园项目重点探讨校外科技场馆与学校教育衔接的有效机制，利用、开发与整合校外科学教育资源为学校科学教育服务，提升试点单位相关工作人员设计和开展教育项目的能力。

项目在全国 33 家科技场馆、青少年科技中心和科学工作室等单位开展项目工作。其中，国家级/省级大型科技场馆 12 家、地市级中小科技场馆 7 家、省级青少年科技中心/工作室 6 家、地市/县级青少年中心/工作室 8 家。其中，科协系统所属单位 23 家，教育系统所属单位 7 家，其他系统所属单位 3 家；16 家单位连续 3 年参加项目，11 家单位连续两年参与项目。

1. 馆校合作模式和基础初步建立

在试点项目的推进下，校外科技场馆积极发挥不同机构的优势，共同服务于青少年科技活动。宁夏科技馆的青少年天文活动，动员宁夏天文爱好者协会、宁夏气象学会、气象科普馆、银川市教科所高中地理教研组和银川学生社团等积极参与。新疆科技馆联合新疆气象学会，利用科技馆内的气象展区、学会研究基地，组织学生在专家的带领和指导下参观。青岛市青少年科技中心联络海洋科技馆、海洋研究所，共同组织学生开展保护海洋活动。

在项目的推动下，一些地区的教育管理部门和校外科技教育机构达成工作合作协议，保证了试点工作的可持续性。2009 年，天津科技馆与塘沽区教育局、塘沽区教育中心达成合作协议：在塘沽全区中小学校推广天文特色课。在吉林梅河口市科技馆倡导下，由该市科协、教育局、科技馆和科技示范学校等部门联合参与科技馆活动进校园活动。襄樊市科技馆与教育部门等单位联合出台《进一步推动"科技馆活动进校园"的意见》，明确要求学校提供科技活动场地，由副校长和专职科学教师参与项目，科技馆为学校提供器材与资源支持。

2. 提高校外科技教育工作从业人员能力

鉴于学校的教师、科技馆员工对开展与学校课程衔接的校外教育都不够熟悉，部分试点单位加强了参与项目的学校科学教师的培训，也加强了内部的员工学习，提高校外科技教育工作从业人员的专业素质和能力。

中国地质博物馆与北京市西城区教委、西城区教育研修院地理教研室共同开展"地理老师地学知识培训"系列研修活动，邀请博物馆专家带领地理老师参观博物馆，进行地理知识的专题讲解，帮助老师们开阔视野，提高科学素养。天津科技馆面向天津市河东区、和平区的20名科学课教师进行专项培训，针对一至六年级科学课教材中涉及天文、地理方面的知识点，借助图片和演示文稿等给教师们进行讲解。广西科技馆与南宁市教育局合作成立科技馆教师志愿者团，科技馆从服务需求、人员专业背景、个人服务意愿和时间安排等方面对近百名教师志愿者进行工作管理。

（本文作者：王丽慧　单位：中国科普研究所）

科普资源开发与共享工程推进共建社会化 完善共享服务机制

　　为进一步深入贯彻落实《全民科学素质纲要》，推动科普资源开发与共享工程的建设，2009年科普资源共建共享工作突出重点，稳步推进。指导推进共建共享的社会化，制订繁荣科普创作资助计划，完善应急科普资源开发和共享服务机制，总结地区共建共享模式，加大5个服务平台的建设力度，深化扩大社会覆盖面，进一步提升科普资源服务能力。

引导社会力量参与科普资源的开发，进一步推进共建共享的社会化

1. 科研机构、大学向社会开放，开展科普活动

2009 年 5 月 17 日，全国科研机构和大学向社会开放活动正式启动。该活动是实施《国家中长期科学和技术发展规划纲要》和《全民科学素质纲要》的重要举措，是为充分发挥科研机构和大学在科普事业发展中的重要作用，进一步建立健全科研机构和大学面向社会开放、开展科普活动的有效制度而举行的。开放范围包括由各级政府举办的各类从事自然科学、工程科学与技术研究的单位和相关高等院校的实验室、工程中心、技术中心、野外站（台）等研究实验基地；各类仪器中心、分析测试中心、自然科技资源库（馆）、科学数据中心（网）、科技文献中心（网）、科技信息服务中心（网）等科研基础设施；非涉密的科研仪器设施、实验和观测场所；科技类博物馆、标本馆、陈列馆、天文台（馆、站）和植物园等。

2009 年，中国科学院所属科研机构和教育部直属大学向社会开放了 430 个场所，公众参与人数 700 多万人次，为广大公众了解科学、参与科学、体验科学活动发挥了重要作用，对增强我国科普能力建设，促进科技事业的发展作出了很大贡献。

2. 制定科普资源开发指南，指导推进共建共享社会化

为推进科普资源共建共享的社会化，2009 年 5 月 8 日，中国科协发布了《中国科协科普资源开发指南（2009）》（以下简称《指南》）。《指南》强调了科普资源共建共享的实效性。《指南》指出，要按照立足国家、社会和公众需求，打造科学性、艺术性和实效性的科普资源精品，强调根据人群、地区和文化等特点因地制宜开发等原则，鼓励资源开发紧密联系国家政策，紧扣社会发展，切实反映民生等 6 个方面、新颖实效的科普资源。

《指南》提出了科普资源共建共享的一些新理念，进一步提出了以项目资助和奖励的方式支持社会各界参与科普资源共建共享工作。首先，是扶持在科普创作领域有潜质的科普作家及优秀科普创作基地，引导社会各方力量积极投身科普创作，鼓励科研人员将科研成果转化为科普产品，营造科普创作的良好氛围，培育优秀科普创作人才队伍，推动科普创作大繁荣。其次，是引导、调动社会力量参与科普资源的开发工作，将重点征集部分科普资源，形式主要为音像、广播、挂图、海报、专题资源包等。再次，将以定向采购的方式开发部分科普资源，包括科普活动资源包、图片、视频、主题展览等，逐步引入市场化机制。此外，《指南》还特别强调了科普资源开发建设中要处理好知识产权方面的问题。《指南》在很多方面具有开创性，它对科普资源共建共享工作更具有指导性和针对性。

二　制订繁荣科普创作资助计划，资助支持原创科普图书

1. 繁荣科普图书创作资助计划

科普创作是科普资源开发的源泉，没有科普创作，科普资源就是无源之水、无本之木，科普创作成果主要包括科普图书、影视、动漫、科普展教品和主题展览等。目前我国科普创作能力薄弱，科普创作理念、手法落后，科普产品总体质量不高、缺乏精品，优秀的原创作品少，科普创作的发展后劲严重不足，难以适应新形势下公众的需求。为充分调动社会力量参与科普创作的热情，培育和壮大一批优秀专兼职科普创作者和科普创作基地，创作一批高质量的原创科普作品，繁荣科普创作，给社会创造科普创作的宽松环境，中国科协 2009 年启动了繁荣科普图书创作资助计划。

2009 年繁荣科普图书创作资助计划的目的在于加大奖励和扶持优秀原创科普作品的力度，引导、鼓励和支持更多社会力量参与科普图书的创作和出版，营造鼓励原创科普图书创作、出版的环境和氛围，繁荣科普图书市场，以创作出版更加丰富、更加优质的科普图书。

2009 年繁荣科普图书创作资助计划的对象是优秀科普图书作、译、编者和科普图书创作基地，计划资助 40 名科普图书作、译、编者和 5 个科普图书创作基地的编辑团队。资助总经费为 300 万元，对每名科普图书作、译、编者的资助经费额度一般不超过 5 万元，对每个科普图书创作基地的优秀编辑团队资助经费额度一般不超过 20 万元。

根据繁荣科普图书创作资助计划工作实施方案，资助计划共与 19 个编辑团队，19 个（名）创作团队（者）以及 6 家出版社签订了协议。19 个编辑团队的资助款项计 86 万元，19 个（名）创作团队（者）的资助款项计 84 万元，6 家出版社的资助金额计 120 万元。本次资助计划总金额达 290 万元。

2009 年中国科协繁荣科普创作资助计划资助的出版社有：上海科学技术出版社、少年儿童出版社、上海科技教育出版社、科学出版社、中国大百科全书出版社、科学普及出版社。资助的优秀科普图书编创人员包括以下图书的作者和编辑：

表 3-7　中国科协 2009 年度资助优秀科普图书作者、编者名单

序　号	作　品　名　称	出　版　社
1	《中国儿童百科全书·上学就看》	中国大百科全书出版社
2	《书本科技馆》	科学普及出版社
3	《数学家的眼光》	中国少年儿童出版社
4	《潘家铮院士科幻作品集》	中国少儿新闻出版社

序 号	作 品 名 称	出 版 社
5	《彩图科技百科全书》	上海科学技术出版社
6	《知名专家进社区谈医说病丛书》	化学工业出版社
7	《E 时代 N 个为什么》	新世纪出版社
8	《沼气用户手册》	中国农业出版社
9	《协和医生答疑丛书》	中国协和医科大学出版社
10	《全球变化热门话题丛书》	气象出版社
11	《院士科普书系》	暨南大学出版社
12	《解读生命丛书》、《人类进化足迹》、《大脑黑匣揭秘》	北京出版社出版集团北京教育出版社
13	《中国儿童百科全书》	中国大百科全书出版社
14	《物理改变世界》（共 5 种）	科学出版社
15	《身边的科学》	少年儿童出版社
16	《相约健康社区行巡讲精粹丛书》	人民卫生出版社
17	《现代武器装备知识丛书》	原子能出版社
18	《农民科普丛书》	中原农民出版社
19	《十万个为什么（新世纪普及版）》	少年儿童出版社

2. 优秀科普作品奖励与推荐

2009 年，中国科协继续对优秀科普作品进行网上推荐，支持科普作家协会开展优秀科普作品网上推荐活动，利用网络的开放性特点和传播优势，进一步扩大了优秀科普作品的共享范围。截至 2009 年年底，网站已收录各类科普图书 2 000 余部（册）、科普作家介绍 130 余人、出版社近 200 家以及各类书评 500 余篇，网站的浏览量已经达到 45 万人次。

农业部、中国科协开展首届农民科学素质宣传教育优秀作品征集活动，共选出 100 部优秀科普作品向社会推介。环保部举办第二届 ERM 环保科普创新奖颁奖仪式，鼓励基层科技人员积极创作环保科普作品。国家自然科学基金会设立科普项目专项，推动将自然科学基金资助项目研究成果转化为科普资源。河北实施了第 5 批社会化科普资助项目，对《新农民图书——用科技揭开迷信的面纱》等 26 个项目实施资助，并组织开展了第一届河北省优秀科普资源评选活动，进一步加强了科普资源库建设。吉林召开新中国成立 60 周年优秀中医药科普图书著作奖、出版奖颁奖大会。山东组织开展优秀科普资源征集评选和科普资源开发项目申报活动，共征集原创科普资源近百项，进一步集成了全省优秀科普资源。广东举办第 4 届广东科普作品大赛，征集科普动漫作品上千件。新疆维吾尔自治区开展第二届优秀科普作品评选活动。这些工作充分调动了社会各界参与科普资源开发的积极性。

三　制订科普资源开发应急工作预案，应急科普资源开发和共享服务机制进一步完善

1. 首次制订科普资源开发应急工作预案，加强应急科普资源开发

为向公众宣传普及预防知识，加强公众的自我保护意识，提高公众的自救能力，预防社会公共突发事件和重大自然灾害，2009 年，中国科协首次制订了科普资源开发应急工作预案，进一步协调、理顺了与相关单位间的关系，明确了工作内容和操作流程，保证了工作有序开展。按照灾害的类别和学科制定了开发方案，全年累计开发应急类科普挂图 19 套。

科普资源开发应急工作预案的制订以及相关共享机制的建立和完善，及时有效地为各地科普部门和工作者提供所需科普资源，并适时地向公众宣传普及预防知识，加强了公众的自我保护意识，提高了公众的自救能

案　例　1

开发甲型 H1N1 流感应急科普资源

2009 年，甲型 H1N1 流感爆发，肆虐全球。我国各级政府部门对此高度重视，迅速采取各种措施积极应对。为做好甲型 H1N1 流感防控知识的宣传普及工作，提高公众自我保护意识和防病能力，中国科协科普部与中国健康教育中心/卫生部新闻宣传中心、中华预防医学会共同开发制作了一套预防甲型 H1N1 流感健康教育材料，包括《甲型 H1N1 流感可防可控》张贴画一张、《预防甲型 H1N1 流感须知》折页一张、《预防甲型 H1N1 流感》挂图一张，通过广播和电视节目服务平台向公众广泛宣传和普及甲型 H1N1 流感预防知识，并将资源上传到中国数字科技馆，通过互联网服务工作平台，提供给各地共享使用。

力。为加强预防社会公共突发事件和重大自然灾害，应急科普资源开发与共享已成为科普资源共建共享的一项重要任务。

2. 围绕重大安全事故和科学热点问题开发主题科普展览

根据近年来全国发生的重大安全事故和公众关心的热点问题，组织力量将其中的心理健康、食品安全和科学防灾避险等 3 套主题展览制作成实物。其中，心理与健康主题科普展览由中国科协科普部主办，中国科学院心理研究所承办。展览以"传播心理知识、关注心理健康、提升心理素质、促进心理和谐"为办展理念，具有普及性、创新性、趣味性、实用性四大特点，努力将科学传播、健康教育、人生教育融为一体，使参观者在参与和互动过程中了解心理与健康的相关知识，树立正确的心理健康观念，并帮助观众把看到的心理知识在生活中加以运用，让观众学会永远保持健康快乐的心理状态，让每一天的生活都充满阳光。心理与健康主题科普展览的展板分为 4 部分，共有展板 40 张；展品展示区分为 4 部分，共 20 项

展品，分别是探索"心"世界，了解"心"发展，拓展"心"视野和体验"心"生活。

食品安全主题科普展览由中国科协科普部主办，中国质量认证中心承办，东方皓歌（北京）国际文化传媒有限公司设计制作。食品安全主题科普展览包括视频展示、展板展示和互动性展品三部分，适合各地中小型场馆巡回展出。视频展示区以《WHO 2007 年〈食品安全五大要点〉培训手册》为蓝本，设计制作了《家庭食品安全基本原则》趣味动漫短片，通过生活中的具体事例，让观众掌握相关的家庭食品安全常识。展板展示区由 60 余块展板组成，包括前言、食品安全管理、食品安全问题、食品安全消费、食品安全知识、展望等 6 个方面内容，以图文并茂的卡通形式，生动形象地展示了食品安全方方面面的具体内容。展品展示区由 22 件互动性展品组成，包括多媒体互动性趣味展品、各类游戏互动展品、食品模型展品，互动投影展品等。展品寓知识于娱乐中，特别适合中小学生参观、参与互动，使观众在愉悦和趣味的氛围中参与活动，提高食品安全意识，掌握食品安全知识。

科学防灾避险科普展览由中国科协科普专项资助，北京盛世鑫龙展览展示有限公司设计制作。公众安全避险逃生知识普及展览包括展板展示、互动性展品展示和视频展示 3 部分。展板展示区由 50 多块展板组成，内容选择了日常生活中最为常见且可能遇到的自然灾害、突发事件以及生活中易于发生又危及生命安全的突发事件，改变了知识的叙述方式，以琅琅上口、熟知易记的打油诗为体裁，配以时尚的漫画表现形式，使科普宣传更加易懂、易记、易行、易用；互动性展品展示紧扣主题，研究、设计、制作了 21 件互动展品，在娱乐中学习科学，掌握应急、应变的方法和窍门，由此构成了一个内容精准适用，主题特色鲜明，形式生动活泼，融知识性、可看性、娱乐性于一体的流动科普课堂，既可在大展厅布局，亦可在小展厅展示，且便于拆装运输；视频展示区以公众安全避险逃生知识为基准设计制作了趣味短片，通过对相关知识的了解，加深观众对安全问题的深刻认识。

3. 进一步开发集成新的科普资源

为配合重点科普活动和全民科学素质工作的需要，进一步开发集成一批新的科普资源。2009 年，围绕工作主题开发集成科普挂图 75 套（含应急类科普挂图），科普电视系列节目 11 套。为方便地方科协开展科普工作，将其中部分资源（26 套挂图印刷版、11 套音像节目）刻成光盘，在科普日之前提供给各省科协，同时将相关资源在中国数字科技馆上展示并提供服务。

四 加大五个服务平台的建设力度，提升科普资源服务能力，进一步加强科普资源共建共享的社会效果

（一）拓展展览资源共享服务平台的服务范围

进一步开发集成科普展览资源，拓展巡展范围。2009 年，组织开发设计了 9 套主题科普

展览；组织"节约能源 保护环境"、"建设节约型社会"、2008 年全国科普日北京主场展览"坚持科学发展，建设生态文明"和"探月交响曲"等 5 个主题科普展览在全国 24 个大中型城市进行了 24 场次巡展；实施中小科技馆支援计划，在福建罗源县科技馆、安徽省桐城市科技馆、新疆昌吉州科技馆、疏附县科技馆、巴州少数民族科普工作队等全国各地举行了 39 场次巡展活动。

巡展提高了资源的利用效率，加强了资源的社会共享，提升了科技馆的社会服务效果。据统计，主题科普展览参观公众达到 85 万人次；中小

> **案 例 2**
>
> **中小科技馆支援计划在新疆焉耆**
>
> 2009 年 3 月 12 日至 4 月 27 日，由中国科协主办的中小科技馆支援计划巡展活动在新疆维吾尔自治区巴音郭楞蒙古自治州焉耆县青少年科技活动中心举行。展览通过生动形象的实物和模型、内容翔实的展板等科普资料的展示和科技辅导员精彩的讲解等多种方式，吸引了广大青少年前去参观。据统计，40 多天来，约 2.3 万人次参观了展览，活动受到了社会各界的广泛关注和热烈欢迎。此次科普展览提升了焉耆县科普工作者对科普服务的认识，得到了县委领导的充分肯定，并催生了该县的科技馆建设。

科技馆支援计划参观公众达到 45 万人次。巡展不仅对当地科技馆科普工作者进行了培训，而且激发和提升了这些科技馆的服务能力。如中小科技馆支援计划有效激活了很多地区中小科技馆的展教功能，为科技馆的建设和发展带去了希望和契机。

（二）进一步提升广播电视节目服务平台的制作水平

1. "科普大篷车"加大了广播电视栏目的制作和推广力度

2009 年，"科普大篷车"电视科普栏目制作普通话版 104 期，累计 1 560 分钟；维语版 52 期，累计 780 分钟；哈语版 52 期，累计 780 分钟。该栏目还积极配合全国的科普宣传活动，开发了特别节目，如《全球严防甲型 H1N1 流感》2 集，累计 30 分钟，科教片《天象奇观日全食》1 集，30 分钟。2009 年，"科普大篷车"广播栏目共制作普通话版 260 期，3 900 分钟；对科普日、科技馆新馆开馆、日食天象等科技热点进行了专门的宣传报道，积极配合科协各项工作及重大活动制作特别节目。

"科普大篷车"广播栏目 2009 年获得中国广播电视协会、科教广播委员会创优节目二等奖。该广播栏目正努力打造目前我国唯一的面向全国的科普广播节目。

2. 全国农村党员干部现代远程教育电视栏目不断创新

从 2009 年 3 月起，全国农村党员干部现代远程教育"科普之窗"电视栏目开始在教育频

道播出，截至 2009 年 9 月 30 日，共制作完成节目 150 期，4 500 分钟。

3. 倡议建立全国科教影视节目共建共享平台

2009 年，中国国际科教影视展评暨制作人年会在南京举行。此次年会共收到科普影视国内作品 117 部，国际作品（来自 14 个国家）52 部，其中 45 部作品入围。为了充分展示年会优秀作品，会前，45 部入围作品已在中国教育台三套进行了展播。会后，获奖影片还在 2009 年科技周和全国科普日期间，在中央电视台、江苏电视台、山东电视台、辽宁电视台、上海教育电视台和吉林电视台等媒体播出。在此次会议上，成立了全国科教影视节目共建共享平台，并以此为基础，逐步引进国外优质科普影视资源。

（三）科普活动服务平台

围绕全民科学素质纲要工作主题，开发了"节约纸张、保护环境——2009 年青少年科学调查体验活动"科普活动资源包（包含《活动手册》及活动器具），用于开展活动。

（四）科普出版物配送服务平台

立足地区需求，重点支持，努力扩大服务覆盖面，确保科普资源信息沟通方便、物流快捷。

案 例 3

辽宁绿色科普信使行动

2008 年，辽宁省科协与省邮政公司联合开展绿色科普信使行动试点工作，取得比较理想的效果。具体方式为省级科协定期将交寄的农村科普挂图交到邮政公司，并提供科普挂图寄递的相关信息，包括寄达地名称（市、县、村）、邮政编码、收件人姓名、挂图粘贴的详细位置等。省邮政公司按国家规定的处理时限、频次将上述邮件按挂号邮件予以收寄、封发。邮递员将农村科普挂图投递在指定地点，并更换张贴。各县科协指定邮递村的村委会作为收件人，负责签收邮件，并在邮递员的回执单上签字盖章，以证明邮递员所做工作。目前辽宁省有 20 个县市、699 个宣传栏参与了此项活动，取得了较好的宣传效果。

2009 年，科普出版物配送服务平台调整了科普资源配发思路，一方面，充分了解需求，加强科普资源需求信息的交流；另一方面，变全部免费配送为重点品种、重点地区有针对性地免费配送。

首先，针对不同地区和不同活动的科普资源需求进行配送。根据新疆克拉玛依市科协、内蒙古乌海市气象局要求配送展板一套 23 件；配合日全食活动配送日全食观测护目镜 7 860 个；配送反邪教日食科普知识光盘 3 000 张；为全国科普大篷车配送防灾减灾展板 194 件、科普资源包 DVD10 种共 640 份、科普大篷车特别节目 DVD《环球科技系列片》11 种共 1 020 份、节约纸张手册 5 000 册、校外活动实验器材 1 355 套、青少年紧急避险安全知识手册 50 000 册、《科学素质月刊》20 000 册。

其次，对重点地区进行重点支持。大力扶持科普资源在农村及边远、民族地区的使用，尤其向一些受灾严重地区和贫困地区捐赠科普挂图。支援云南楚雄州地震灾区抗震救灾类挂图 4 680 张、支援国家级贫困县武强县预防甲型 H1N1 流感挂图 400 张，总计 18 306 张。加强与农技协的联系，帮助农技协制作印刷了《工作手册》、《农业优良品种、实用技术、新产品 400 例》、《重庆——农民专业合作组织与农村改革发展研讨会征文汇编》。为农技协配送《工作手册》、《农业优良品种、实用技术、新产品 400 例》各 20 000 册。完成了 2009 年科普大礼包配送工作。为农函大配送招生简章 9 000 张。向地区（单位）配发征订单和挂图小样，充分调动地方科协参与科普资源开发与建设。此外，还为江西九江市科协提供 110 张科普挂图的电子文件，供其喷绘在火车站近 200 米的画廊进行科普宣传。开展探索科普资源进企业、进乡村、进学校、进社区、进军营、进商场、进少数民族科普工作队、进电子画廊、进科普电影放映队、进公共场所等的途径和方式，并摸索常态化的工作方式。

再次，总结推广地区科普挂图配送模式。为实现基层每月张贴一张科普挂图并能够按月更新的目的，支持地方科协进行有益探索，总结推广成熟的模式，如"辽宁模式"（利用邮政系统的优势）、"山西模式"（利用科普惠农工作站）、"广东模式"（利用社会资金、社会力量）等科普挂图配送模式。

案 例 4

广东"三位一体"配送服务模式

广东构建了"三位一体"的配送服务模式，一是建立互联网展示与征订电子商务平台，展示科普挂图，并与全省纲要办成员单位、科协系统以及广州市节约用水办公室、广州白云山和记黄埔中药有限公司、广州奇星药业有限公司等政府、企事业等单位合作开发科普挂图，共享科普挂图与科普宣传栏；二是与邮局签约合作，通过邮递员配送科普挂图，维护科普宣传栏；三是应用 SMS 通信技术，及时发送、收集科普资源配送状态信息，实现快捷、便利、优化的科普资源配送服务通道。

案 例 5

山西科普惠农服务站模式

山西省科协充分利用科普惠农服务站分布广、深入基层的优势，与省邮政公司共同实施科普惠农绿色通道工程，通过会员制的形式为农民提供服务。简而言之，就是到科普惠农服务站办理科普惠农绿色通道工程会员卡后，就能享受农科 110 VIP 服务，每半个月获赠一本《今日农业》会刊，在指定地点优惠购买指定品牌的农资产品等 5 项服务。这些服务由全省 3 000 名乡村邮递员提供，乡村邮递员定期向农民会员配送科普报刊、科普惠农挂图等资料，满足其农业信息、技术、农资等方面的需求，并负责每月定期更换科普挂图，维护科普惠农信息栏。

（五）加强互联网科普服务平台对科普资源的整合与共享服务

1. 以中国数字科技馆为核心的科普资源库及库群门户公共网络服务平台初步建成

2009 年，中国数字科技馆完成了项目任务书确定的各项资源建设目标，包括 30 个虚拟博物馆、20 个网络科普专栏、40 个专题虚拟科学体验区、科普资源库数据量达 1TB，全部整合在门户平台。提供资源下载服务 4 431 次，访问量达 106 910 572 次。

2009 年，中国数字科技馆对资源建设方式进行了新的尝试。继续进行精品科普期刊、科普图书的网上展示，制作了 2009 全国科普日网上游，引进了国际钢网上的科普游戏《铁的一生》，配合开展了全国科普动漫网上征集活动等。在大型科普活动和应急科普中也发挥了积极作用，追踪国家重大科技事项和社会关注的热点问题，梳理馆内资源，整合 CAST、CPST 两网和科协其他单位的相关资源，及时推出相关专题，重点推出中国数字科技馆中可下载资源，向公众进行相关科普知识的宣传。目前共推出了抗旱减灾、防灾减灾、2009 国际天文年、水灾等专题。加强系统维护技术人员的培训工作，优化中国数字科技馆系统结构，提高对外服务质量。针对资源组织、资源展现等进行了功能扩展，针对资源集成的流程功能进行了扩展，针对流媒体服务功能进行了扩展。

2. 中国互联网协会网络科普联盟组织开展形式多样的科普服务活动

中国互联网协会网络科普联盟组织开展了网络科普服务工作，参与组织实施了心的和谐——青少年健康上网活动；邀请相关专家、教育工作者、网络科普工作者、新闻单位记者，举办了心的和谐——青少年健康上网座谈会，围绕"青少年健康上网"主题发表观点，并在中国网进行了网络直播。

开展丰富多彩的网上科普宣传活动。与中国地震学会合作，在网易新闻频道开通了"在预防中远离地震威胁"专题，普及地震科学知识，提高全面防震减灾意识。该专题同时在人民网、中国网等进行链接，以扩大活动的社会宣传效果。协助举办了探秘日全食活动，对活动进行现场网络直播、组织网站发布活动信息，共有 106 个网站宣传报道了探秘日全食活动。组织网站对第三届全国公众科学素质大赛进行了相关宣传报道。

举办各种网络科普交流活动。一是举办科普沙龙。为发动广大科技工作者通过互联网开展学术交流活动，扩大网络科普的受众面，举办了网络科普沙龙。网络科普沙龙围绕数字科普、3G 与公众生活、青少年健康上网等主题，举办了多次网络科普沙龙，每次邀请 20 多位专家、学者围绕社会热点话题进行交流、研讨。同时，沙龙内容经过整理后在网络科普联盟网站的"观点与心得"栏目中发布。二是召开网络科普座谈会。邀请网络科普专家、网络科普联盟成员单位、科普机构等 70 多人参加，围绕网络科普资源整合、搭建服务平台、加强分工协作和今后工作方向等问题进行探讨研究。

利用网络开展科普调研。一是开展全国网络科普设施监测评估工作。邀请中科院科技政策与管理科学研究所、中科院研究生院人文学院科技传播中心、清华大学新闻与传播学院媒介调查实验室、北京科技大学工业设计系、北京市科研院科普中心等单位的专家组成了课题研究组，调查全国网络科普设施基本情况，研究制定了《全国网络科普设施监测指标》，通过技术监测、人工数据采集、网络调查问卷、典型调查、专家访谈等方法，对601个网络科普设施现状进行监测，对全国网络科普设施的发展特点、存在的主要问题进行分析、研究，提出今后的发展建议。同时建立了全国网络科普设施信息库。二是开展科普调查。中国互联网协会网络科普联盟组织与中科院心理所合作，邀请专家和教育工作者根据活动主题设计调查问卷，联合北京、内蒙古、河北、山西、甘肃、江苏、湖北、四川、广东和云南等10个省、自治区、直辖市的成员单位，组织1.5万名青少年参加了信息时代青少年健康方式问卷调查，同时在人民网、中国网、新浪网和腾讯网等4个网站发布了调查问卷，进行了网上调查。

案 例 6

信息时代的青少年健康调查

2009年，中国互联网协会网络科普联盟组织组织专家到云南进行网络科普和青少年健康上网调研，并同期召开了全省12个州、市参加的网络科普座谈会。向12个州、市科协、教育工作者赠送了200套科普光盘。在云南期间还深入楚雄彝族自治州师范附小、腾冲县中心小学实地了解学生上网情况，专家亲自辅导学生上网，并给他们讲解科学知识。

组织2009世界信息峰会大奖评选工作。受中国互联网协会、中国香港互联网专业协会的委托，中国互联网协会网络科普联盟组织负责组织2009世界信息峰会大奖电子科学与科技类项目的评选工作。经过专家评审，由网络科普联盟推荐的化石网被提名代表中国参加2009世界信息峰会大奖电子科学与科技类项目的评选，苏州科普之窗获得2009世界信息峰会大奖中国区优秀提名奖。2009年5月，在2009世界信息峰会大奖评选中，化石网获得最佳电子科学与科技奖。

3. 加强了中国公众科技网建设

对中国公众科技网进行了改版。增设了"沙漠与草原生态"、"防灾减灾"、"读书"、"膳食营养"、"合理用药"等栏目，优化了科普资源导航、在线科普竞赛、科技日历、科普影院，编辑制作了中国公众科技网光盘版，并搭载科普大篷车发送到全国各地的基层科普站点，作为科普内容资源供民众浏览。

充分发挥网络对科学的传播作用，发布科普文章。2009年，中国公众科技网发布科普文章7 210篇，共810.32万字，3 392幅图，其中3 690篇是原创、翻译、专稿类稿件。网站日均访问量 27 488 人次，日均访问页面数 156 051 个。评选出十大科普事件。与媒体合作，邀请科技界、科普界、科技新闻界的专家、学者终评，评选出了中国公众科技网 2008 年度十大科普事件。启动评选了 2009 年度十大科普事件，并在《大众科技报》和中国公众科技网发布了 2009 年度十大科普事件评选结果和年度十大科普事件预选科普事件；中国公众科技网组织采编工作小组对在上海召开的 2009 国际健康生活方式博览会进行了在线直播和采访报道。

加强合作，促进网络科普资源的共享。与广东省科普信息中心合作，配合科普工作，采编发布了"中国学生营养日"、"春季养生、肿瘤防治宣传周"、"2009 世界精神卫生日"、"全国食品卫生宣传周"等 5 个专题；组织了"知识阶层营养和改善"、"贫困地区学生营养改善"、"长寿老人饮食"、"学生营养日"、"女性科学保健"和"国际天文年和日全食"等 6 场在线访谈。

随着科普资源共建共享实践的深入，科普资源理论与实践研究也取得了很大进展。2009 年，以科普资源共建共享研究为重点，围绕涉及科普资源建设的一系列重要问题，针对工作中存在的重点和难点问题，中国科普研究所进行了科普资源理论专题研究。中国科协组织开展的"我国科普资源共享模式运行分析及战略研究"、"科普场馆展品数据库开发"、"科技馆建设工作指南" 3 个课题均按照计划完成了预期目标，并通过了专家委员会的鉴定。这些专题研究成果取得了突破性进展，已逐步应用于科普资源建设实践，指导推动科普资源共建共享工作。

（本文作者：张　锋　单位：中国科普研究所

侯春旭　单位：中国科协青少年中心）

大众传媒科技传播能力建设工程探索科普新途径 打造媒体资源平台

2009 年，大众传媒科技传播工程在前几年已经取得较好成果的基础上，在社会各方的关注和支持下继续平稳发展，同时积极探索科普的新途径，以创新寻求突破，各类媒介都有较佳表现。2009 年，大众传媒更为关注农村，对农科技传播力度增强，在促进农民科学素质提高方面的作用凸显；大众传媒也更为关注对应急事件、热点事件的科普，在针对日全食、甲型 H1N1 流感、全国科普日等热点问题的科普宣传方面成效显著；同时，社会力量支持和资助科普创作，打造各类媒体资源平台，致力于繁荣科普图书、影视的创作，促进媒体资源共建共享。在本年度的各类评奖活动中，优秀科普作品屡获大奖，这既是对科普工作的肯定，也是大众传媒科技传播能力提升的表现。

一 大众传媒积极探索科普新途径

（一）电视科普稳中求进

1. 科教频道总体数量及收视稳定

根据 2010 年《中国电视收视年鉴》及搜视网搜索统计，截止到 2009 年年底，我国内地共有省级（包括副省级）以上科教频道 14 个，其中，国家级科教频道 1 个；省（自治区、直辖市）级科教频道 11 个，副省级科教频道两个。与 2008 年相比没有变化。

国家级科教频道——中央电视台科教频道（以下简称央视科教频道）已逐步发展成为中央电视台一个特色鲜明的专业频道。2009 年，央视科教频道完成收视份额 1.09%，相比 2008 年收视份额提升了近一成，到达率为 12.53%。与 2008 年相比，2009 年收看央视科教频道的观众中，4~14 岁、15~24 岁和大学以上学历的观众收视份额增长幅度较大。

在省级电视台科教频道中，北京电视台科教频道通过改版，收视份额实现快速增长，2008 年，其平均收视份额位列北京地区的第七位，到 2009 年其位次上升至第三位。其他科教频道如天津电视台科教频道及副省级频道中的南京电视台科教频道、武汉电视台科教生活频道收视也都平稳中有所上升。

2. 通过频道改版寻求突破

（1）央视科教频道

到 2009 年，央视科教频道已经走过了 8 个年头。在它的带动下，许多省级电视台也建立了科教频道，并以它为模式进行创建，这显示了其巨大的影响力和为中国电视科普所作的贡献；但同时其他频道的模仿也造成了央视科教频道的特点和优势不再明显，栏目同质化现象较为严重。基于这些原因，2008 年 12 月 29 日，央视科教频道宣布改版。

2009 年，改版后的央视科教频道更强调频道品牌化，注重资源整合和编排，强调服务社会、服务大众的传播诉求。在频道的新版中特别打造"午间知识板块"，把原来在晚间首播的"科技之光"调整到了午间时段，以填补科技类节目在午间时段空白的局面，为午间的电视节目增加新的亮点，使科教频道的科技类栏目形成早间、午间、傍晚和晚间均有播出的合理均衡布局，并使之同"子午书简"、"希望英语"和"百家讲坛"相容顺接，为观众提供一个知识的海洋。

同时，新创办一档名为"我爱发明"的栏目，以弥补科教频道的栏目相对来说静态的偏多，观众的参与性和主动性不足的缺点。开办这档节目旨在发现普通老百姓的奇思妙想，让更多的老百姓登上这个舞台，激发全民科技创新热情，调动更多公众对发明创造的兴趣，增进科教频道的互动性。

链接
1

"我爱发明"栏目于2009年2月8日正式开播,是国内首个鼓励国人通过自己的发明创造创业的电视节目。其主旨是鼓励全民以智慧立业,传达"发明改变命运,智慧创造财富"的理念。节目形式为内景演播室结合外景短片,其中内景演播室设置主持人和嘉宾。节目注重发挥观众的参与性和主动性,改变以往科普栏目多是静态的以讲述为主的状态,是对科普栏目表达方式多样化的有益尝试。栏目开播以来,观众反响强烈。

节目每期时长50分钟。

播出时间:首播:周日19:35 重播:隔周日7:55 14:00

除新打造"午间知识板块"外,进一步强化傍晚时间栏目的播出。改版后的央视科教频道新的播出格局中,继续推进具有良好收视基础的新版"人与社会"的品牌建设,并与"健康之路"形成傍晚时段的健康服务板块;同时在周日傍晚形成一个特殊的节目编排方队,把"科学世界"、"第十放映室"和"我爱发明"三档内容、风格完全不同的栏目顺次衔接,打造成一个周日傍晚三部曲,以浏览国际科学前沿、个性解读电影文化、展示奇思妙想、启迪人生智慧。

链接
2

2001年7月9日,央视科教频道正式播出,定位为"科教",以科、教、文节目为主。

2005年,央视科教频道收视份额为0.63%,从2001年开播到2005年,属于在低水平上的高速发展阶段,收视的增长幅度都在40%左右。

2005年年底,进行了央视科教频道开办以来的第一次改版,围绕品牌化建设和精品化栏目打造,频道播出栏目由33个压缩到23个。

2006~2007年,两年的收视份额均超过了1%,调查数据显示,央视科教频道的观众满意度高达85%,入户率达到70%,进入了A类频道的高水平稳步发展阶段。

2008年12月29日,科教频道第二次改版。

（2）北京电视台科教频道

2009年,以凝重沉稳为频道风格的北京电视台科教频道在新年里华丽转身、更换包装,并推出了一系列的新栏目。改版后的科教频道有3个突出变化:第一是时段编排,在晚间黄金档节目上下大工夫,用全新的形式包装、改造这些栏目,将全天分为人文、法治、科学健康等几大时段;第二是推出《传奇》、《寻秘》、《珍品档案》、《传奇中国》等高品质纪录片;第三是打造由明星担纲主持的全新节目。

在科普栏目方面,北京电视台科教频道改版的突出表现是推出全新自制栏目"科学实验室"。这是一档全新的生活类科普栏目。在倡导科学、健康、乐观的生活方式的今天,纯科技类节目和纯生活类节目都不少，但能用科学去解读生活的节目并不多，也不精。"科学实验室"栏目从生活出发，以科学为手段，以实用为目的，全方位提供简单好记又好用的生活指南。它如同一个生活的放大镜，借用"较真儿"的思维和视角，用科学实验的方式，帮助观众找出生活中每一个细节中的学问。节目设置为每天回答一个观众的咨询热线，每天播放一个专题片，每天教观众一个生活小窍门。"科学实验室"栏目与科委的权威科研机构紧密合作，借助科技各个领域的专家资源为观众提供最权威的实验检测等技术支持，从日常生活用品到蔬菜、水果、衣服等，"测"出学问，"测"出乐趣。

目前，"科学实验室"栏目已推出《缓解便秘的"黄金搭档"》、《冬季揭秘五色食物》系列五集《关节炎食疗大法》、《民间止痛偏方管不管用？》、《衣物除菌——消毒液的误区》等多期生活科普节目。因为节目内容贴近百姓生活，兼顾实用性和娱乐性，节目播出以来，得到了广大观众的认可和喜爱。

> **链接 3**
>
> "科学实验室"——你想我来试！它是一个生活的放大镜……让我们来找出生活每一个细节中的科学……2009年BTV·科教，"科学实验室"帮您解构生活中每一个细节，点亮精彩的智慧生活！
>
> 播出时间：首播 17:25～18:40（每日）　重播 7:15（每日）

3. 品牌科普栏目不断寻求创新

"科技博览"、"科技之光"、"科学世界"、"走近科学"、"智慧树"、"芝麻开门"等栏目吸引了大量的稳定观众，取得了良好的收视率和社会效益。这些老牌科普栏目不断努力创新，策划制作的《恐龙消失之谜调查》、《院士的世纪人生》等节目，在提升科学含量的同时，还保持了节目的生动有趣。中国科协继续与中央电视台合力打造"大家"、"科技人生"栏目，向两个栏目推荐多位优秀科学家作为科普宣传的典型。北京电视台"魅力科学"栏目以"科学好看、科学好玩、科学改变生活"为制作理念，以讲故事、设悬念的专题片形式展现科学思想和科学精神，成为观众喜闻乐见的科普窗口。

两年一届的公众科学素质大赛是落实《全民科学素质纲要》电视媒体宣传任务的一个重要组成部分。2009年第三届公众科学素质大赛于2009年8月制作完成，10集系列节目名为《全国公众科学素质展示》，以"科技之光"栏目特别节目形式于2009年12月22日至31日播出。本届公众科学素质大赛名称为"危机时刻"，以"安全、健康"为主题，共5场，每场45分钟。共32个代表队，96名选手，通过竞赛形式向公众传播危机急救、健康安全知识，提高公众科学素质。

（二）图书科普发展空间扩大，整体形式好

1. 科普图书出版和市场销售形势较好

2009年，《中国阅读——全民阅读蓝皮书（第一卷）》出版，全国全民阅读活动经验交流会召开，将全民阅读活动推向更加深入、广泛的层面。全民阅读活动的倡导也为科普图书的生存赢得了一些发展空间。

从出版社方面来看，2009年科普类新书的出版数字比较乐观。据保守统计（不包括少儿类、生活健康类、实用技术类），科学普及出版社共出版科普新书321个品种，约占当年整个新书品种的54%；科学出版社出版科普类图书300余种，占其当年新书出版种数的10%以上。

从图书市场来看，自2009年年初以来，通过北京开卷信息技术有限公司所监测的图书零售市场的数据表明，各月畅销书总榜榜单均以非虚构类图书为主，其中最受关注的当属大众健康主题和经济金融主题。大众健康类图书在2009年畅销书中所占数量不少，但是从选题角度和营销运作方式来看与前两年并未出现明显的差别，而且此类图书总体的销售热度和以往相比并不算强——也正是这方面的原因，造成了大众健康图书乃至整个生活类图书的年度同比增长率比往年有所降低。然而，大众健康类图书的畅销也说明了现代人愈来愈注重生活品质的理念，这也是科普图书生存状态中一个值得注意的倾向。

2. 各级各部门直接编印大量科普图书

国家民委面向少数民族地区编制"双语"科普资料。农业部紧密围绕《农民科学素质教育大纲》主要内容，组织编印《农村致富新技术》等系列科普图书及挂图。中科院依托中国科普博览网站的资源优势，从2008年开始出版《中国科普博览》科普丛书。国家气象局大力加强防灾减灾和应对气候变化科普图书的策划和开发，组织编写《气候变化高端访谈》、《气候变化》（大学教材）、《农村气象防灾减灾》科普系列丛书等图书。共青团中央编制了《新农村新青年》文库，以农村青年最迫切需要的实用知识和技术为重点，编写出版和谐家园、发展生产、科普宣传等8个系列50本图书。

北京市科协积极开发"首都科学讲堂"衍生品，出版书籍《名家讲科普》，编辑出版《北京市全民科学素质系列读本》丛书，编印《中国十大科技传播人物画传》。福建开展了《福建省全民科学素质工程科普教育》丛书编辑出版工作，首批《新农村建设篇》（6本）和《青少年科技篇》（3本）已出版。湖南围绕农业生产，组织专家编制了农村实用技术手册26种；针对从小学三年级到初中三年级设置的科技活动地方课程，分别开发了通用版、城镇版、农村版3种教材。陕西出版了《科普惠农耀三秦》、《甲型H1N1流感防控知识手册》等科普图书。新疆

编辑出版《新农村畜牧养殖手册》（哈文版）8 000 册，向全州 15 个哈萨克乡镇免费发放；出版科普童话小说《尤奇的一生》等。

（三）报纸科普关注低碳传播

在中国，"低碳"当前已经成为一个热门词汇，为科技界、政府管理界和城市公众所知晓，一些城市在打造低碳城市，一些家庭在试点低碳家庭，社会提倡"低碳坐言立行"。低碳概念的传播和普及，报纸功不可没。

清华大学副教授刘立等人对低碳的传播进行了专门研究。刘立、刘玉仙的"低碳概念在中国的传播与普及初探——对《人民日报》和《新民晚报》的计量分析"一文，选取了担当着党的喉舌作用的党报《人民日报》和贴近百姓生活的生活类报纸《新民晚报》进行研究。研究认为，2009 年，随着"低碳"日益由一个概念逐步走向人们的生活，两份报纸与低碳相关的报道都出现激增现象，报道涉及低碳、低碳经济、低碳技术、低碳发展、低碳生活、低碳社会、低碳城市、低碳经济示范区、碳交易市场、低碳创新、低碳金融等。

2009 年,《人民日报》以上述低碳词为关键词对低碳概念和低碳行为进行报道的文章有 257 篇,超过了 2001~2008 年的总和。《新民晚报》的情况与《人民日报》类似,其 2009 年对低碳的报道量达到 282 篇,也超过前几年的总和。也就是说,一年 365 天的时间里,两份报纸有超过 70% 的时间有对低碳的报道,这种高频率是其他科普词汇所望尘莫及的。

表 3-8   2009 年低碳相关词汇在《人民日报》、《新民晚报》中出现的频率

	低碳	低碳经济	低碳技术	低碳发展	低碳生活	低碳社会	低碳城市	低碳经济示范区	碳交易市场	低碳创新	碳循环	低碳金融	总数
《人民日报》	126	82	15	6	9	4	9	2	3	1	0		257
《新民晚报》	152	74	6	7	24	3	15	0	1	0	0	0	282
合　　计	278	156	21	13	33	7	24	2	4	1	0	0	539

（四）网络科普力量不断壮大

1. 网络科普设施基本状况良好

截至 2009 年 3 月 30 日,我国网络科普设施有 601 个,覆盖了全国 30 个省、自治区、直辖市,主办单位包括各级科协及所属学会、政府部门、中科院、直辖市、新闻和门户网站、社会机构和个人等。在 601 个网络科普设施中,有 543 个网络科普设施在监测的 3 个月内都能正常运行,这些网络科普设施内容涉及 51 个学科,可访问总字数为 210 347 748KB,页面总数量为 10 337 395 个,图片 5 296 864 张,音视频文件 40 091 个,flash（动漫）34 029 个。

2. 优秀科普网站不断壮大

从 2005 年开始,我国网络科普设施的发展进入调整提高阶段。到 2009 年,早期一部分资源少、更新慢、经费投入不足的科普网站,特别是地区性的小科普网站陆续关闭;一批内容丰富,学科覆盖面广,趣味性、互动性强,互联网技术应用水平高,深受公众欢迎的网络科普设施建设完成,努力发展壮大自己的力量。181 个全国学会网站开设了科普栏目,成为推动网络科普设施发展的主要力量。个人科普网站进一步发展,科学松鼠会等个人科普网站根据公众的需求来设计科普知识的表现方式。科学博客逐渐成为公众都能参与的交互性科普方式,对于激发人们支持和参与科普网站建设的热情有积极意义。

（1）中国公众科技网

中国公众科技网是目前提供科普内容最专业、最权威的科普网站之一。现有一级科普栏目 23 个,发布原创和专有信息内容 8 700 多万字,拥有稳定的用户群体,同时还提供搜索引擎、

网络视频、网络社区等服务，是我国关心科普内容用户的首选网站。它的"科普网站导航系统"筛选收录了国内300多家科普网站和具有一定规模的科普栏目，对网站和栏目进行内容和主办方的分类整理，能够为用户提供全面客观、分类精准的科普网站导航和索引服务，使用户能够直观地了解国内各科普网站的特点，便捷地查找和浏览符合自己需求的内容。科普门户网站通过组织开展颇具特色的群众性、社会性、经常性科普宣传活动，将科普信息服务与科普活动相结合，强化科普信息服务的互动性，对于传播科学、启发民智意义重大，从而促进了我国网络科普事业的发展。

（2）中国科普博览

中国科普博览的网络虚拟博物馆具有较强的影响力。虚拟博物馆群包括生命奥秘、地球故事、星宇迷尘、科技之光、万物之理、文明星火六大展区。网站运用信息通信技术将科学信息变得更加通俗有趣、参与性更强。多媒体内容和交互式内容的运用更是拉近了科技与公众的距离。同时，网站的虚拟科学社区为科技工作者、科技传播从业人员和公众提供了交流互动的平台，内容覆盖自然科学和社会科学的诸多领域。

（3）苏州科普之窗

苏州科普之窗是地方科普网站，有较强的地域特色。其特色内容是地方特色板块和科普擂台板块。地方特色板块涉及的内容几乎涵盖了苏州本地的资源：地理建筑、名人、动物、植物、工艺、食物、医学等，包含各类图文并茂的信息千余条，主要介绍近期苏州市范围的科普新闻、科普动态、科普品牌活动；科普擂台板块以网上科普擂台赛为主，设有科普知识竞赛、科普摄影比赛等项目。

（4）化石网

化石网是专业的古生物科普网站，通过简单易懂的古生物知识和大量的古生物化石图片将相关信息传递给广大公众，表现形式多样，内容深入浅出。化石网不仅沿用古生物学家的文章，还欢迎广大的古生物爱好者来稿发表关于古生物或有关古生物科普的见解，大量原创性作品成为化石网可持续发展最重要的原动力之一。化石网的另一特色是高度互动，重视社群建设。除了主页上丰富的内容外，论坛中还有专家和网友的交流，特别是专家对公众科学活动的指导及公众参与专家的科学研究活动。

3. 门户网站科普（科技、科学）频道各具特色

除上述专业科普网站外，人民网、新华网、中国网、新浪网、搜狐、腾讯、网易等新闻和综合门户网站的科技频道也在为公众提供网络科普信息服务方面发挥了重要作用。这些网站的科普信息量大，内容时效性强，在信息发布、专题制作、网上直播、深度报道等方面具有独特优势，公众关注度高。例如，新浪网科技频道内容全面，不仅设有专题文章，还有一些科技精英的专栏文章。网易科技频道设有科普等板块，内容比较实用。人民网科技频道的内容丰富、

权威、系统，以航天、生物、生命科学等专业学科为主要报道对象，集科普性和专业性于一体。

（五）广播科普表现突出

2009 年，中央人民广播电台始终重视与全民科学素质工作及全民科学素质行动计划相关的新闻报道工作，力争全面反映全民科学素质工作取得的积极进展，重点报道在落实《全民科学素质纲要》上的政府主导作用，充分利用中央人民广播电台各个频率的资源优势，同时结合记者投稿，客观准确地宣传报道了全民科学素质工作的进展，同时对全社会力量的共同参与进行宣传。大力加强公民科学素质建设的报道内容，促进经济、社会和人的全面发展。

中央人民广播电台设置有专门面向青少年的"小喇叭"科普栏目，并针对各类人群的特点制作了各种有特色的报道和专题节目，例如，《〈江苏省学生体质健康促进条例〉正式实施力推素质教育》、《开学伊始 上海各区县推出素质教育新政》、《山西农村广播建立首个科普惠农基地》、《嘉峪关建成国内首个科普气象塔》、《八部门开展"安全用药 家庭健康"科普宣传活动》等。据统计，2009 年，中央人民广播电台播出专门针对四大人群科普活动和措施的宣传报道达 500 余篇。

各地纷纷开设新广播科普栏目。安徽省在新闻综合广播中设立了"生活百科"等栏目，广西壮族自治区设置了"绿色之声"栏目，陕西开设"科普之声"栏目。这些栏目贴近百姓生活，受到了听众的好评，在进行科普宣传、促进公众科学素质提高方面发挥了积极作用。新疆人民广播电台开办"深入学习实践科学发展观"、"共筑诚信新疆"、"新疆辉煌 60 年"、"丝路新歌"等栏目，及时播发各地贯彻落实《全民科学素质纲要》，实施科技创新、科教兴县、提高全民科学素质。同时，为配合"科技之冬"，"科技、卫生、文化三下乡"等活动，开展适用技术、文明素质主题宣传活动，取得较好效果。

大众传媒在农村科普中的作用凸显

第八次中国公众科学素质调查数据显示，大众传媒是农民获取科技发展信息的主要渠道，其中，通过电视获取科技信息的农民比例为 93.0%，通过报纸的占 53.2%，通过广播、期刊、网络、图书的各占到 30.5%、22.5%、16.1%、11.6%。可见，大众传媒在农村科普中发挥着举足轻重的作用。正是意识到这种作用，大众传媒在国家大力强调要加强"三农"，要在各方面向农村倾斜，在村村通等政策出台的良好环境中，对农科普宣传的力度越来越大，面向农民的科技传播类节目也越来越多，大众传媒对提高农民科学素质起到的作用也越来越明显。

（一）广播、电视优化对农栏目设置

当前，我国内地共有 7 个省级以上涉农频道：央视少儿·农业·军事频道（农业节目只是

它承担的三项任务中的一个）、河北电视台农民频道、河南电视台新农村频道、吉林电视台乡村频道、浙江电视台公共新农村频道、山东电视台农科频道、陕西农林卫视频道。广播方面，现有省级涉农广播频道 6 个：山西农村广播、江西农业广播、山东广播农村频道、河南人民广播电台乡村·生活之声、陕西农村广播、河北农村频道。这些频道节目内容涉及农民生活、娱乐、健康等各方面，传播致富技术和信息也是其主要内容之一，有些台也设置有专门的农业科普栏目，比如河北电视台农民频道的"农科大讲堂"、山西农村广播的"农科随身听"等。除此之外，一些非农业频道，比如公共频道等也播出一些农业类科技节目；现有的科教频道，也有一部分科技类栏目在制作过程中考虑农民的需求。

2009 年，中央电视台对农栏目围绕《全民科学素质纲要》宣传重点，结合各栏目定位，播出相关专题报道 279 期，时讯报道近 60 条，播出总时长达 16 476 分钟。制作播出的"致富经"、"每日农经"、"聚焦三农"、"科技苑"等对农栏目系统地提供致富知识和经验，受到广大农民观众的好评。

链接 6

"聚焦三农"栏目为新闻资讯类栏目，节目包括时讯和深度报道。2009 年，该栏目共播出相关深度报道 23 期，每期时长 14 分钟、播出 3 次，总计播出时长为 966 分钟，约占该栏目播出总量的 6.3%。相关节目有《太空来的种子》、《决战"荒漠化"》、《遏制沙碱》、《让消防知识进农家》、《拯救洞庭湖》等。此外，该栏目还分别以《三农快报》、《三农视点》、《三农时讯》等新闻形式对《全民科学素质纲要》中的重点内容进行动态报道，播出总时长近 150 分钟。

"科技苑"栏目是一档以推广农业实用技术，传播与农业有关的自然科学和生态科学知识，提高观众科学素养为内容定位的专题服务类栏目。2009 年，该栏目播出相关专题节目 256 期，播出总时长达 15 360 分钟。相关节目有《紧急行动 科学抗旱》（5 集）、《阳光工程伴我行》（7 集）、《科技惠农惠万家》（5 集）、《节能减排》（4 集）、《捕鼠记》（3 集）等。

中央人民广播电台面向农民积极宣传科学发展观，重点开展保护生态环境、节约水资源、保护耕地、防灾减灾，倡导健康卫生、移风易俗和反对愚昧迷信、陈规陋习等内容的宣传教育，促进在广大农村形成讲科学、爱科学、学科学、用科学的良好风尚，促进社会主义新农村建设。宣传各种形式的科技下乡和群众性、社会性、经常性科普活动。深入宣传文化科技卫生"三下乡"、科技活动周、全国科普日等活动。发布《"中医中药中国行"中医药科普宣传活动走进贵州》、《大连市启动"科普视频惠农"工程》、《"国家科普能力建设南宁论坛"在邕举办》、《山西农村广播建立首个科普惠农基地》等稿件，累计篇目 89 篇。

中央人民广播电台"致富早班车"开展农业科技教育普及、政策法规宣传、致富信息提供，并将节目制作成光盘和录音带，与进村入户的"大喇叭"共同配合，将各种实用技术和信息送到农村。

吉林电视台开设有"科技与财富"和"乡村四季"等对农栏目，其收视率逐年提高，受到广大观众的欢迎。辽宁电视台设有农业版"科普与生活"、"科技致富"和"科普大篷车"等3个栏目。新疆电视台"农牧新天地"栏目全年播出 1 350 分钟，向农牧民群众宣传了特色种植、养殖等系列科普知识，维语"沃土"、"科技与教育"、哈语"科普之窗"，围绕农牧民科技致富、科技兴农、富余劳动力转移等内容，开展了多方位的科普宣传。河南电视台制作了 120 余期"科技天地"科普栏目，并开设"龙乡科技"、"科普田园"等电视栏目。广西电视台开设了兴业县农业信息互动频道。该频道覆盖全县 7.2 万有线电视用户，全天 24 小时播放，节目内容包括农、林、水、养殖等各类信息，让农民通过电话拨打点播热线即可根据自己需要点播到所需的农业信息。湖南人民广播电台乡村之声开设了专题节目《致富金桥》，这是为广大农民朋友及创业人士量身定做的广播农业信息服务节目。内容涵盖农业生产中的新政策、新技术、新产品、新成果、新动态、病虫害测报、动物疫情、天气变化对农业生产的影响等实用资讯。山东开办的"泰山农科"已播出 310 期。

（二）图书、期刊、报纸种类和数量增加

1. 农家书屋成为农民的"文化粮仓"和致富"加油站"

农家书屋工程是社会主义新农村文化建设的基础性工程，是全面落实建设小康社会战略的重要工作内容，被列为我国五大工程之一。2009 年，中央财政安排 14 个亿专项资金进行农家书屋的建设工作，农家书屋建设打开了新局面。截至 2009 年年底，全国已建成农家书屋近 30万个，覆盖全国 40% 以上的行政村，提前完成了"十一五"建设任务。农家书屋不仅为农村、农民提供了大量适用、实用的图书、报刊和音像制品，有效解决了农民群众最迫切、最现实的读书难、看报难的问题，而且以农民自我管理、自我服务、自我学习的方式，调动了农民群众学习科学知识、享受精神文化的热情，帮助农民有效提高了科学素质，极大地丰富了农村科学文化生活。

2. 首届农民科学素质宣传教育优秀作品征集推介活动举办

为推动农民科学素质教育资源的共建共享，为各部门各单位开展农民教育培训、"三下乡"活动、建设农民书屋等工作提供优秀科普资源，农民科学素质行动协调小组举办了首届农民科学素质宣传教育优秀作品征集推介活动。在各成员单位及其系统内征集作品近 300 部，包括图书、教材、挂图、宣传画、连环画、资料、音像制品、动漫等。此次活动还选择金盾出版社作为面向社会进行征集推介的试点，推荐其参与了征集活动。经专家复评，共推选出 100 部优秀

作品，有 4 部作品被推荐入选农家书屋，优秀作品将通过新闻媒体向社会各界广泛推介。

3. 编写面向农民的出版物

多个部委结合各自特色，编印了多种图书和报刊。农业部紧密围绕《农民科学素质教育大纲》主要内容，组织编印《农村致富新技术》等系列科普图书及挂图。共青团中央编制了《新农村新青年》文库，以农村青年最迫切需要的实用知识和技术为重点，编写出版和谐家园、发展生产、科普宣传等 8 个系列 50 本图书。中国气象局编制了《农村气象防灾减灾科普系列丛书》（4 种），组织完成《葡萄栽培与气象》、《杨梅生产与气象》、《农村观天测风雨》、《药用植物栽培与气象》等的编写工作。国家民委面向少数民族地区编制了一批"双语"科普资料。

云南省开办的《云南农民科普报》把适用技术和致富信息送到田间地头，深受广大农民喜爱。甘肃省编印《现代农业实用技术指南》、《农民科学素质教育丛书》，《甘肃科技报》子报《新农村报道》周刊开通了电子报。山东省《泰安日报》开设的"科技苑"、"创新泰安"、"生活"、"健康"等专栏，共刊发科普稿件 900 余篇。

（三）利用新媒体扩展农村科普新渠道

河北实施百万农民上网工程，整合互联网、手机短信、电话语音和农村信息服务站等多种传输方式，全方位服务当地百万农户。百万农民上网工程是以现有的市县农业信息网络、农业短信和农村信息服务站平台为基础，通过增设市级电话语音系统、蔬菜市场信息平台、专家咨询热线系统、乡镇农业信息服务大厅等配套项目，打造一个集互联网、手机短信、电话语音、服务大厅为一体的市级农业信息网络服务中心。百万农民上网工程可为农民提供涉农政策、农业专家技术指导和咨询，供求信息发布、气象信息查询、检索农村劳动力输出等信息服务。

大连启动科普视频惠农工程，利用现代网络技术，实现农业专家与农户远距离视频咨询服务。它可以通过以下几种方式为农户服务：一是专家视频答疑，实现涉农专家与用户零距离接触交流，及时解答农户在生产中遇到的实际问题。二是科普信息发布。利用网络资源，以"科普服务空间"的形式不定期发布各行业、各门类的农业新技术、新产品和市场信息，推荐优秀、实用的农业网站及视频资料。三是开展科普知识讲座。按照产业特点及季节时令发展农业项目的具体要求，有针对性地组织涉农专家对农户进行网上相关知识讲座。四是进行实物图片诊断。对农民在生产中遇到的疑难、不确定病症采取数码图片传输方式，由涉农专家精确分析、锁定，给出最佳解决方案。通过多种形式的服务，使农民及时方便快捷地在网上获取自己需要的科技信息。

宁夏依托信息化建设，建成集视频、语音和网络信息多种服务功能为一体的"三农"呼叫中心，为开展农民科技培训提供了新的途径。四川阿坝州利用"科普热线—专家热线"系统，实现了农牧民与科技专家的直接对话，为各位专家和广大农牧民架起了沟通的桥梁，在促进农村产业结构调整、农牧业增产、农牧民增收和推动新农村建设等方面发挥了积极作用。

山西科技报刊总社利用 17 种手机报刊构建新媒体阵营。山西科技报刊总社下设《科学导报》、《山西科技报》、《科学之友》杂志、《科幻大王》杂志等多种纸质媒体，具备报刊、影视、户外、流动、网络等多种传媒手段。从 2008 年起，山西科技报刊总社整合科技传媒资源，运用高新技术，创新传播手段，积极研究探讨数字媒体发展。到 2009 年年底，旗下的山西科普网群日点击率超过 2 万人次，科普网络电视已全面开通，总社所有纸质媒体已全部实现网上原版在线。尤其在发展手机报刊方面，山西科技报刊总社针对不同人群市场细分，开通了 17 种科技手机报刊，收到了明显的社会效益和经济效益。

三　充分发挥大众传媒进行应急事件、热点事件科普的作用

2009 年，面对突如其来的甲型 H1N1 流感事件以及日全食、防灾减灾、气候变化、节能减排等热点事件和全国科普日等大型科普活动，大众传媒反应迅速，积极利用这些人们亲历的或关注的事件进行科普宣传，达到了良好的科普宣传效果；各级各部门也利用大众传媒的特点，积极与媒体合作组织对热点事件的科普宣传。大众传媒的科技传播能力进一步增强。

2009 年，甲型 H1N1 流感袭击我国。为应对这一公共卫生事件，各类媒体都积极采取有效应对措施，进行科学宣传，帮助人们科学正确地认识和应对甲型 H1N1 流感，在一定程度上抵制了甲型 H1N1 流感的肆虐。中央电视台播出甲型 H1N1 流感相关专题节目 40 余期。"焦点访谈"、"新闻 1+1"、"新闻调查"、"新闻周刊"、"新闻会客厅"、"科技博览"、"走近科学"等多个栏目都制作节目介绍甲型 H1N1 流感来源，持续关注甲型 H1N1 流感在我国及全球的发展态势和我国政府的防控措施进展，号召民众科学防控流感。中央人民广播电台充分利用中国之声等广播频率资源，即时编发记者投稿，形成抗击甲型 H1N1 流感的强大声势，帮助全民科学抵御甲型 H1N1 流感。中国广播网编发防治甲型 H1N1 流感的稿件近千篇，图片 390 余幅，音频 170 余分钟，及时报道我国各地防治甲型 H1N1 流感取得的进展，鼓励全民积极抗击甲型 H1N1 流感，给全民以战胜甲型 H1N1 流感的信心。"科普大篷车"制作《全球严防甲型 H1N1 流感》3 期，累计 45 分钟，紧急发往全国"科普大篷车"电视栏目播出单位。

面对全球气候问题，中国气象局创设了"气候变化科学释疑"（大众版）和"气候变化高端访谈"栏目，制作完成中国历史上典型气象灾害系列科普节目、农业气象灾害科普节目等；在中国气象网上增加气象科普频道，设置有 10 余个栏目，以"气候变化"栏目为重点栏目，采用各种形式，向公众进行气候变化科普宣传；其科普月刊《气象知识》、报纸《中国气象报》也进行了大量气候变化科普宣传，这一系列工作提高了公众对气候问题的认识及公众科学应对

气候变化和防灾减灾的能力。2009 年 3 月，北京交通广播通过播出以遏制全球变暖为主题的"地球一小时"节目，呼吁公民从点滴小事践行节能环保。

2009 年 7 月 22 日，21 世纪最壮观的日全食天象——长江大日食出现，中央地方各大媒体都对此次日全食进行了系统报道。由中科院国家天文台、微软亚洲研究院、中科院计算机网络信息中心、中科院上海天文台 4 家单位联合发起，并与北京天文馆、台北市立天文科学教育馆等多家单位和机构共同承办的 2009 日全食异地多路联合直播活动更是成功地直播了重庆、武汉、宜昌等 10 个地市的日食过程，实现全球分享日食盛宴，点燃了公众对天文科普的热情。活动主办方通过卫星、互联网和无线网等手段为世界各个媒体提供开放的公益信号源，搜狐科技、腾讯网、新浪科技、网易四大门户网站均采用了该直播信号；江苏电视台、安徽电视台、浙江电视台、重庆电视台、北京电视台、福建电视台、新华网、人民网、空中网等国内电视台和网站，美国 CNN、波兰的天文门户 Astronomia.PL 等多家境外媒体都对信号进行了转播。中国科协、中央 610 办公室联合制作的科教片《天象奇观日全食》也获得了社会各界的一致好评，在中央电视台的 5 个频道以及各地卫视频道、地市级电视台均有播出，并刻录 DVD 光盘 7 500 余张通过多个渠道下发，影响范围覆盖全国，为各级政府、媒体科学应对日全食这一特殊社会热点，趋利避害，维护稳定提供了及时、权威、翔实的素材支持，获得了极为突出的科普宣传效果。

2009 年，大众传媒更关注对大型科普活动的报道，对全国科普日、科技活动周、全国青少年科技创新大赛等科普活动都进行了集中报道。以全国科普日为例，据统计，2009 年 9 月 10~30 日期间，电视、电台、报纸、网络 4 类媒体仅对全国科普日北京主场的新闻报道就达到 472 条，公交移动电视上播放的广告宣传片达 540 次，对广大公众了解和认识科普日，实现科普日展览过程的深度传播和长效传播起到重要作用。

四 各类平台在促进媒体资源共建共享上效用明显

（一）成功运作全国性影视节目制作和供应平台

当前，我国现有的 30 余家地市级以上科教频道，还有一些科教类节目制作中心都有资格制作科普类栏目。当前这些频道和中心大多还处于科普类节目自产自销的状态。如果能建立全国性的节目制作和供应平台，对科普栏目的播出资源进行系统整合与优化配置，实现科普栏目的集成、开发与共享，将会对影视科普的发展具有重要意义。基于这样的出发点，许多电视台和机构都进行了积极探索，目前，在科普节目集成和共享方面切实发挥作用的有两个共享平台，一是全国教育电视节目制作联合体（以下简称联合体），一是全国科教影视节目共建共享平台（以下简称平台）。

联合体由上海教育电视台牵头，共联合了来自全国 11 个省级教育台、3 个综合电视台的

50 多家电视机构。自 2005 年成立到 2009 年，已经制作完成了 800 多部节目，并有多部获奖，其制作的《身边的奥秘》、《身边的科学》在多家电视台播出，取得了不错的社会效果。联合体制定公约：联合制作，联合播出，联合发行，联合经营，联合开展活动，交流节目。联合体统一规划选题的申报，严格把握节目制作时间，保证节目质量，定期举办交流活动，各成员切实履行《联合体公约》，真正在资源的共建与共享方面进行了积极的探索和实践。

2009 年 3 月，由中央电视台科技专题部、河北电视台少儿科教频道、贵州电视台科教健康频道、中国科教电影电视协会等多家单位倡议成立全国科教影视节目共建共享平台，该平台的运作原则是突出公益，自愿参加，共建共享，凡是平台成员，每年向平台交两部以上质量较好的科教影视节目供平台共享。平台每年还要引进部分国外优秀科普资源。希望通过共建共享，集成各单位相对分散的优秀影视节目，挖掘再利用，为广大平台成员提供优质的、有规模的科教影视资源，促进制作队伍成长和科教影视业的繁荣。2009 年年底，平台开始运作，向各单位征集优秀节目。

（二）互联网科普联盟开拓网络科普新格局

中国互联网协会网络科普联盟是由相关政府部门，全国主要科普网站和有关新闻网站、商业网站，与互联网相关的社会团体、企业、科研、教育单位和大众传媒等领域及从事网络科普工作的专家、学者自愿组成的从事非营利公益性科普活动的社会团体，由中国科协和中国互联网协会共同发起，并经信息产业部批准，于 2004 年 9 月 2 日在北京成立。截止到 2009 年 11 月，网络科普联盟成员总数达到 124 个，比 2004 年的 74 个增长近 60%，成员单位覆盖 26 个省（自治区、直辖市），包括国内主要科普网站、科技网站，新闻网站、门户网站、社会机构网站的科技频道，个人网站，教育、科研机构，科普机构。

网络科普联盟成立以来，围绕党和国家工作大局，按照大联合、大协作的工作思路，动员网络科普工作者紧密配合科学发展观、《全民科学素质纲要》，开展了一系列具有创新意义、较大社会显示度和品牌效应的网络科普活动，促进了网络科普资源共建共享。承办"开启绿色通道、营造健康网络"主题活动，向社会推荐了 65 个科普网站（科普频道、栏目）；举办第一届全国优秀科普网站及栏目评选活动，46 个科普网站及栏目在第一届全国优秀科普网站及栏目评选活动中获奖，向社会宣传和推介了国内优秀科普网站及栏目；组织绿色网络文化产品征集和推荐活动，北京科普之窗、科学小说网等 11 个网络科普联盟成员单位网站被中国互联网协会评为 2007 年度"绿色网络文化产品"；围绕社会热点和突发性公共事件，组织开展航天网络科普、抗震救灾网络科普、全国青少年网络科普行、"为南极科考祝福，送南极矿物标本"等科普活动；开展网络科普理论研究，举办网络科普研讨会，组织世界信息峰会大奖评选等活动。网络科普联盟努力探索社会化共建共享的工作机制，多年来，为提升网络科普的力度和水平，促进我国网络科普事业的发展作出了重要贡献。

（三）搭建科学与媒体对话的平台

2009 年 7 月 17 日，在一场壮观的天文奇观日全食即将出现在我国之际，由纲要办和中国科协科学技术普及专门委员会主办，中国科技新闻学会承办，中国互联网协会网络科普联盟协办了"科学与媒体对话"活动之——探秘日全食活动，为天文科学家与媒体搭建了一个对话平台。在此次活动上，中国科协书记处书记程东红宣布，将致力于搭建科学与媒体对话的平台，"揭秘日全食是科学与媒体对话的开篇之作"。"科技与媒体对话"活动旨在构建一个服务于科学家和媒体的平台，将科学界的一些重大的科学事件，或者公众关心的有社会影响的科研成果，通过这一平台，把科学家所掌握、研究、创新的知识，用通俗易懂、有针对性、互动的方式，交到媒体手里。以期通过这种方式，更好地服务大众传媒，加强科技传播能力建设。

此次活动后，2009 年 11 月 10 日，针对甲型 H1N1 流感这一突发的公共卫生事件，纲要办和中国科协科学技术普及专门委员会又主办了"科学与媒体对话"——关于甲型 H1N1 流感防控活动，活动邀请大众传媒从业者及医学科普专家参与会议，进行互动讨论和交流。

五 优秀的科普作品屡获大奖

（一）国家科技进步奖

2009 年，科普图书《好玩的数学》丛书、《多彩的昆虫世界——中国 600 种昆虫生态图鉴》及科教片《和三峡呼吸与共——三峡工程生态与环境监测系统》系列专题片获得国家科技进步奖二等奖。

《好玩的数学》由张景仲院士主编，丛书共 10 册，分别是《乐在其中的数学》、《七巧板、九连环和华容道》、《幻方及其他》、《数学演义》、《数学聊斋》、《说不尽的 π》、《不可思议的 e》、《数学美拾趣》、《趣味随机问题》和《中国古算解趣》，涉及算术、代数、几何、组合学、概率论和微积分等多方面的数学基础知识，多角度、多层次地展示数学的"好玩"，体现数学文化的丰富多彩和数学思想方法的博大精深。该丛书在内容上和形式上均不乏创新，采用了科学与文化结合、传统与现代结合、文理交融的创作手法，整套丛书带有鲜明的中国文化特色和中国文学元素，在弘扬科学思想的同时，又弘扬了中国传统文化，反映了中国人的创造力和聪明才智[1]。

《多彩的昆虫世界——中国 600 种昆虫生态图鉴》由上海师范大学李利珍教授和妻子赵梅君副教授合著。此书筹备 3 年，从 3 万余张照片中精选出 2 000 张，按从低等到高等的顺序排列，图文并茂地系统展现了 32 目、164 科、600 余种昆虫的生态环境、生活方式和形态特征。

---

[1] http://www.sciencep.cas.cn/xwzx/zhxw/200908/t20090821_2431487.html。

书中图片全部采用拥有全部知识产权的实拍照片，而不是手绘图或标本照。

《和三峡呼吸与共——三峡工程生态与环境监测系统》是一部讲述三峡生态环境的大型纪录片，总时间长度为 210 分钟，共分为 7 集，分别是第一集：守望三峡，第二集：地质灾害的预警、预报监测，第三集：水域环境监测，第四集：局地气候监测，第五集：生物多样性，第六集：人群健康监测和施工区监测，第七集：社会经济和可持续发展。

（二）2009 世界信息峰会大奖

2009 年 4 月，中国科学院南京地质古生物研究所科普网站化石网（www.uua.cn）在印度举行的联合国世界信息峰会大奖全球专家评选中，夺得电子科学类世界信息峰会大奖。2009 年世界信息峰会大奖共有全球 5 000 多个网站参加评比，最后有 157 个国家的 545 个网站在印度参与最后的全球角逐评选。化石网因其"互动"、"知识推送"和"社群建设"等方面的成功以及大量的科普知识内容脱颖而出，有幸成为大中国区（大陆及港澳）电子科学领域唯一提名参与全球角逐并勇夺 2009 年度电子科学类世界信息峰会大奖的网站。

链接
7

世界信息峰会大奖（World Summit Award，简称 WSA）是与联合国信息社会世界高峰会议同期举办的国际性会议之一，是国际上唯一由联合国组织的专门针对数字内容的大奖，是全球互联网领域的最高奖项。大奖赛每两年一届，面向全球共分 8 个领域，每个领域选出 5 个网站 / 项目授予该领域世界信息峰会大奖。

（三）金鸡奖、华表奖最佳科教片和优秀科教片

2009 年，科教电影《月球探秘》获得中国电影金鸡奖最佳科教片奖。《月球探秘》、《发酵床环保养猪新法》、《淡水小龙虾的养殖》获得中国电影华表奖优秀科教片奖。

《月球探秘》由北京科学教育电影制片厂和广西电视台摄制。《月球探秘》用目前最为先进的月球理论，利用最新的拍摄手段，通过电脑三维技术将观众身临其境地带往月球，去进行一次科学探索之旅。从 45 亿年前太阳系行星的巨大相撞，一直到未来人类登陆月球的壮丽设想，全面展示了月球的过去、现在与未来，讲述了它与地球的区别、它给地球带来的影响和帮助以及人类如何利用月球发展自己。这部科教片在制作水准、主题呈现、情节的编排等方面都获得了一致好评，代表了中国电影的最高艺术水准和制作水平，不仅在思想内涵上高扬时代精神和民族精神，还在创新意识和市场意识方面有了新的突破。在庆祝中华人民共和国成立 60 周年向祖国献礼汇报的 30 部重点国产影片中，《月球探秘》入选为重点国产献礼影片。

链接 8

　　中国电影金鸡奖是中国电影界专业性评选的最高奖，是由中国电影家协会于1981年创办的，以奖励优秀影片和表彰成绩卓著的电影工作者。最佳科教片是金鸡奖的重要奖项之一。

　　中国电影华表奖是中国电影的最高荣誉奖，每年由国家广电总局对前一年度完成的各片种影片进行评选。优秀科教片奖是其奖项之一。

（四）中国龙奖

　　中国龙奖系中国国际科教影视展评暨制作人年会2009（以下简称年会）展评单元奖项。每两年评选一次，奖项设置共两大类：①科普类：题材包括科学发现的过程、技术、动植物、人类学、古生物、天文、医学、军事技术等；②人文类：题材包括历史、考古、建筑、艺术、文化人类学、科学探案、经济、社会科学等。2009年，共有7部作品获得科普类大奖，国内制作的影片有中央电视台制作的《欣欣的翅膀》、《奥运会开闭幕式背后的高科技》系列节目、湖北省广播电视总台电视教育频道制作的《泡泡的世界》。

（五）国家图书馆文津图书奖

　　2009年国家图书馆文津图书奖第五届评选活动评出获奖图书10种和推荐图书30种。获奖的10种图书中有3部科普图书：《科学的旅程》（插图版）、《继承与叛逆——现代科学为何出现于西方》、《当彩色的声音尝起来是甜的》。

　　《科学的旅程》（插图版）由美国学者雷·斯潘根贝格、黛安娜·莫泽著作。这本书以较大篇幅探讨了科学与文化、社会习俗以及历史事件的相互作用，考察了各个时期的怪异信念和伪科学主张，也强调了妇女在科学中的地位和作用。

　　《继承与叛逆——现代科学为何出现于西方》由陈方正著。这本书说明了西方科学的起源、发展与蜕变，包括此传统与哲学、宗教以及时代背景的关系，还讨论了中国与西方科学发展的分野，总结了现代科学出现于西方文明的基本原因。

　　《当彩色的声音尝起来是甜的》由科学松鼠会编著。这本书是60篇文章的合集，内容

链接 9

　　国家图书馆文津图书奖是国家图书馆主办的公益性图书评奖活动，每年举办一次，获奖图书通过社会投票与专家评审相结合的方式产生。评选范围包括哲学、社会科学和自然科学类的大众读物，侧重于能够传播知识、陶冶情操、提高公众的人文素养和科学素养的普及类图书。

分为人世间、动物志、花世界、天与地、医疗镜等7部分。精选自百位松鼠（科学爱好者）近3年创作的上千篇文章，从口腔溃疡到国际空间站，从玫瑰花到数学思想实验，内容天马行空，文字灵动活泼，一改传统科普的严肃面孔，被梁文道赞为"简直有点像是带甜的凉茶"。

（六）全国输出版、引进版优秀图书奖

2009年，全国第八届（2008年度）输出版、引进版优秀图书评选共评选引进版优秀图书奖社科类100种、科技类50种为优秀图书，科学普及出版社引进的《科学素养的导航图》、《机器人》，广西科学技术出版社引进的《男孩的冒险书》等科普书获奖。

《科学素养的导航图》是中国科协与美国科促会合作出版的重点项目之一，是继科学普及出版社出版的《面向全体美国人的科学》、《科学素养的基准》、《科学素养的设计》和《科学教育改革蓝本》中文版的出版后又一部美国"2061计划"丛书的重要著作。《科学素养的导航图》将《面向全体美国人的科学》和《科学素养的基准》书中要求学生应达到的科学素养的基准和认知步骤以图线形式绘制出来，充分体现了这些科学素养的重要性和内在的联系。使教育工作者、教学大纲制定人员更加准确地了解各年龄段的学生应掌握的知识以及评价标准。该书是对我国教育改革和提高公民科学素养的一部重要参考书。

《机器人》一书是科学普及出版社从英国DK出版社引进的一部优秀科普读物，该书以大量精美的图片介绍了机器人发展的历史，堪称是机器人博物馆，让读者了解机器人设计的过去、现在和未来。该书是青少年学习科学、动手制作的工具书。

《男孩的冒险书》是一本从8岁到80岁的"男孩"都需要的冒险书，此书让人学会如何搭建一间树屋，如何把燧石打磨成箭头，如何制作隐形墨水，如何用纸来做一个水"炸弹"，如何才能折出世界上最好的纸飞机，甚至造一辆滑板车等。

链接10 全国输出版、引进版优秀图书评选由中国出版工作者协会国际合作出版工作委员会、中国出版科学研究所主办。该奖项是目前国内输出、引进图书的最高奖项。

（七）新闻出版总署第六次向青少年推荐优秀图书

2009年，在新闻出版总署第六次向青少年推荐优秀图书活动中，有15种科普类图书入选第六次向青少年推荐优秀图书目录。

链接
11

　　每年"六一"前，新闻出版总署都会向全国青少年推荐百部优秀图书，目的在于切实体现出版工作为未成年人思想道德建设服务的要求而开展的一项连续性工作，旨在为青少年提供优质的精神文化产品，引导青少年健康阅读，努力营造有利于青少年健康成长的文化氛围和社会风尚。这项工作已经连续进行了5次，每次都有100种图书被推荐，分为品德类、教育类、人物传记类、科普知识类、文学类、艺术类和动画图画类。

表 3-9　2009 年新闻出版总署向青少年推荐的优秀图书目录（科普类）

序 号	书 名	出版单位
1	《环保百科》	北方妇女儿童出版社
2	《"妙趣科学"立体翻翻书》（共 12 本）	北京科学技术出版社
3	《奥运中的科技之光》	高等教育出版社
4	《野性亚马孙》	广西科学技术出版社
5	《少儿科普名人名著书系》(20 册)	湖北少年儿童出版社
6	《乔治开启宇宙的秘密钥匙》	湖南科学技术出版社
7	《2020 年的战争：机器人战争》	黄河出版社
8	《马小跳爱科学（春 夏 秋 冬）》	吉林美术出版社
9	《0.618——宇宙的钥匙》	科学出版社
10	《星座与希腊神话》系列	科学普及出版社
11	《环境危机》系列	科学普及出版社
12	《嫦娥书系》（6 册）	上海科技教育出版社
13	《少年科学大讲堂》（20 种）	少年儿童出版社
14	《有趣的制造》	新星出版社
15	《昆虫之美》	重庆大学出版社

（本文作者：颜 燕 尹 霖 单位：中国科普研究所）

科普基础设施工程加大建设力度
提升公共科普服务能力

　　2009 年，科普基础设施工程建设取得了长足发展。在全国范围内，开展了科普基础设施的发展状况调研，并且通过研讨会等形式探讨、交流科普基础设施建设的经验，取得一定的效果。为贯彻落实《科普基础设施发展规划》，相关部门出台了一系列标准和规范，特别是颁布了《全国科普教育基地认定办法（试行）》，指导全国科普设施的发展。总体上看，2009 年科技类博物馆（含科技馆）建设力度加大，科普教育基地数量增加，基层科普设施进一步拓展，社会各方积极参与科普设施建设，科普设施内容进一步丰富，公共科普服务能力不断提高。

一 着力落实发展规划，加强科普基础设施的协调发展

（一）基础调研和经验交流工作加强

1. 开展全国科普基础设施的发展状况调研

2009 年开展了全国科普基础设施监测评估工作，组织各级科协及相关单位对全国科普基础设施的发展状况进行调查和研究，编撰《中国科普基础设施发展报告（2009）》，并纳入中国社会科学文献出版社的科普发展蓝皮书系列，供国家有关决策部门参考。与监测评估工作同步，研究制定科普基础设施的监测评估指标体系，开发科普基础设施发展状况数据库，使有关决策部门动态掌握科普基础设施发展状况。全国科普基础设施监测评估调查，共获得了 618 个科技类博物馆的数据（其中科技馆 240 个），3 468 个各级各类科普教育基地的数据，188 辆科普大篷车的数据以及 600 余个网络科普设施的数据。中国科协开展我国科技类博物馆现状及发展对策研究，向国家发展改革委提交了《大力发展专业科技博物馆的报告》。

案 例 1

无锡市调研并起草科普基础设施发展规划

为充分发挥无锡市科普资源优势，推动科普基础设施有序发展，全面提升全民科学素质，从 2008 年 12 月开始，无锡市科协通过发放调查问卷，采取走访座谈、实地考察等形式，对全市科普基础设施建设现状和科普资源的共建共享情况进行了全面调查，在此基础上起草了《无锡市科普基础设施发展规划（2009-2013 年）》。未来几年，无锡市将运用信息化手段，拓展完善各类科技场馆、开发开放若干科普教育基地、加大流动科普设施配备、完善基层科普资源共享，并通过加强科普人才队伍建设、创新科普展览和教育活动方式，使无锡市科普基础设施水平进一步提高，科普基础设施布局进一步完善，科普教育功能得到显著提升。

2. 开展中国光学科技馆、国家自然博物馆立项研究

2009 年，国家发展改革委、中国科协积极推动中国光学科技馆的立项，组织专家参与立项论证工作。同年 12 月，中国光学科技馆建设方案通过论证，国家批准在吉林省长春市建设这一国字号的专业科技馆，对普及光学科技知识、展示光学科技成果、加强国内外光学科技交流与合作、提高全民科学素质、推动光学及相关学科的快速发展意义重大。另外，国家自然博物馆的立项工作也在相关部门推动下开展起来。

2009 年，中国科技馆开展特大、大、中型科技馆达标咨询工作研究，推动现有科技馆更新完善和机制改革，激发活力，改进服务，进一步满足公众需求。

3. 继续研究制订《科普大篷车发展规划》和《科普大篷车项目管理办法》

2009 年继续研究制订《科普大篷车发展规划》，加强对科普大篷车的宏观指导和顶层设计。加强科普大篷车车载展品的设计、更新，展品库新增 163 件展品。研究制定《科普大篷车项目管理办法》，加强对科普大篷车运行管理的指导。研制适合县级需要的农技服务型（Ⅳ型）科普大篷车，使科普大篷车更好地为基层服务，使其成为流动的实用技术服务站，并进行了先期试点。

4. 召开全国地市级科技馆发展研讨会

近年来，随着我国科技馆事业快速发展，全国省会城市科技馆建设格局基本形成，地市级科技馆建设也呈现较好的发展势头。为进一步推动科技馆建设，分析研讨科技馆建设中存在的功能重复、形式单一、内容雷同等问题，2009 年 11 月召开了全国地市级科技馆发展研讨会。会上，有关专家就新建科技馆的主要程序和过程，从立项申请和报批到动工建设等方面，深入浅出地介绍了主要步骤和注意事项。同时介绍了中国科技馆新馆建设的相关经验，并对《科技馆建设指南》（试行）进行了解读，参会的地市级科技馆代表感到受益匪浅。本次研讨会的召开为地市级科技馆提供了一个交流经验、开拓思路的平台，为广大筹建单位和建设单位更加理性、完善地筹备、策划、设计科技馆提供了参考依据，同时也对进一步推动地市级科技馆的合理布局起到了积极作用。

5. 召开华东地区全国科普教育基地经验交流会

2009 年 11 月，华东地区全国科普教育基地经验交流会在浙江召开。与会代表分成场馆类、社会公共场所类、科研院所类、生产设施类 4 个小组，从发掘利用科普教育基地自身资源，提高资源开发能力，突出科普教育基地自身特色，提升科普活动组织能力以及加强与教育机构的合作能力等方面，进行交流讨论。各基地代表纷纷畅谈了各自开展科普工作的特色与经验，并就工作中常见的问题和面临的困境进行了热烈的交流和讨论，还对加强和促进科普教育基地建设方面的工作提出了许多建设性的意见。

（二）发布和实施相关的认定办法和管理条例，加强对科普教育基地的管理和指导

1. 制定颁布《全国科普教育基地认定办法（试行）》

2009 年，各方面积极采取有效措施，加强对科普教育基地的管理和指导，引导科普教育

基地有效发挥科普功能。中国科协制定颁布了《全国科普教育基地认定办法（试行）》，指导科普教育基地的发展。2009年度组织开展了全国科普教育基地认定工作，规定了全国科普教育基地应当具备的条件，明确了申报资格、申报程序、步骤和认定办法。凡符合相关规定，且科普活动特色鲜明，科普工作成效显著，具有示范带动作用的场馆或设施，均可自愿申请成为科普教育基地。全国科普教育基地的申报，采取属地和行业系统相结合的方式进行。同时对已命名的全国科普教育基地进行综合评估。

2. 出台国土资源、环保科普基地相关管理办法

2009年3月，国土资源部出台《国土资源科普基地推荐及命名暂行办法》，积极推动我国国土资源科普事业发展，充分发挥国土资源领域科技场馆、科研实验基地、资源保护区的科普作用，有序开展国土资源科普基地建设。

2009年3月20日，环保部和科技部下发了《关于开展国家环保科普基地申报与评审工作的通知》，启动了第二批国家环保科普基地申报与评审工作。

■ 加大科普基础设施建设力度，满足公众科普需求

（一）科技馆建设进入快速发展时期，展教水平不断提高

1. 科技馆数量持续增加

近年来，各地科技馆建设呈现了较好的发展形势。根据中国科协2009年科普基础设施发展状况监测评估所获得的240个科技馆的数据，全国有建筑面积30 000m² 以上的特大型馆17座，15 000~30 000m² 的大型馆16座，8 000~15 000m² 的中型馆26座，8 000m² 及以下的小型馆181座。在全国31个省、自治区、直辖市中，28个已经至少拥有一座省级或省会城市科技馆。2009年还没有省级或省会城市科技馆的3个省（自治区、直辖市）中，西藏自治区科技馆已经批准立项，甘肃省科技馆正在申请重新建设立项，海南省科技馆的筹建也在积极研究中。

截至2009年，吉林省科技馆新馆正在抓紧建设，云南省科技馆新馆建设已经立项，福建省科技馆新馆建设列入议事日程。2009年6月，鉴于目前河南科技馆的软硬件设施不完善，展教功能落后的局面，河南省宣布将投资10亿元建一座省级一流的科技馆。同年7月，浙江省首个特大型科技馆——浙江省科技馆新馆正式向公众开放。此外，2009年地市级和县级科技馆建设也呈现良好发展势头。江苏省无锡、盐城等一批地市级科技馆相继开馆。河北省最大的市级科技馆——唐山科技馆新馆建设项目已开始启动。安徽马鞍山、淮南两市的科技馆已立项。广西南宁、柳州、桂林、钦州等市科技馆建设推进工作在抓紧进行。

案　例　2

重庆科技馆开馆

　　重庆科技馆2006年10月动工建设，2009年9月9日建成开馆。该馆占地面积37亩，建筑面积4.53万平方米，总投资额5.67亿元。重庆科技馆以"生活·社会·创新"为展示主题，馆内共设生活科技、防灾科技、交通科技、国防科技、宇航科技和基础科学6个主题展厅以及儿童科学乐园和工业之光两个专题展厅。展品涵盖材料、机械、交通、军工、航空航天、微电子技术、信息通信、计算机应用、虚拟模拟技术、生命科学、环境科学、基础科学及中国古代科学技术等多项学科领域，展品数目达到440余件（套）。

2. 科技馆观众人次不断增多

　　根据2009年全国科普基础设施监测评估结果，科技馆年均观众量为10万人次，高于科技类博物馆的6万人次和科普活动站的5 000人次，科技馆目前仍然是社会公众接受科普教育的主要场所。观众人次不断提高，让更多百姓有机会体验科学的魅力与神奇，科技馆的科普教育功能得到发挥。

　　据《中国科协事业发展统计公报》，2009年9月16日开馆的中国科技馆新馆日接待能力高达3万人次。2009年，省级科技馆全年参观人数544万人次，平均23.7万人次/个；副省级、省会城市科技馆全年参观人数207万人次，平均13.8万人次/个；地级科技馆（科普活动中心）全年参观人数381万人次，平均2.6万人次/个。

　　其中，安徽省合肥市科技馆年接待观众20多万，其中未成年人占绝大多数。四川科技馆从2008年6月1日起对义务教育阶段的学生和儿童实行免费，积极探索建设一流科技馆的路子，科普展教水平不断提高。截至2009年5月31日，一年时间累计接待观众163万余人次，其中义务教育阶段的学生和儿童观众120万人次，与过去同期相比增加30%，学生占观众总数的73.6%。同时，四川科技馆与省科协共同举办了"天府科普大讲堂"系列科普知识公益讲座活动，内容涉及防灾减灾、食品安全等方面。四川科技馆在临展和与省级学会合作开设科普讲坛的做法，突破了原有的框架模式，吸引了更多的青少年学生和儿童走进科技馆接受科普教育，更好地发挥了其社会公益作用。

（二）其他科技类博物馆建设规模和服务能力不断提高

1. 国家动物博物馆展示馆建成开馆

　　根据国家实施生态文明建设、加强生态环境宣传和教育的需要，经过近10年的努力，建成了依托于中科院动物研究所的国家动物博物馆，于2009年5月正式向社会公众开放。该馆集动物标本收藏与展示、科普知识宣传与教育、生物多样性描述与编目为一体，是一个代表国家水平的专业博物馆。国家动物博物馆展示馆凝聚了我国几代动物学研究的科学家的心血和集体智慧。总建筑面积 7 300 平方米，其中展览面积 5 500 平方米，共分为 3 层，建筑格局仿法国自然历史博物馆。国家动物博物馆展示馆将成为我国重要的科普宣传基地以及国内最大的普及动物科学知识、宣传生态环境保护、传播人与自然和谐发展的专业博物馆。

2. 中国湿地博物馆建成开馆

中国湿地博物馆是中国唯一的一座国家级的湿地博物馆，于 2009 年 5 月开放。馆址位于浙江省杭州市西溪国家湿地公园，建筑面积 1.5 万平方米。中国湿地博物馆是展示我国湿地保护成果、普及湿地科普知识的重要场所。中国湿地博物馆的建设目标定位为中国开放性湿地研究中心和以湿地为主题的科普教育中心。其主要功能定位为：宣传、引导、培养和增强人们"人和自然和谐发展"的科学发展观，增强受众的环境保护意识；向社会大众，特别是青少年普及和传播湿地科学知识，增强人们对湿地保护重要性的认识，引导人们自觉地去爱惜和维护湿地资源；促进中国湿地生态文化建设，进一步推动中国湿地保护事业的发展。

另外，杭州以生态、节能、减碳为主题，将建成中国第一家低碳科技馆，上海自然博物馆新馆也正在抓紧建设当中。

（三）规范科普教育基地建设，发掘和拓展社会相关设施的科普教育功能

1. 各类科普教育基地不断拓展

（1）各级科协命名的科普教育基地

2009 年，各级科协命名的科普教育基地（示范基地）达到 2.8 万个，比上年增长 13.1%，全年参观人数 1.96 亿人次，比上年增长 48.1%。

经专家评审及社会公示，中国科协核准并命名中国儿童中心等 406 个单位为全国科普教育基地（2010–2014 年）。其中，科技、文化、教育场馆类 138 个，社会公共场所类 84 个，科研院所类 84 个，生产设施类 60 个，其他类 40 个。至此，全国科普教育基地总数已经达到 649 个，全年参观人数 0.17 亿人次。

省级科协命名科普教育基地 1 390 个，全年参观人数 5 706 万人次；地县两级科协命名科普教育基地 2.6 万个，全年参观人数 1.2 亿人次。其中，农村科普示范基地 1.8 万个。

2009 年开展了示范引导性的科普教育示范项目，促进全国科普教育基地科普资源建设能力和科普服务功能的提高。在浙江嘉兴科学技术馆、秦山核电公司宣传中心、江苏常州中华恐龙园、中国科学院南京地质古生物研究所开展了科普教育基地数字化建设试点项目。

（2）消防科普教育基地

2009 年，为进一步推动消防科普教育基地建设，加大社会化消防安全宣传工作力度，公

安部消防局、中国科协科普部、中国消防协会决定联合开展第三批全国消防科普教育基地的创建和命名工作。新命名了 67 个全国消防科普教育基地，目前全国消防科普教育基地总量已达190 个。全国消防科普教育基地创建、命名的范围包括：以宣传普及消防安全知识，提高公众消防安全意识和自防自救能力为主要功能的消防博物馆、教育馆等；优秀的对外开放消防站以及面向社会开展消防宣传教育的培训基地等；具有普及消防科技知识功能的科研院所、高等院校及国内消防企业对外开放的重点消防实验室、实验基地等。在创建和命名活动中，各地不断完善固定消防宣传阵地的设施和场馆功能，丰富宣传内容，改进工作形式，定期向社会开放，组织群众参观学习，对提高广大人民群众的消防安全意识发挥了重要作用。

（3）其他专业科普教育基地

科技部积极推进国家科普教育基地工作，国土资源部、环保部、安全监管总局、林业局也积极开展科普教育基地的创建工作，并采取有效措施规范管理、发挥功能。国土资源部命名了第一批 61 个全国国土资源科普基地。中国气象学会命名了 47 个全国气象科普教育基地。2009年 2 月 25 日，环保部与科技部在上海东方绿舟共同举办了首批国家环保科普基地授牌仪式。获得首批国家环保科普基地称号的有上海东方绿舟、北京排水科普展览馆、上海浦东环境监测站和杭州西溪湿地公园 4 家单位。中科院发挥所属科研院所的科普基地优势，在各地广泛面向公众特别是青少年开放实验室。

案 例 3

广东科学中心整合功能优势创建科普教育基地

广东科学中心于 2008 年下半年正式对公众开放，填补了广东省大型综合性科普教育基地的空白。开馆以来，广东科学中心注重整合功能优势，发挥整体规模效应，以规范和有序的服务引发了珠三角地区全民科普的热潮。由于 80% 以上的观众为在校大中小学生，因此，科学中心成为广东省尤其是珠三角地区大中小学校组织学生春秋游、社会实践、科普教育活动必到的基地之一。同时，广东科学中心注重拓展全民科普的受众面，亦成为社会各界学习实践科学发展观的好去处。在开馆运行实际工作中，科学中心注重围绕科普教育、科技成果展示、学术交流、科普旅游四大功能，结合广东地区教育、科研、旅游以及科学中心所处地域特色等优势，利用好科普资源，不断提升场馆服务能力，完善服务体系建设，在着力创建一流科普教育基地方面取得了良好的工作成效。

2. 国土资源科普基地建设特色明显

我国人口众多、资源相对不足、生态环境承载能力弱。特别是随着经济的快速增长和人口的不断增加，能源、水、土地、矿产等资源不足的矛盾越来越尖锐，生态环境形势严峻。在这样的背景下，创建国土资源科普基地，是加强科普基础设施建设、普及地球科学知识、提升国土资源事业公众认知度的有效途径。国土资源部 2009 年印发了《国土资源科普基地推荐及命名暂行办法》和《国土资源科普基地标准》，其中规定，国土资源科普基地命名工作每两年开展一次，为国土资源知识普及和政策宣传建设高水准的科普平台。

《国土资源科普基地标准》中所称"国土资源科普基地"是指能独立开展土地资源、矿产资源、海洋资源、基础地质、地质环境、地质灾害、测绘科技等国土资源领域国情教育和科学技术普及活动的科技场馆、科研实验基地、资源保护区等。

国土资源科普基地采用公众易于接受、理解、参与的各种形式，达到以下目的：普及国土资源领域相关科学技术知识及优秀科研成果，培养青少年对地球科学的认知兴趣；介绍我国国土资源国情，宣传贯彻节约资源和保护环境的基本国策；引导公众了解所在地区国土资源特征，普及保护资源、节能减排、防灾减灾的科学常识，倡导树立集约、节约、高效、持续利用国土资源的意识，鼓励公众积极参与国土资源节约利用、综合利用、循环利用的实践；宣传国土资源先进的管理理念、知识和成果，普及新认识，宣传新技术，促进国土资源管理的现代化水平。

2009 年 5 月，经过申报、评选，53 个单位被命名为第一批国土资源科普基地。

案例 4

湖光岩科普基地：地质风光好，科普管理更好

位于广东省湛江市的湖光岩科普基地，2006 年被联合国教科文组织批准为世界地质公园。每年有 65 万人次以上的游客来这里参观。为湖光岩科普基地添色的，是优势地质资源的利用。这里设有火山博物馆、地震馆、科普长廊、多媒体演播厅、地质沙盘、火山喷发演示等科普教育设施。其中，火山博物馆面积约 2 100 平方米。近年来，该基地在抓好科普设施及各项配套工程等硬件建设的同时，还注重软件建设。一是不断完善基地各项管理制度；二是设置专门的组织管理机构，加强科普讲解员队伍建设；三是制作科普教育光盘；四是对中小学校开展科普教育活动给予更大的优惠。

链接 1

国土资源科普基地的主要任务是：配合各级政府及其主管部门开展国土资源专项科普活动；经常性地组织开展国土资源科普报告、讲座、影视观摩等教育活动以及面向青少年的科学实验、竞赛等科普实践活动；与其所在地的社区、乡镇、学校（含"李四光中队"）、企事业等单位建立固定联系，定期合作开展社会化国土资源科普活动；组织开展以提高国土资源科普教育水平为目的的研究；有计划地对专、兼职科普工作人员进行培训；按要求报送科普工作年度计划，年度工作总结，重要科普活动方案和文字、照片、录像等活动资料以及接待公众人数等有关统计数据。

（四）基层科普设施的服务水平不断提高

1. 科普大篷车配发数量上升，积极开展科普活动

截至 2009 年，我国已初步研制定型 4 种型号的科普大篷车，大篷车数量总计达到了 270 辆，比 2008 年增长 42.1%；科普大篷车下乡行驶里程 206.9 万千米，比 2008 年增长 1.3 倍。其中，Ⅰ型、Ⅱ型科普大篷车 219 辆；无动力、半挂、主题式Ⅲ型科普大篷车（青少年科学工作室）2 辆；Ⅳ型科普大篷车 49 辆。配发范围覆盖了 100% 的省级单位、46.1% 的地市级单位和 1.8% 的县级单位。据统计，这些车辆已累计行驶 950 多万千米，受惠群众 6 100 余万人。

链接 2

2009 年，为加强对基层科普工作的支持，满足广大农村地区的科普需求，中国科协组织开展了Ⅳ型（县级）科普大篷车及车载资源的研制和配发试点工作。Ⅳ型（县级）科普大篷车集成了丰富的科普资源，并能够提供多种科普服务。车辆配备的车载实验器材、展品、资料、展板等科普物资，可供县级科协带领农业专家和农技人员，携带专门研发的农业科技服务箱走进田间地头，在农业生产第一线开展科普宣传，面对面地为农民群众提供科学种植、养殖技术以及提供土壤水质化验和粮种化肥检测等科普服务。与以往型号科普大篷车不同，除了保留科普宣传功能外，Ⅳ型（县级）科普大篷车特别为农民群众送去实惠的科普服务是一个显著的特色，可以说是"流动科技馆"向"流动科普服务队"的一种转型。2009 年试点性配发了 49 辆，试点范围涉及全国 31 个省、自治区、直辖市及新疆生产建设兵团的 49 个县级科协。

表 3-10　各型号科普大篷车对比表

项　　目	Ⅰ型科普大篷车	Ⅱ型科普大篷车	Ⅲ型科普大篷车	Ⅳ型科普大篷车
展示主题	多学科综合展示	多学科综合展示	专题展示	专题展示
服务对象	各类基层人员	各类基层人员	初、高中学生	农村基层群众
携带展品数量（套）	≥ 30	≥ 25	1	≥ 6

所有的科普大篷车均设计配置有车载数字集成多媒体系统，用于科普影音播放、多媒体教学等，这说明作为现代化的科普展示方式，车载数字集成多媒体系统受到了广大基层群众的普遍欢迎。车型不断向多样化发展，国内科普大篷车从原有的单一的货车型已经发展出 4 种车型——厢式车型、客车型、小型客车型以及半挂车型。尺寸从 4.6m 跨度到 15m，基本可以

案 例 5

甘肃 2009 年全国科普日科普大篷车联合行动

　　根据 2009 年全国科普日科普大篷车联合行动安排，9 月 19~24 日，甘肃省青少年科技活动中心科普大篷车在永登县、酒泉市肃北区和兰石厂开展巡回科普宣传展览活动。安排"节纸在我身边"有趣小实验体验活动；科普大篷车车载设备展示和科教展品互动演示宣传，并配备专人讲解；"节约能源资源"科普影视播放；采取咨询、讲座、科普展、有奖竞答、智力竞赛等多种形式，利用科普展板、科普挂图、科普音像制品、科普展品、益智教具等各类科普设施营造相信科学、热爱科学、运用科学的氛围，共计展出全新科普展教仪器 20 件，益智展品 20 件，涉及声、光、电、磁、数学推理等领域。展出"节约纸张"科普展板 30 块和 3D 恐龙世界、海洋世界展板 40 多块。这次活动参加人数超过 15 000 人次。

覆盖国内所需的各种初级科普面。

　　2009 年以科普大篷车为载体，开展了丰富多彩的科普活动。黑龙江漠河开展科普大篷车进校园活动，将 22 件涉及声学、光学、电磁学、力学等多门学科的科普展品和实验教具，以寓教于乐的方式向学生们展示和验证了相关科学原理，有 1 500 余名学生参加了该活动，不少学生还动手参与了实验操作。从 5 月 20 日开始，两辆科普资源丰富、集展览展示、互动参与、科普剧表演于一体，以"节约能源资源、保护生态环境"为主题的Ⅲ型科普大篷车，在内蒙古 5 个盟市进行了为期半年的试点巡展活动。

　　在全国科普日期间，各地科普大篷车围绕《全民科学素质纲要》工作主题开展了 2009 年全国科普日科普大篷车联合行动。

2. 科普"站栏员"建设力度加强

　　科普"站栏员"是为基层公众提供科普服务的重要平台，是基层科普工作的重要载体。中国科协 2009 年科普设施监测评估结果显示，目前全国共有科普宣传栏 32 万个，科普活动站 27 万个，科普员 60 余万人。

　　2009 年，各地以"一站、一栏、一员"建设试点工作为契机，大力推进科普画廊建设。各级科协建有科普画廊（宣传栏）21.5 万个，比上年增长 20%，全年科普展示单元总长度 214 万米，比上年增长 8.1%。

　　其中，吉林、安徽、江西、广西、云南等省（自治区）科普画廊的建设规模和标准都有了很大提高。云南省在实施科普惠农兴村建设工程中，除已建成近两万米的科普宣传栏外，目前已有 3 461 个村（社区）设置了科普活动室（站），站内购置了培训桌椅、音像播放设备、摄像器材以及相关的科普书籍。在科普宣传栏的内容上，围绕当地重点产业和民族区域特色开展宣传。江苏苏州已建成市区、街道、社区三级科普场地 67 家，一批富有特色的基层科普场地成为提升市民科学素质的重要阵地。广东利用社会资源兴办科普事业，由广告公司全额投资 5 000 万元兴建 2 000 多座科普画廊，并通过广告经营支持日常运行和维护。

为加强科学管理，从 2009 年起，中国科协定期对全国科普"站栏员"发展状况进行监测评估：

一是开展摸底调查。依据《全国科普活动站、科普宣传栏、科普员标准和管理办法（试行）》，建立全国科普"站栏员"监测评估指标体系，设计全国科普"站栏员"情况统计汇总表，对全国科普"站栏员"发展状况进行摸底调查，建立全国科普"站栏员"基础数据库。认定北京市平谷区等 58 个全国科普"站栏员"建设优秀单位，北京市石景山区等 72 个全国科普"站栏员"建设先进单位，对全国科普"站栏员"建设优秀单位给予项目资助。

二是进行综合评估。根据调查结果，综合评估全国科普"站栏员"建设、管理与使用的总体状况，编制《全国科普"站栏员"年度发展报告》。评估结果将作为评价各地推进科普"站栏员"建设工作绩效的主要依据。中国科协将对科普活动站、科普宣传栏覆盖范围广、使用频率高、工作成效显著的地区给予鼓励，对工作推进不够的地区提出督促建议。

3. 其他基层科普设施建设稳步推进

2009 年，各地积极推进基层科普场所建设，一批富有地方特色的科普设施深受基层群众的欢迎。其中，省、地、县三级科协研制配发的科普放映车、科普宣传车等形式的流动科普设施 204 辆，丰富了基层科普设施的种类。

华硕科普图书室建设项目稳步推进。2009 年，按照与重点科普工作相结合、重点扶持、服务基层的原则，中国科协和华硕集团共建 200 个华硕科普图书室，配发给 26 个省、自治区和直辖市的 200 个县。华硕科普图书室的建立丰富和完善了基层科普设施，受到基层干部、群众欢迎，得到基层科普组织的大力支持，他们在建好、管好、用好华硕科普图书室上下工夫，充分发挥这一科普资源的作用，切实为群众提供便捷、有效的服务。华硕科普图书室的建立，

案 例 6

诸暨市注重科普基础设施建设

建立于 2008 年 4 月的诸暨市科普活动中心是浙江省县（市）级第一个社区科技馆。该中心由科普报告厅、科普图书室、科技展品室、院士展示室、科普电视室和科普幻觉廊组成。建立一年多来，活动中心充分发挥其职能，通过举办科普讲座报告会、科技培训、科普知识竞赛、科普声像播放和科普图书借阅等活动形式，尤其是内设的根据电光声影等原理制作且能动手动脑的科技展品，更是时常吸引着市民、外来建设者和青少年的光顾。诸暨市尤为注重对科普基础设施建设的投入，在指导各镇乡（街道）建好集镇中心活动室、村级活动室和宣传栏，为他们送上科普书籍、挂图的同时，还主动出资先后在城区热闹地段和 13 个科普重点村新建标准科普画廊 37 个，并做到全部画廊由科协负责管理，落实专人建立定期更新制度。

也推动了基层科普图书室建设，发挥了示范带动作用。一些地方采取财政补贴、企业资助等方式，在乡村、社区建起了标准化科普图书室。华硕科普图书室不仅成为获取知识的"充电站"，也成为新农村建设的"助推器"。

另外，吉林结合实际研制流动科技小屋，成为当地群众喜爱的科普宣传形式。安徽、福建、陕西、新疆等省（区）积极支持各地加强农民科技书屋、职工书屋等基层活动场所建设，为书屋购置教学设备、图书及影像资料等学习用具，推动基层设施建设与新型农民科技培训工作的有机结合。

2009 年 5 月 17 日，全国科研机构和大学向社会开放活动启动仪式在中科院动物研究所举行。全国科研机构和大学向社会开放活动是为充分发挥科研机构和大学在科普事业发展中的重要作用，进一步建立健全科研机构和大学面向社会开放、开展科普活动的有效机制而举行的。开放范围包括由各级政府举办的各类从事自然科学、工程科学与技术研究的单位和相关高等院校的实验室、工程中心、技术中心、野外站（台）等研究实验基地；各类仪器中心、分析测试中心、自然科技资源库（馆）、科学数据中心（网）、科技文献中心（网）、科技信息服务中心（网）等科研基础设施；非涉密的科研仪器设施、实验和观测场所；科技类博物馆、标本馆、陈列馆、天文台（馆、站）和植物园等。2009 年，中科院所属科研机构和教育部直属大学向社会开放了 430 个场所，公众参与人数达 700 多万，为广大公众了解科学、参与科学、体验科学活动发挥了重要作用，对增强我国科普能力建设，促进科技事业的发展作出了很大贡献。

（本文作者：谭　超　单位：中国科普研究所）

第三章

保障条件与组织实施

针对热点问题与社会发展新要求
出台政策促进全民科学素质建设

　　2009 年，我国全民科学素质建设政策环境进一步优化，出台了一系列政策，从多角度进一步推动《全民科学素质纲要》的落实。针对社会热点问题，出台政策指导开展及时有效的科普工作；针对国际金融危机对我国经济的影响，为保持就业局势稳定，加大开展职业技能培训的力度，以提高劳动者科技素质与就业能力；出台科普事业发展进口税收优惠政策，促进我国公民科学素质建设事业健康发展；地方开展全民科学素质建设的能力进一步提升。

一　国务院办公厅出台文件指导日全食科普工作

2009 年 7 月 10 日，国务院办公厅发布《关于妥善做好应对日全食工作的通知》，要求各级科技部门和科协组织要充分利用此次日全食为科普宣传提供的良好机会，组织相关专家通过电视、广播、网络、报纸等多种渠道，广泛开展天文知识科普宣传活动，对日全食现象进行科学解释说明，对相关防范知识进行宣传普及。并要求针对日全食发生期间因天空亮度骤暗带来的不利影响和问题，请有关部门按照职责分工，制定完善相关预案，积极做好应对准备工作。

二　各成员单位结合部门职能，发布相关政策文件，推进全民科学素质建设

（一）应对国际金融危机与社会发展需求，出台政策指导开展职业技能培训

1. 实施特别职业培训计划

为应对国际金融危机对我国经济的影响，保持就业局势稳定，开展职业技能培训，以提高劳动者的科技素质与就业能力，成为 2009 年我国科普事业的一个重要任务。人力资源和社会保障部、国家发展改革委、财政部联合发出《人力资源和社会保障部、国家发展和改革委员会、财政部关于实施特别职业培训计划的通知》，实施特别职业培训计划。围绕受金融危机影响的各类劳动者的就业需求，从 2009 年至 2010 年，利用两年左右时间，集中对困难企业在职职工开展技能提升培训和转岗转业培训，帮助其实现稳定就业；对失去工作返乡的农民工开展职业技能培训或创业培训，促进其实现转移就业或返乡创业；对失业人员（包括参加失业登记的大学毕业生、留在城里的失业农民工）开展中短期技能培训，帮助其实现再就业；对新成长劳动力开展储备性技能培训，提高其就业能力。

2. 进一步规范农村劳动者转移就业技能培训工作

人力资源和社会保障部、财政部印发的《关于进一步规范农村劳动者转移就业技能培训工作的通知》指出，根据《财政部 人力资源社会保障部关于就业专项资金使用管理及有关问题的通知》和《人力资源社会保障部 国家发展改革委员会 财政部关于实施特别职业培训计划的通知》的要求，针对当前农村劳动者转移就业技能培训工作中存在的培训针对性不强、管理不规范、监管措施不到位、个别地方骗取挪用补贴资金等突出问题，为提高培训质量，确保资金使用安全和使用效益，从 5 个方面进一步规范人力资源社会保障系统组织实施的农村劳动者转移就业技能培

训工作：一是实施分类培训，强化培训的针对性和有效性；二是公开认定定点培训机构，整合优质培训资源；三是规范资金使用管理，提高资金使用效率； 四是强化培训过程监督，确保培训质量和效果；五是完善保障措施，确保工作实效。

3. 开展百万新型女农民教育培训工作

《全国妇联、农业部关于开展百万新型女农民教育培训工作的意见》指出，为深入贯彻落实党的十七届三中全会和中央农村工作会议精神，进一步提高农村妇女科学素质，增强妇女创业就业和增收致富能力，推动农村经济社会平稳较快发展，全国妇联和农业部决定共同开展百万新型女农民教育培训工作。该文件指出，一是提高认识，把新型女农民教育培训摆上重要位置；二是明确目标，制订切实可行的教育培训计划；三是加强培训，培养一批发展现代农业的新型女农民；四是整合资源，切实做好新型女农民的教育培训工作。

新型女农民教育培训工作的开展，符合提高农村妇女科学素质、增强妇女创业就业和增收致富能力的需求，也是当前新形势下发展农业生产、建设和谐农村社会的需要。

（二）颁布实施鼓励科普事业发展进口税收政策

《财政部关于 2009-2011 年鼓励科普事业发展的进口税收政策的通知》指出，自 2009 年 1 月 1 日至 2011 年 12 月 31 日，对公众开放的科技馆、自然博物馆、天文馆（站、台）和气象台（站）、地震台（站）、高校和科研机构对外开放的科普基地，从境外购买自用科普影视作品播映权而进口的拷贝、工作带，免征进口关税，不征进口环节增值税；对上述科普单位以其他形式进口的自用影视作品，免征关税和进口环节增值税。这极大地支持了科技馆、自然博物馆、天文馆（站、台）和气象台（站）、地震台（站）、高校和科研机构对外开放的科普基地进口科普影视作品工作。

（三）制定发布《全国科普教育基地认定办法（试行）》

为贯彻落实《全民科学素质纲要》和《科普基础设施发展规划》，推进和规范全国科普教育基地建设，鼓励社会各方面参加科普工作的积极性，中国科协发布《关于印发〈全国科普教育基地认定办法（试行）〉的通知》，制定发布了《全国科普教育基地认定办法（试行）》。

三 各地发布政策，促进地方科学素质建设工作

为加强领导，将全民科学素质纲要工作向基层推进，各地都明确了由政府领导分管全民科学素质工作的领导机制和相关部门分工负责、联合协作的工作机制，把科学素质行动纳入

政府议事日程，切实加以推动。贵州发布《贵州省人民政府关于加强全民科学素质工作的意见》，进一步推进全民科学素质建设深入开展，要求各地各部门必须从全局和战略的高度，充分认识实施《全民科学素质纲要》、加强全民科学素质建设的重要性和紧迫性，采取切实有效措施，深入持久地实施全民科学素质行动计划，务求抓出成效。甘肃省委、省政府发布《关于进一步加强新时期科协工作的意见》，要求科协组织作为各级政府推动《全民科学素质纲要》实施的组织协调部门，以贯彻实施《全民科学素质纲要》为抓手，增强科普服务能力，提高公民科学素质。陕西发布《中共陕西省委关于进一步加强新时期科协工作的意见》，要求各级党委、政府要将公民科学素质建设纳入当地经济社会发展规划，形成政府主导、全民参与、提升素质、促进和谐的科普工作新格局。各级科协要充分发挥科普工作主要社会力量的作用。福建省、江苏省分别发布关于加强中小学科技教育工作的意见，推进科技教育的发展。

（本文作者：朱洪启　单位：中国科普研究所）

各类专项资金加大投入
继续支持全民科学素质建设

2009 年，中央财政以各类专项的配套资金继续支持《全民科学素质纲要》实施的各项工作，其中支持科普惠农兴村计划，安排专项资金 2 亿元；支持中国科技馆新馆建设和展教设备及附属设施、《全民科学素质纲要》工作主题活动及全国科普日等重点科普活动、科普资源共建共享工程等，安排专项经费 6.75 亿元；加大对就业专项资金的投入，全国职业培训补贴支出达 56.5 亿元；安排农村义务教育经费保障机制改革资金 1169.2 亿元，各项目标提前一年全部实现等。同时，继续延长科普进口税收等优惠政策，支持国内科普事业的发展。此外，国家自然基金委员会等部门也在各自工作领域设立专项并配套资金，有力地保障了全民科学素质工作的顺利开展。

一　中央财政加大各类专项资金投入，积极支持《全民科学素质纲要》实施工作

（一）大力支持各项科普重点工作，增加相关资金投入

2009 年，中央财政共安排科普经费约 6.75 亿元，重点支持中国科技馆新馆建设和展教设备及附属设施、科普资源开发与共享工程、科普基础设施工程、未成年人科学素质行动、《全民科学素质纲要》工作主题活动及全国科普日等重点科普活动。

同时，通过中央补助地方科技基础条件专项资金，对县级以上科协所属单位的科普仪器设备购置和基础设施维修改造等进行支持，2009 年共安排资金 2 910 万元。

此外，中国科协与财政部联合实施了科普惠农兴村计划，按照"以点带面、以奖代补"的方式，2009 年共安排专项资金 2 亿元。

（二）加大对农民科技培训、科技扶贫等的工作力度，为社会主义新农村建设提供人才保障和智力支持

中央财政在 2009 年逐步加大对农民的各项培训支持力度，安排农村劳动力转移培训专项资金 11 亿元，作为阳光工程的补贴资金，通过培训券或降低学费的方式让农民直接受益。同时，将科技扶贫，包括优良品质的引进、先进实用技术的推广培训等列为重点支持的一项内容，2009 年，中央财政从扶贫资金中安排科技扶贫资金 5 000 万元。

此外，中央财政每年安排一定的资金用于支持农民专业合作组织对成员开展的专业技术、管理培训、组织标准化生产等培训工作，2009 年共安排资金 5 亿元。

（三）继续加强对城镇劳动者、领导干部和公务员等人群职业培训的支持力度，提高其职业技能和科学素质

1. 着重加大对劳动者职业技能培训的扶持力度，对符合条件的人员给予职业培训补贴

中央财政以补贴的形式鼓励支持各类职业院校、职业技能培训机构和用人单位等开展就业前培训、在职培训、再就业培训和创业培训，鼓励劳动者参加各种培训。对符合条件的人员参加职业培训的，按规定给予职业培训补贴；对符合条件的人员通过初次职业技能鉴定的，给予一次性职业技能鉴定补贴。财政部研究制定并会同有关部门出台了一系列鼓励和扶持劳动者就业的政策措施，其中，着重加大了对劳动者职业技能培训的扶持力度，规定从 2009 年到 2010 年，利用两年左右的时间，集中对困难企业在职职工开展技能提升培训和转岗转业培训，帮助其实现稳定就业；对失业人员（包括失业登记的大学毕业生、留在城里的失业农民工）开展中

短期技能培训，提高其就业能力。

同时，财政部会同人力资源和社会保障部制定了《关于就业专项资金使用管理及有关问题的通知》。为了支持各地做好各类就业困难人员的就业促进工作，中央财政逐年加大对就业专项资金的投入，资金规模不断增加。从 2006 年的 234 亿元增加到 2009 年的 390.91 亿元，其中全国职业培训补贴支出为 56.5 亿元。

2. 继续支持相关地区公务员、专业技术人员、党员干部等培训和继续教育工作

2009 年，中央财政安排西部地区人才开发专项经费 1 000 万元、振兴东北老工业基地人才开发项目经费 300 万元、新疆少数民族科技骨干特殊培养经费 800 万元、西藏少数民族科技骨干的专项培养经费 600 万元等，主要用于西部及东北老工业基地专业技术人员继续教育工作、公务员对口培训项目、西部地区人才市场建设、新疆和西藏少数民族科技骨干的培训以及人才资源开发国外培训项目等。

（四）大力支持教育事业发展，从根本上促进全民科学素质的提高

1. 全面落实城乡义务教育政策，大力支持义务教育发展

（1）进一步深化农村义务教育经费保障机制改革

按照国务院关于深化农村义务教育经费保障机制改革精神，农村义务教育经费保障机制改革于 2006 年启动，先从西部开始实施，2007 年春季在全国推开，农村义务教育全面纳入公共财政保障范围，建立中央和地方分项目、按比例分担的农村义务教育经费保障机制。2009 年，农村义务教育经费保障机制改革进一步深化，各项改革目标提前一年全部实现（见表 3-11）。

表 3-11 农村义务教育经费一览表（2006~2008）（单位：亿元）			
年 份	各级财政合计	中央财政	中央财政所占比例（%）
2006	360	150	41.7
2007	732	364.8	49.8
2008	—	578.3	—
2009	1 169.2	666.1	57.0

全国中西部农村中小学生均公用经费最低达到小学 300 元、初中 500 元的水平，东部地区最低达到小学 350 元、初中 550 元的水平。同时，全部免除了农村寄宿制学生的住宿费，继续向全国所有农村义务教育阶段学生免费提供教科书，并对中西部地区农村义务教育阶段家庭经济困难的寄宿生补助生活费，补助标准最低达到小学每人每年 500 元、初中每人每年 750 元。2009 年，各级财政共安排农村义务教育经费保障机制改革资金 1 169.2 亿元，其中，中央财政安

排了 666.1 亿元。全国约 1.5 亿名农村义务教育阶段学生全部享受免除学杂费和免费使用教科书政策，中西部地区约 1 120 万名农村义务教育阶段家庭经济困难的寄宿学生获得生活费补助。

（2）奖励整体免除城市义务教育阶段学生学杂费的省份

从 2008 年秋季学期起，实施城市义务教育阶段学生免除学杂费政策。中央财政对已经整体免除城市义务教育阶段学生学杂费的省份，按照免除学杂费资金的一定比例，安排奖励资金。2009 年，中央财政共安排城市免除学杂费奖励资金 31.7 亿元。此外，为支持和引导各地解决好进城务工人员随迁子女接受义务教育问题，中央财政安排奖励专项资金 20 亿元，用于农民工子女的城市学校补充公用经费和改善办学条件。

这些工作保障了义务教育事业的持续健康发展，有力促进了教育公平与和谐社会建设，为提高中小学生的科学素质创造了根本条件。

2. 加大学生资助力度，出台中等职业学校免费政策，加快推进职业教育发展

为使家庭经济困难学生能够顺利进入中等职业学校学习，国家对所有在校一二年级农村户籍的学生、县镇非农户口的学生和城市家庭经济困难的学生每年给予 1 500 元的生活补助，2009 年，中央财政共安排 92.8 亿元，受益学生达到 1 120 万名。

2009 年 12 月，经国务院同意，财政部、国家发展改革委、教育部、人力资源和社会保障部联合印发了《关于中等职业学校农村家庭经济困难学生和涉农专业免学费工作的意见》（财教〔2009〕442 号），决定从 2009 年秋季学期起，对中等职业学校农村家庭经济困难学生和涉农专业学生逐步免除学费（艺术类相关表演专业学生除外），同时大力推进中等职业教育改革和创新。免学费补助资金，由中央和地方财政共同分担。2009 年，中央财政共安排中等职业学校免学费补助资金 24 亿元。全国约有 426 万名中等职业学生享受免学费政策，约占在校生总数的 21%。这些措施对于减轻农民负担，加强农村中等职业教育，鼓励高素质劳动者在农村创业就业及改善农村劳动力结构具有十分重要的推动作用。

3. 启动实施一系列重大项目，继续加强职业教育基础能力建设

中央财政启动实施了职业教育实训基地建设、国家示范性高等职业院校建设计划、中等职业学校教师素质提高计划等重大项目。2009 年，中央财政共安排项目经费 12.51 亿元，有力地推进了职业教育改革与发展。

（五）继续实施或延长相关税收优惠政策，为相关科学素质工作创造良好的政策环境

1. 延长相关进口税收优惠政策时限

根据《财政部关于鼓励科普事业发展的进口税收政策的通知》的规定，对公众开发的科技

馆、自然博物馆、天文馆（站、台）和气象台（站）、地震台（站）、高校和科研机构对外开放的科普基地，从境外购买自用科普影视作品播映权而进口的拷贝、工作带，免征进口关税，不征进口环节增值税；对科普单位以其他形式进口的自用影视作品，免征进口关税和进口环节增值税。经国务院批准，财政部下发了《关于 2009-2011 年鼓励科普事业发展的进口税收政策通知》（财关税〔2009〕22 号），对科普进口税收政策延续 3 年，继续支持国内科普事业的发展。

财政部会同有关部门出台了《财政部 海关总署 国家税务总局关于支持文化企业发展若干税收政策问题的通知》，规定从 2009 年 1 月 1 日至 2013 年 12 月 31 日，对广播电影电视行政主管部门按照各自职能权限批准从事电影制片、发行、放映的电影集团公司、电影制片厂及其他电影企业取得的销售电影拷贝收入、转让电影版权收入、电影发行收入以及在农村取得的电影放映收入免征增值税和营业税；2010 年年底前，对广播电视运营服务企业按规定收取的有线电视基本收视维护费免征营业税，期限不超过 3 年；为生产重点文化产品而进口国内不能生产的自用设备及配套件、备件等，按现行税收政策有关规定，免征进口关税。

2. 制定出台相关增值税和营业税优惠政策

财政部会同有关部门出台了《财政部 国家税务总局关于继续实行宣传文化增值税和营业税优惠政策的通知》，对科技出版物实行增值税优惠政策；对科普单位的门票收入以及县及县以上（包括县级市区、区、旗）党政部门和科协开展的科普活动的门票收入免征营业税；对境外单位向境内科普单位转让科普影视作品播映权取得的收入免征营业税。

3. 继续实施针对科普事业捐赠的所得税优惠

根据《中华人民共和国企业所得税法》第九条及实施条例第五十一条、《中华人民共和国个人所得税法》第六条及实施条例第二十四条的规定，企业、事业单位、社会团体和个人等社会力量按照《中华人民共和国公益事业捐赠法》的规定对科普事业进行捐赠的，企业在年度利润总额 12% 以内的部分，个人在其申报应纳税所得额 30% 以内的部分准予在所得税前扣除。

▣ 国家自然科学基金会资助突出的青少年科技活动，重点落实未成年人科学素质行动

2009 年，国家自然科学基金会继续加强科普研究及青少年科技活动等资助工作，探索提高青少年科学素质的有效模式。

（一）2009 年资助的科普研究项目

国家自然科学基金资助的科普研究项目以面向公众传播科学知识为目标，资助那些具有丰富科普工作经验的科普专家开展科学基金资助项目成果的科普资源开发，向公众提高多种形式的科学知识普及资源。2009 年，资助影视、展览、专著等多种形式的科普项目，共资助项目 10 项，奖助金额共计 200 万元，其中，科普影视 1 项，27 万元；科普展览 4 项，105 万元；科普著作 5 项，68 万元。这些项目涉及数学、化学、转基因植物与食品、健康、生物、天文、古生物等方面，为科学知识传播提供了重要资源（详见表 3-12）。

表 3-12　2009 年度国家自然科学基金资助科普项目清单

序号	项目名称	依托单位	项目类别
1	《神奇菌物》	中科院微生物研究所	科普影视
2	《中学生数学小丛书》	北京师范大学	科普专著
3	《"从分子共和国到元素的世界"系列化学科普丛书》	北京大学	科普专著
4	《关注转基因植物与食品安全》	华中农业大学	科普专著
5	《B 族维生素——21 世纪健康守护神》	北京大学	科普专著
6	《中西医防治骨质疏松千题解》	河北医科大学	科普专著
7	世界保护故事（世界保护范例成就科普展览）	中科院动物研究所	科普展览
8	儿童心理健康巡展	中科院心理研究所	科普展览
9	"古生物研究探秘"互动科普展览	中科院古脊椎动物与古人类研究所	科普展览
10	基于平台的天文科普展览与 e-Science 理念普及教育	中科院国家天文台	科普展览

（二）2009 年资助的青少年科技活动

国家自然科学基金与中国科协、教育部和中科院共同资助青少年科技活动，引导和激发青少年对科学的兴趣，培养科学研究的后备力量。2009 年，国家自然科学基金资助青少年科技活动项目 32 项，比 2008 年的 28 项增长 14.29%，经费总额为 600 万元，比 2008 年的 540 万元增长 11.11%。与各部门共同资助的活动有：

1. 与中国科协共同资助的青少年科技活动

（1）资助中、小学生参加 2009 年国际重大的科技竞赛和国内举办的青少年科技竞赛

主要包括：国际奥林匹克竞赛，包括数学、物理、化学、信息学、生物学和天文学等 6 个学科的国际奥林匹克竞赛；国际科学与工程学大奖赛；全国青少年科技创新大赛。

（2）科技后备人才早期培养计划

支持优秀中学生进入国家重点实验室进行研究性学习；资助北京市青少年科技俱乐部在中学开展科学普及活动。

（3）青少年创新人才培养项目

（4）青少年心理素质的实践、科学调查体验和科学教育活动

序号	项目名称	承担单位
	表 3-13　2009 年国家自然科学基金与中国科协共同资助的青少年科技活动项目	
1	参加第 60 届英特尔国际科学与工程学大奖赛	中国科协青少年科技中心
2	中国科协青少年创新人才培养项目：科教合作共建中学教师专业发展支持系统	中国科协青少年科技中心
3	全国青少年科技创新大赛	中国科协青少年科技中心
4	科技后备人才早期培养计划	中国科协青少年科技中心
5	青少年科学调查体验活动	中国科协青少年科技中心
6	第 20 届国际生物学奥林匹克竞赛	中国植物学会
7	第 39 届国际物理奥林匹克竞赛	中国物理学会
8	第 41 届国际化学奥林匹克竞赛	中国化学会
9	第 50 届国际数学奥林匹克竞赛	中国数学会
10	第 21 届国际信息学奥林匹克竞赛	中国计算机学会
11	天文国际奥林匹克竞赛	北京天文馆
12	提升青少年心理素质的实践活动	中国科普研究所
13	科普场馆青少年科学教育活动	中国科普研究所

2. 与教育部共同资助的青少年科技活动

（1）研究生暑期学校

2009 年，资助了 13 个研究生暑期学校，涉及的学科领域有数学、物理、天文、化学、生物、医学、农学、生态、航空宇航科学工程、风险与灾害、公共管理等。本项活动面向研究生和部分青年教师，通过整合优秀的教师资源，聘请国内外学术水平高、教学经验丰富、正在从事科学研究的专家和学者担任主讲教师，传递科学前沿发展动态和最新研究成果，培养研究生从事科学研究的能力和方法。

（2）青少年主题科技创新活动和探究科技营

组织青少年探究科技创新活动，培养青少年对科技创新的兴趣，开阔青少年的视野，增强创新意识和实践能力，为广大青少年拓展思路，提供更多接触科技创新的机会。

表 3-14　2009 年国家自然科学基金与教育部共同资助的青少年科技活动项目

序号	项 目 名 称	承担单位
1	全球公共卫生问题研究培训班	北京大学
2	分子自组装与生物模拟全国研究生暑期学校	清华大学
3	农业生物技术全国研究生暑期学校	中国农业大学
4	风险与灾害高级研讨班	北京师范大学
5	生态学全国研究生暑期学校	复旦大学
6	功能材料量子设计和量子物理研究生暑期学校	中国科学技术大学
7	英国南安普顿大学—中国厦门大学联合电化学研究生暑期学校	厦门大学
8	生物学全国研究生暑期学校	中山大学
9	公管管理与复杂性科学全国研究生暑期学校	西安交通大学
10	引力波天文学国际研究生暑期学校	云南大学
11	组合优化与图论研究生暑期学校	新疆大学
12	航空宇航科学与工程研究生暑期学校	北京航空航天大学
13	循证医学研究生暑期学校	四川大学
14	青少年主题科技创新活动	山东师范大学
15	青少年主题探究科技营	教育部基础教育课程教材发展中心

3. 与中科院共同资助的青少年科技活动

发挥中科院学科门类齐全、科学资源丰富的优势，在北京及云南两地开展与天体科学、地球科学和生命科学相关的人才早期培养有关工作。开展灾后青少年心理健康的促进和青少年科普创意大赛活动。

表 3-15　2009 年国家自然科学基金与中科院共同资助的青少年科技活动项目

序号	项 目 名 称	承担单位
1	中国科学院科技人才早期培养	中科院遥感应用研究所
2	西部地区科技人才早期培养	中科院昆明植物研究所
3	灾后青少年心理健康促进	中科院心理研究所
4	中国科学院青少年科普创意大赛	中科院遥感应用研究所

（本文作者：钟　琦　单位：中国科普研究所）

社会各方广泛参与
科普队伍逐步壮大

　　2006 年《全民科学素质纲要》颁布实施以来，随着社会动员的广泛开展和工作重心逐渐向基层转移，参与公民科学素质建设的社会组织更加多元，支撑科学素质工作的人员队伍在数量和质量上都有较大发展。突出特点是：形成了稳定的科学素质工作人员队伍，且他们的专业素质和工作能力逐步提升；兼职人员和志愿者队伍不断发展壮大，成为基层开展科学素质工作的重要保障；企业和民间组织逐步参与科学素质工作，并发挥重要作用。

一　公民科学素质建设人员队伍数量大幅提高，素质进一步提升

人员队伍是公民科学素质建设的人才保障和智力支撑[①]，科普人员是科普活动的组织者，是科技知识的传播者，是我国公民科学素质建设的重要力量。根据科技部科普工作统计指标设计原则，科普人员划分为科普专职人员和科普兼职人员[②]。科技部科普工作统计结果显示（以下如无特殊说明均引自该统计结果），2008 年全国共有专兼职科普人员 176.10 万人，比 2006 年增长 8.47%，平均每万人口中有科普人员 13 人，比 2006 年增长 1 人。

（一）大力培训科普专职人员队伍，提高专业素质和工作能力

根据科技部科普工作统计指标解释：科普专职人员指从事科普工作时间占其全部工作时间 60% 及以上的人员。包括各级国家机关和社会团体的科普管理工作者，科研院所和大中专院校中从事专业科普研究和创作的人员，专职科普作家，中小学专职科技辅导员，各类科普场馆的相关工作人员，科普类图书、期刊、报刊科技（普）专栏版的编辑，电台、电视台科普频道、栏目的编导，科普网站信息加工人员等。2008 年，我国科普人员中有专职人员 22.97 万人，比 2006 年增长 14.89%。

加强中小学和科技场馆的科技教师、辅导员队伍建设。教育部组织广西师范大学、北京师范大学等部分高等院校教师、部分省市理科教研员和中小学优秀理科（科学课）教师研制科学教育特色学校理科教师培训课程。自 2007 年以来，教育部每年都设置专项经费用于科学教师的培训工作。在黑龙江等 9 个省份，选择 50 余所中小学校为"科学特色学校建设"试点学校。为举办学校教师的科学素养培训，提高他们的科学探究教学能力提供便利。2006~2009 年，中国青少年科技辅导员协会举办 22 期骨干科技教师、基层科技辅导员和校外科技活动场所辅导员培训班，全国近 4 000 名科学教师和科技辅导员参加了业务培训。2009 年，首届全国科技馆辅导员大赛在天津拉开帷幕，共有来自全国 27 个科技馆的 118 名选手在大赛中一展风采。一些地方也为科技辅导员队伍建设提供了政策上的保障。福建省教育厅等部门联合印发《关于加强中小学科技教育工作的意见》，要求乡镇中心小学至少要配备一名专职科学教师，满足全面实施新科学课程的需要；将中小学教师进修科学专业课程和科技技能列入师资队伍建设规划，作为继续教育的内容；全省中小学都要各配备 1 名以上的专职或兼职的科技辅导员，达标普通高中要尽可能配备专职科技辅导员；中小学教师担任科技辅导员，其课外科技辅导工作应核定工作量；要在工作、生活、进修、职称评定和考核评优等方面给予科技辅导员必要的政策倾斜。

---

① 中国科协科普部.全民科学素质行动计划纲要28讲［M］.北京：科学普及出版社，2008.

② 科技部政策法规司、中国科学技术信息研究所.全国科普工作统计培训教材［M］.2008年12月，科技部网站.

面向大众媒体的科普专职人员开展培训。中国科协定期召开媒体记者联谊会，举办媒体记者科技传播培训班，就如何提高科技传播能力进行了交流研讨。有关社会组织在加强科技界与科技传媒工作者间的沟通与了解，提高科学家和媒体从业人员科技传播能力方面进行了积极的努力和探索。2008 年，中国科技新闻学会组织研讨会，邀请中科院、清华大学、北京大学、新华社、《人民日报》、《光明日报》等单位的 40 余名专家、编辑记者进行座谈。与会专家和媒体代表结合我国科技传播现状，提出通过建立必要的政策激励机制，把科技知识和信息送达公众身边，并把他们对科技的需求、观点和看法反馈给科技机构或政策制定者，将公民科学素质建设不断推向前进。

（二）各地积极发展科普兼职人员队伍，确保基层科学素质工作的落实

根据科技部科普工作统计指标解释：科普兼职人员指在非职业范围内从事科普工作，仅在某些科普活动中从事宣传、辅导、演讲等工作的人员以及工作时间不能满足科普专职人员要求的从事科普工作的人员。包括进行科普（技）讲座等科普活动的科技人员，中小学兼职科技辅导员，参与科普活动的志愿者，科技馆（站）的志愿者等。科普兼职人员 153.14 万人，比 2006 年增长 7.57%。

随着全民科学素质工作与教育、人才培养、新农村建设等工作的结合日益紧密，来自各行各业的兼职科普人员成为面向公众开展科普的重要力量，也有效地缓解了专职科普人员不足的问题。2009 年，各地高度重视科普兼职人员的动员、组织和管理，通过成立组织机构、项目支持和开展培训等多种方式加强科普兼职人员工作。

加强对科普兼职人员的动员、组织和管理。上海组建万人科普志愿者队伍，推动全市科普、学术活动信息能够得到更有效的共享和传播。广东成立科普志愿者协会，充分动员广大科技工作者和社会热心人士投身科普事业。浙江、辽宁、江苏、四川、福建等省充分发挥大学生的智力优势，以多种形式吸收他们参与基层科普工作。山东省围绕落实选聘高校毕业生到农村任职工作，在部分市启动了到村任职高校毕业生兼任科普员活动，2 000 多名大学生村官兼职科普宣传员，在提升农民科学素养、带领群众依靠科技致富方面发挥了积极作用，近百万农村群众从中受益。

通过多种方式调动基层科普兼职人员的积极性。中国农函大连续 4 年实施新农村百万乡土科普人才培训工程，不断推动农村实用科技人才队伍建设。每年全国农函大系统开展农民培训平均 800 余万人次，培训的内容、范围、质量等方面逐年扩大和加强。农函大中专学历教育专业已发展为 25 个专业，2009 年共招收中专学历教育学生 1 750 人。2009 年，全国各级农函大培训返乡农民工约 150 万，其中 20% 找到工作，80% 有工作意向或签订合同。新疆维吾尔自治区以农村技术职称评定为抓手，积极助推乡土科技人才成长，对提高农牧民的科学素质、增强依靠科技增收致富的本领和促进当地产业结构的调整起到了示范和辐射带动作用。据初步统计，新疆各地近年来涌现出的种植大户、养殖能手、科技致富带头人中，85% 以上取得了初、中级农民技术人员职称。通过对获得技术职称的人员给予补助，在技术承包、贷款等方面给予

优惠，在学习、培训、评奖中给予优先考虑，极大地调动了农民技术员的工作积极性，一部分农民技术员还走上了村级甚至乡级领导岗位，成为农村科技致富和小康建设的引路人。

（三）为科学素质人员队伍发展提供政策保障

各地各部门通过政策和制度建设积极推进本地区和本系统科普人员建设。2007 年，科技部、中宣部等 8 部门联合印发《关于加强国家科普能力建设的若干意见》，指出要"专兼职结合，建设高素质的科普人才队伍"，提高科普人员的专业化水平，加强科普志愿者队伍建设。2008 年，国家发展改革委、科技部、财政部和中国科协联合印发《科普基础设施发展规划》，重点提出实施科普人才队伍培养工程，对建设专职科普人才队伍和发展兼职、志愿者科普队伍进行了部署。2009 年，国家中医药管理局成立中医药文化建设与科学普及专家委员会，加快中医药文化科普人才队伍建设。此外，国家民委、安全监管总局、卫生部、林业局、中科院、气象局、全国妇联等部门在制定本系统的科学素质工作政策时，也都把人员队伍的建设作为重要内容予以强调。各地也高度重视科学素质工作人员队伍的建设和培养。山东省政府印发《贯彻全民科学素质行动计划纲要的实施意见》，提出要注重科技传播与普及专业化人才的培养，不断提升专职队伍的科学素质和业务水平，努力形成一支规模宏大、素质较高的兼职人才队伍和志愿者队伍。河北省委、省政府联合印发《关于落实科学发展观大力加强全民科学素质工作意见》，要求各县（市、区）政府要为同级领导小组办公室配备必要的工作人员。

■ 社会各界积极参与公民科学素质建设

在政府的不断推动和大力倡导下，全社会对公民科学素质建设日益关注，一些企业和民间组织积极承担社会责任，结合自身特点参与公民科学素质建设。

（一）企业积极承担社会责任，成为公民科学素质建设的参与者和受益者

近年来，随着企业对社会责任认知度的提高，一些中外知名企业利用自身的优势资源，在青少年科普、科普场馆建设、环保、能源节约、安全、健康、消费科普等方面做了大量的工作和探索，为提高全民科学素质作出了积极贡献，同时也为企业本身树立了良好的社会形象。2009 年 12 月，中国科技新闻学会开展了全民科学素质与企业社会责任科普案例征集活动，得到了 200 余家中外企业的关注和支持，共征集到具体的案例材料近百份。经过专家评定，主办方评选出 42 个优秀案例收录进《全民科学素质与企业社会责任优秀案例集》（见表 3-16）。这42 个案例并不能代表企业参与公民科学素质建设的全部，但是对这些案例的分析能够从一些侧面反映企业的重要作用和突出贡献。

序号	名　称
表 3-16　《全民科学素质与企业社会责任优秀案例集》入选名单（排名不分先后）	
1	"索尼探梦"科技馆与"科学实验广场"活动
2	中国儿童青少年威盛中国芯计算机表演赛
3	华硕科普图书室
4	宝洁全国学校健康教育计划
5	英特尔社区教育项目——"英特尔求知计划"
6	利乐：绿色世博，"椅"我为荣
7	欧莱雅"破解头发的奥秘"科普展
8	壳牌中国青少年能源可持续发展教育项目
9	联想"圆梦计划"助力农村信息化
10	巴斯夫"小小化学家"儿童互动实验室
11	IBM"工程师周"科普活动
12	中国移动奥运读本进校园活动
13	诺基亚"手牵手"——儿童早期教育和养护项目
14	壳牌中国：美源于心，境成于行——美境行动
15	"自然之道　奔驰之道"自然保护项目
16	阿尔斯通"滇西北·梅里雪山—老君山生物多样性保护"项目
17	"皇明太阳能"科普万里行
18	强生"西部行"项目
19	威立雅环境"画环保画，护地球家园"儿童绘画活动
20	普利司通"绿色驾驶"环境启蒙活动
21	辉瑞中国"应对癌症、控制吸烟"普及教育
22	联邦快递"儿童安全步行"公益活动
23	IBM"科技让生活更美好"放眼看科学系列科普活动
24	"爱普生绿色下一代"环保教育工程
25	百威英博理性饮酒公益活动
26	雀巢在华创造共享价值　开展营养健康科普教育
27	福特汽车环保奖
28	美国礼来公司耐多药结核病公益科普项目
29	强生"婴儿抚触项目"在中国普及
30	APP"科学发展人工林——大学生暑期环保实践活动"
31	NEC电子杯全国大学生电子设计竞赛
32	氏化学《我们的城市》选修课程
33	3M校园科普和科技探秘系列活动
34	长城润滑油"文明行车，畅行奥运"公益活动

续表

序号	名　　称
35	米其林"为了明天，绿化你的旅程"环保活动
36	海尔电脑"润眼千县行"
37	"奥迪童梦圆"公益项目
38	西门子"爱绿教育计划"
39	安利"关爱中国流动儿童大行动"阳光计划
40	百度"弥合信息鸿沟　共享知识社会"系列项目
41	强生医疗患者关爱计划暨疝气患者关爱计划
42	三星"一心一村"行动

（二）民间组织日益壮大，积极参与公民科学素质建设

自2007年起，中国科协连续3年实施了全国学会科普活动专项，共资助87个全国学会的108个项目，面向4个重点人群开展科普工作，探索科普活动资源的共享，提高全国学会的科普能力和水平。通过该专项的实施和引导，全国学会已经成为落实《全民科学素质纲要》的一支主要力量。如中华医学会、中华预防医学会承担卫生部卫生科技进社区等任务，常年开展健康教育进社区巡讲、健康生活博览会等活动；中国环境科学学会举办千乡万村环保科普行动、公交车上的环保科普宣传活动；中国林学会围绕国家林业局林改示范试点行动开展科普服务；中国气象学会围绕中国气象局防止气象灾害重点工作开展科普宣传；中国农学会承担着农民科学素质行动协调小组办公室的具体任务，组织开展了农民科学素质论坛、农民科学素质行动试点村建设、农民科学素质宣传教育优秀作品征集推介等活动。全国学会科普能力不断提高，形成了一批科普活动品牌。

除了全国学会之外，一些完全由公民自发形成的民间组织也开始关注和支持公民科学素质建设。由一批科学媒体从业者和科学写作爱好者自发组成的科学传播公益团体科学松鼠会，以网络为主要阵地开展多种形式的大众科学传播，以其自由、活泼的科学传播方式赢得了数十万国内外科学爱好者的关注和称颂。2009年科技活动周期间，在上海成立的王世杰科普工作室，为盲人讲电影和开展趣味科普秀，为面向特殊人群的科学素质工作进行了有益的探索。2007年，王世杰在上海首创了为盲人讲电影服务活动，撰写了多部电影和科普宣传片的盲人版解说脚本，并走进社区、深入盲人家庭为盲人讲电影，走遍了上海市闵行区所有的镇、街道、社区，3年来共讲解了60多场，受众人数达3 000多人次，深受盲人听众的欢迎。趣味科普秀则是用时尚、有趣的表演形式解说群众身边的科学，使人们理解科学，爱上科学。

（本文作者：刘　渤　单位：中国科协科普部）

理论研究深入开展
为全民科学素质行动提供智力支持

　　本文依据公开发表的公民科学素质建设研究相关文章，描述2009年我国公民科学素质建设研究工作所取得的进展。研究资料来自 CNKI 中国知网数据库。以"公众理解科学"、"科普"、"科学普及"、"科学传播"、"科技传播"、"科学素质"、"科学素养"、"科技教育"、"科学教育"为题名和关键词的检索词进行精确匹配模式全文检索。

　　通过发表文章来看，2009年我国公民科学素质建设研究的亮点是公民科学素质测量与科普新媒体和新媒体环境。当然，公民科学素质建设其他相关研究也出现了一些重要研究成果。2009年的公众科学素质研究成果显示，《全民科学素质纲要》的实施日益成为我国科普研究工作的核心内容与引领力量，研究围绕《全民科学素质纲要》的实施开展，并服务于《全民科学素质纲要》实施。同时，从所搜集的文章来看，研究生已成为我国公民科学素质研究工作的一支重要力量，且涉及科学素质研究的研究生专业呈现多样化特点，我国公众科学素质建设跨学科交叉研究的趋势初步显现，公民科学素质建设研究人才的培养逐步实现多元化。

一　公众科学素养测量研究

公众科学素养测量问题成为一个研究焦点，主要是围绕米勒体系及其应用、具体语境中的公众科学素养测量等问题展开。

1. 对米勒体系的研究

"科学社会化语境中的米勒体系及其理论借鉴、目标指向"[①] 指出，米勒体系的提出，首先被置于科学自身从学院科学走向后学院科学的变化背景下，其次被置于科学与政治互动的社会语境之下。而究其理论来源，则主要是借鉴比较政治学领域的政策制定的分层模型和热心公众理念。民主政治体系中的公众参与科学技术政策则构成了米勒体系的目标指向。对于我国来说，充分理解米勒体系所基于的社会语境、理论来源及其目标指向，有助于我们在充分考察和对比我国当前的社会发展阶段、政策制定模式以及公民科学素质建设的目标诉求的基础上，在我国公民科学素质测量的本土化探索中实现对米勒体系的合理、适度及有效的应用。

"科学的社会化：对米勒体系确立过程的分析与考察"[②] 指出，历史上有三个事件对米勒体系的形成产生了重要影响：1957 年，美国国家科学作家协会（NASW）发起的首次全国范围内的调查；1972~1976 年，美国国家科学基金会（NSF）进行的全国范围内的调查；1979 年，米勒及其同事提交给 NSF 的建议书。本文通过对相应三阶段调查内容的分析和考察，揭示米勒体系的产生与科学社会化进程的联系。

"美国米勒公民科学素养测评指标体系的形成与演变"[③] 一文探讨了美国学者 J. D. 米勒教授首创的公民科学素养测评指标体系，论述了米勒公民科学素养测评指标体系的产生背景、形成过程与演变历程及其国际应用，并揭示了其对我国当前公民科学素质测评指标建设所具有的借鉴意义。

2. 具体语境中的公众科学素养测评

"社会语境与公众科学素养测评研究"[④] 指出，国内外关于公众科学素养测评的讨论愈益激烈。概括起来，主要集中于四个方面：公众科学素养能否测评、如何进行公众科学素养测

---

① 李红林. 科学社会化语境中的米勒体系及其理论借鉴、目标指向 [J]. 自然辩证法研究，2009（5）.

② 李红林，曾国屏. 科学的社会化：对米勒体系确立过程的分析与考察 [J]. 科普研究，2009（5）.

③ 陈发俊，史玉民，徐飞. 美国米勒公民科学素养测评指标体系的形成与演变 [J]. 科普研究，2009（2）.

④ 陈发俊. 社会语境与公众科学素养测评研究 [D]. 合肥：中国科学技术大学，2009.

评、对美国乔恩·米勒公民科学素养测评指标体系的批评与修正、公众科学素养测评新模式研究。本研究主要基于科学社会学视角，运用社会语境分析方法，论述第二次世界大战以来，科学素养概念产生、演变及公众科学素养测评实践活动与世界范围的内社会语境变化之间的联系，考察不同社会语境中公众科学素养测评实践，分析我国当代社会语境下公众科学素养测评存在的问题。在此基础上，提出改进我国公众科学素养测评的对策与建议。

"公众科学素养测度的困难——以科学素养的三维度理论模型为例"[①] 一文指出，科学素养是由若干要素有机结合而形成的复杂系统，此文运用一般系统论原理，尤其是系统要素的关联性原理，以学术界常见的三维度科学素养理论模型为例证，论证了公众科学素养量化测评的难度。

"我国公众科学素养测评存在的问题与对策"[②] 一文分三个阶段简要分析我国公众科学素养测评实践，讨论了我国公众科学素养测评实践中存在的问题。文章指出，我国公众科学素养测评实践存在的问题主要是：没有形成体现中国社会特质的公众科学素养理论体系；没有形成符合中国社会发展需要的公众科学素养测评指标体系；关于中国国情的调查问题没有真正体现中国文化传统与地方知识的实质性内容；测评与研究结果没有对相关决策形成根本影响。文章对我国公众科学素质调查提出建议：确立公民科学素养基准，基于我国国情重新定位公众科学素养测评，拓展我国公众科学素养测评模式，我国公众科学素养测评非常缺乏对专一话题的测评，我国应该大大增加专门主题测评，深入了解公众对某个特定问题的理解与态度状况，这样才能增强公众科学素养测评的针对性，使测评目的更加明确而具体，决策参考价值更大。

"公众科学素养建设工作评价体系研究"[③] 一文构建了公众科学素养建设工作评价的动态模块系统（DMS），并针对其3个模块（战略评价、项目评价、组织评价）分别设计相应的评价结构、评价方法及评价指标体系，对公众科学素养建设工作评价体系进行了初步的探索。

"科学素质与科学素质调查的意义"[④] 一文从国际上最近的公民科学素质调查入手，分析多文化背景下的世界各国（地区）对科学素质的理解。不同的文化背景会带来对科学素质的不同理解，而这种不同理解会导致不同的公民科学素质调查。在此基础上展示当前的学者在理解科学素质上的一些趋势。文章以两个国家的公民科学素质调查为例分析了对科学素质的不同理解所带来的不同测度（科学素质调查）；其次，尽管各种测度可能会使用相同的方式，但测度的意义是不同的，在笔者看来知晓测度的意义则更为重要。

① 陈发俊.公众科学素养测度的困难——以科学素养的三维度理论模型为例 [J].自然辩证法研究，2009（3）.

② 陈发俊.我国公众科学素养测评存在的问题与对策 [J].中国科技论坛，2009（5）.

③ 王芳官，王淼.公众科学素养建设工作评价体系研究 [J].科技进步与对策，2009（4）.

④ 张超，李曦，何薇.科学素质与科学素质调查的意义 [J].自然辩证法研究，2009（5）.

相关研究还有，"中学生科学素养测评工具研究"[①]，"中学科学教师科技素质测量评价的初步研究"[②] 等。

■ 科普传媒研究

1. 科普新媒体环境与科普新媒体研究

"试探新媒体环境下科技传播的态势和机遇"[③] 指出，科技传播正面临着新的环境——新媒体环境。以互联网、移动技术为主导的新媒体，正以不可阻挡之势闯进我们的工作、学习和生活，为提高公众科学素质提供了重要的平台；同时，对科技传播的各个环节也带来了冲击，并已产生了重大影响。本文分析了科技传播在新媒体环境下呈现出的发展态势、课题和机遇。

"新媒体环境下的科普出版"[④] 指出，我国出版业正面临着新的市场环境——新媒体环境。以互联网技术为主导的第四媒体、以移动技术为主导的第五媒体，对出版业编、印、发各个环节都带来了冲击。作者认为，科普出版在新媒体环境下，将呈现出新的发展趋势：①科普出版的主体将由"专业化"走向"大众化"；②科普出版的资源将由"单一化"走向"多元化"；③科普出版的形式将由"图片化"走向"形象化"；④科普出版的营销将由"个体化"走向"群体化"；⑤科普出版的销售将由"有形化"走向"无形化"。

"新媒体与基于公众的科技传播之实践探析"[⑤] 一文指出，近年来，以网络、手机、户外多媒体广告、校园视频等为代表的新型媒介向传统的传播体系和传播模式发起挑战。扬新媒体之长，向公众提供符合其诉求的科技传播内容，构建新媒体背景下的科技传播模式，成为业界所关注和探索的焦点。本文通过对实践的分析，探讨新媒体时代基于公众科技传播的特点、责任以及面临的机遇和挑战。

"当代媒介融合新趋势与科技传播模式的演化"[⑥] 一文指出，社会发展和技术进步催生出新媒介形态如网络和手机，并促使媒介向融合方向发展。媒介融合给科技传播提供了全新的表现形式和展示空间。媒介融合新趋势透射出多媒体技术的突破、公民社会的培育建设和受众主体地位的提升，并推动科技传播模式向循环互动方向演化。

---

① 王蕾.中学生科学素养测评工具研究［D］.上海：上海师范大学，2009.

② 吕颖.中学科学教师科技素质测量评价的初步研究［D］.上海：上海师范大学，2009.

③ 翟雪.试探新媒体环境下科技传播的态势和机遇［J］.科技传播，2009·8（上）.

④ 郭晶.新媒体环境下的科普出版［J］.科技与出版，2009（2）.

⑤ 张荣科，崔薇.新媒体与基于公众的科技传播之实践探析［J］.科技传播，2009·8（上）.

⑥ 汤书昆，韦琳.当代媒介融合新趋势与科技传播模式的演化［J］.理论月刊，2009（12）.

"新媒体时代科学传播规律性探析"[1] 一文尝试在新媒体时代的宏观背景下，通过对科学传播要素的分析和总结，综合社会现状和传播现状的变化，来建构新媒体时代下的科学传播新模式。

"手机在民族地区农村科技传播中的作用"[2] 一文指出，传统媒体与互联网在农村科技信息传播中存有诸多缺陷：传统电子媒体硬件设施不完善，内容缺乏针对性，科技类报纸、互联网在农村普及率低等。而手机由于其普及性，在一定程度上可弥补以上不足。但手机农业科技信息主要是文字传播，且短信受字数限制无法细述，而鉴于农民的阅读水平，却需要尽可能详细的注解。为了加快手机的科技传播作用，作者建议，加强政策扶持，形成长效机制，充分利用现有传播平台，搞好手机与网络优势互补，建立完善专家咨询库，延伸手机服务功能等。

"我国科普网站现状及对策研究"[3] 一文从受众网络科普资源利用状况和科普网站个案分析的视角，对我国科普网站进行了相关统计分析，对科普网站的受众（以安徽省青少年学生为调查对象）进行了调查研究。

"科学博客圈在危机传播中的信息传播特色分析——以'甲型 H1N1 流感'事件为例"[4] 一文指出，近年来，以科学网博客圈为代表的科学博客在科学传播中发挥的作用越来越大。科学博客圈在甲型 H1N1 流感卫生安全事件中充分发挥出第四媒体效应。本文概括了危机传播的特点，并提出了科学博客圈的概念及科学博客圈的危机传播模式。

"科学博客的传播要素及传播功能研究"[5] 一文首先阐述了科学博客的发展现状，并对科学博客的概念进行了界定，之后对国内外科学博客的类型进行了梳理归类；对科学博客的传播者、传播对象、传播内容以及渠道传播特性等四要素展开分析；通过比较科学博客与其他传统媒介在科普中体现的优势，分析研究了科学博客在科学传播过程中产生的正向功能；结合正向功能，探讨科学博客潜在的负面影响，并提出应对思路。

"动漫在我国科技传播中的作用研究"[6] 一文以非语言符号的传播功能理论、受众的选择性心理理论、视觉传播理论以及公众科学素养理论等为理论基础，阐述动漫在科技传播中的表现形式与优势，深入探讨了动漫在科技普及、科技教育、专业交流、技术传播四个层面中的作用。并从观念、政策、技术、渠道与人才多方面分析动漫在发挥其作用时遇到的问题与成因，借鉴国外的一些先进经验，针对这些问题提出如何更好使动漫作用得以发挥的途径与建议。

---

[1] 陈哲. 新媒体时代科学传播规律性探析 [D]. 大连：大连理工大学，2009.

[2] 陆媚，贺根生. 手机在民族地区农村科技传播中的作用 [J]. 科技传播，2009·8（上）.

[3] 苏冰. 我国科普网站现状及对策研究 [D]. 合肥：中国科学技术大学，2009.

[4] 沈玉华. 科学博客圈在危机传播中的信息传播特色分析——以"甲型H1N1流感"事件为例 [J]. 科技传播，2009·8（上）.

[5] 唐蓉蓉. 科学博客的传播要素及传播功能研究 [D]. 合肥：中国科学技术大学，2009.

[6] 吴霜. 动漫在我国科技传播中的作用研究 [D]. 大连：大连理工大学，2009.

2. 传统科普媒体研究

"提升农民工科学素养的大众传播对策研究——以电视媒体为例"[①]一文选择电视媒体进行实证研究，总结这类媒体在农民工科学传播方面的基本情况。依照媒介效果理论，从农民工、大众传媒、政府、信息、企业这几个要素出发，尝试设计提升农民工科学素养的大众传播实践体系，并提出对策建议。

"科教电视节目的叙事分析"[②]论文以叙事方式的研究为核心，通过故事的选择、组织和表现等环节来寻找更适合科教电视节目的叙事方式。

"我国报纸科普现状分析和发展对策——以《人民日报》《科技日报》为例"[③]一文以1998年、2002年、2007年的《人民日报》、《科技日报》为研究对象，通过对《人民日报》、《科技日报》进行指标的设定和分析，归纳总结出我国从1998年到2007年报纸科普的发展概况，并指出报纸科普在发展过程中存在的问题，利用传播学、社会学中的议程设置理论多角度思考问题的症结所在。最后针对存在的问题，提出改善的建议和对策。

"谁是中高端科普图书的读者？——上海科技教育出版社案例研究"[④]一文以上海科技教育出版社出版的科普图书为研究对象，根据该社中高端科普图书的有关邮购数据，进行统计，并设计相应问卷。基于对回收问卷的分析，得出了中国"民间科学家"是中高端科普图书的重要受众的结论。

"科普图书突围的三大策略"[⑤]一文提出了科普图书突围的三大策略：注重读者需求，精心策划选题；精选内容，创新形式，增加可读性；与报纸、电视、网络联动，进行图书策划和市场营销。

"关于我国科普图书出路的思考"[⑥]指出，我国缺乏优秀作者、译者，编辑综合素质待提高；图书自身内容和形式上存在不足；出版发行模式单一，营销力度不够；同时，文章指出了我国科普图书的出路：快速转变科普观念；大力打造科普人才队伍；迅速找准自身定位；积极创新选题思路；进行立体式、产业化开发；加大营销力度；学习借鉴国外科普图书发展经验。

[①] 来英. 提升农民工科学素养的大众传播对策研究——以电视媒体为例［D］. 合肥：中国科学技术大学，2009.

[②] 邢雪. 科教电视节目的叙事分析［D］. 济南：山东师范大学，2009.

[③] 李娍. 我国报纸科普现状分析和发展对策——以《人民日报》《科技日报》为例［D］. 合肥：中国科学技术大学，2009.

[④] 刘兵，宋亚利，潘涛，褚慧玲. 谁是中高端科普图书的读者？——上海科技教育出版社案例研究［J］. 科普研究，2009（1）.

[⑤] 周玲. 科普图书突围的三大策略［J］. 科技与出版，2009（2）.

[⑥] 吕韶伟. 关于我国科普图书出路的思考［D］. 长春：东北师范大学，2009.

"科学家肖像画与科学传播研究"[①]一文介绍了科学家肖像画研究常见的理论方法，运用问卷调研与访谈的方法，从实证角度证实了科学家肖像画在形成小学生对科学家的认识方面所发挥的重要作用，并将国外肖像画研究与对国内问卷调查结果的分析进行了比较，试图为科学传播引入新的研究视角，开辟新的研究领域，为科学传播实践提供新的路径。

另外，相关研究还有"当代科普图书创作现状与问题刍议"[②]、"当代大众传媒的科普传播功能及策略研究"[③]、"科教电视节目现状及未来发展趋势——基于2009年调查数据的研究"[④]、"大连电视台科教栏目发展研究"[⑤]等。

3. 媒体在科学传播中的社会责任与行为规范

"重构大众媒体在科学传播中的社会责任"[⑥]指出，在大众媒介的科学传播过程中，有诸多负面现象，其中问题的根源也趋于复杂化，如媒体特性和科学特性的冲突、科学符号的不正确解读、大众媒介的自身问题等。解决大众媒介在科学传播中的问题，必须重构大众媒介在科学传播过程中的社会责任。它不仅需要传媒界的努力，同样需要科教界的积极参与。

针对我国媒体缺乏明确的科学传播行为规范，武夷山介绍了英国社会问题研究中心在皇家研究院的支持配合下，于2000年9月推出的《科学传播与医疗保健传播行为规范及指南》。为了增强报道的准确性，减少报道失当和扭曲的情形，该文件给新闻记者提出若干建议[⑦]。

三 重点人群科学素质建设研究

1. 农业科技传播网络及传播模式研究

"以农民为主体的农业科技传播网络及传播模式创新与实践"[⑧]一文概述了国内外农业科技传播的诸多模式及其特点，基于参与式理论、社会性别理论和人力资源管理理论，针对我国

① 赵蕾，刘兵.科学家肖像画与科学传播研究［J］.科普研究，2009（4）.

② 吕晓媛.当代科普图书创作现状与问题刍议［J］.科技与出版，2009（3）.

③ 周曦.当代大众传媒的科普传播功能及策略研究［D］.重庆：重庆大学，2009.

④ 李智，程素琴.科教电视节目现状及未来发展趋势——基于2009年调查数据的研究［J］.现代传播，2009（6）.

⑤ 郎世玮.大连电视台科教栏目发展研究［D］.大连：大连理工大学，2009.

⑥ 尹天娥.重构大众媒体在科学传播中的社会责任［J］.理论界，2009（12）.

⑦ 武夷山.科学传播行为规范极其重要［N］.科学时报，2009-5-15.

⑧ 赵惠燕，胡祖庆，杨梅，王春平，李东鸿.以农民为主体的农业科技传播网络及传播模式创新与实践［J］.西北农林科技大学学报（社会科学版），2009（4）.

农业生产特点创建了以农民为主体的性别敏感的参与式农业技术传播网络模式，并在实践中得以检验。证明该模式符合中国国情，农业科技传播效率高、效果好，显著提高经济、生态和社会效益，农民特别是农村妇女的自信心和科技素质参与意识显著提高，农民人均收入和家庭条件显著改变。

"基于农民专业合作社的农业科技创新及转化"^①一文指出，我国农业科技体系由于体制、机制以及投入不足等原因，导致资源分散、整体效率低下、科研成果供需脱节、转化率低、对农业的贡献不高。农民专业合作社作为科研、推广、农户之间的桥梁，通过促进资源整合与农业科技传播来提高技术推广效果，在农业科技创新及转化中发挥着十分重要的作用。因此，应积极引导和扶持农民专业合作社发展壮大，充分发挥其在科技创新及转化中的重要作用，使其成为科技兴农的有效载体。

"我国农村科技传播服务体系构建研究"^②一文指出，当前农村科技推广服务存在的不足：一是新兴的各类农村科技传播服务组织技术辐射源弱、覆盖面小、发展慢；二是农业大专院校、科研单位农业技术研发能力相对较弱，甚至有的研究内容与农业生产脱节，科技成果转化率低；三是农村科技传播服务的各类主体、各种资源、各个要素缺乏有效集成与系统整合，没有产生整体优势。以上不足主要是两个问题没有处理好：一是对市场经济条件下农村科技传播服务的理论创新研究不够，导致农村科技服务传播体系建设在体制、机制等方面不能很好地与市场经济相衔接；二是在实践上忽视对农村科技推广服务系统性能力的建设，资源整合不够，导致整体科技传播服务能力不强。文章指出，我国要从培育农村科技传播主体结构，整合农村科技传播服务资源，完善农村科技传播服务手段，创新农村科技传播服务机制，优化农村科技传播服务运行环境等方面加强农村科技推广服务工作。

"农业女性化与农业科技传播模式的创新与实践"^③一文认为，农村妇女是当今农业主力军，农业女性化是改革开放和城市化进程的产物，其与农业技术传播效率有密切关系。传统的农业技术传播对农业女性化认识不足，因此效率低。本研究提出创建社会性别敏感的参与式技术传播模式。

"农村科普宣传栏传播效果研究——以山东省烟台市农村科普宣传栏为例"^④一文通过对山东省烟台市科普村村通宣传栏传播效果的调查表明，大多数被调查农民了解并且支持科普宣传栏，科普宣传栏有其实际传播效果。目前的科普宣传栏在资金、挂图、管护和质量等方面还存在一些问题，需要进一步完善管理机制。

---

① 梁红卫.基于农民专业合作社的农业科技创新及转化［J］.社会科学家，2009（2）.

② 颜慧超.我国农村科技传播服务体系构建研究［J］.甘肃科技，2009（5）.

③ 赵惠燕，胡祖庆，杨梅.农业女性化与农业科技传播模式的创新与实践［J］.中华女子学院学报，2009（1）.

④ 齐超，李志全.农村科普宣传栏传播效果研究——以山东省烟台市农村科普宣传栏为例［J］.科普研究，2009（5）.

2. 我国农民科学素质建设实践与对策分析

"现阶段农民科学素质的现状分析及其对策研究——基于科学发展观视角的思考"[①]一文探讨了我国农民科学素质偏低的主要原因：城乡二元体制和各级政府对教育经费投入不足以及农村科普教育不力等。本文提出了提高农民科学素质的对策为：坚持以人为本，树立正确的农民观；消除城乡二元制，促进农民科学素质协调发展；增加农村教育投入，推动农民科学素质可持续发展；增强农村科普教育，推进农民科学素质全面发展。

"我国农业科技传播的现状分析与对策"[②]一文认为，造成我国目前农业科技传播效率相对较低的原因是：科技成果的传播主体主动性、目的性不足，农业科技传播的渠道效率较低，农业科技传播的客观环境要素欠缺。本文提出相应对策建议：提高农业科技传播主体的素质和能力，积极发展农村科技教育，改变传播环境。

"上海市农村科学传播的研究"[③]一文认为，准确、快速、有效的科学传播，不仅要注重科学传播机制的研究，健全科普传播体系，创新科普内容，完善基础设施配套，培育专业的科普传播队伍，突出重点人群培养，提高科普活动的频数和有效性，发挥宣传媒体的优势，营造良好的社会环境，同时还要加强对科学方法和科学精神的传播和克服传播方式作为介质对科学的误读等，使各个公众群体都能多途径地获取科技信息。

"劳动力流动对农村科技传播的弱化作用与对策研究"[④]指出，农村劳动力流动削弱了农村科技传播受众的接受愿望与能力，对农村科技具有弱化作用。要优化农村科技传播效果，需要根据农村劳动力大量流动的现实，采取有针对性的政策措施：强化政府的主导作用，增强农民接受科技传播的能力，发挥大众传播媒体的优势，发展农村民间科技传播组织，探索农村科技传播的新途径。

"论农村贫困人口的科技素质对新农村建设的影响及对策"[⑤]一文在分析农村贫困人口科技素质对新农村建设影响的基础上，阐述其表现、形成的原因以及对新农村建设的负面影响，提出了如何提高我国农村贫困人口科技素质的对策与建议。

3. 城镇劳动者科学素质建设研究

"城镇劳动人口科学素质影响因素的研究"[⑥]从科学素质内涵及其影响因素出发，根据城

① 周广喜.现阶段农民科学素质的现状分析及其对策研究——基于科学发展观视角的思考［D］.苏州：苏州大学，2009.

② 陈卓，陈明.我国农业科技传播的现状分析与对策［J］.农村经济与科技，2009（3）.

③ 朱慧.上海市农村科学传播的研究［D］.上海：上海交通大学，2009.

④ 杨鹏程，陆丽芳.劳动力流动对农村科技传播的弱化作用与对策研究［J］.农业经济，2009（8）.

⑤ 刘哲.论农村贫困人口的科技素质对新农村建设的影响及对策［D］.长春：吉林大学，2009.

⑥ 李肖仪.城镇劳动人口科学素质影响因素的研究［D］.广州：华南理工大学，2009.

镇劳动人口的特点及其科学素质状况，从城镇劳动人口获取信息的渠道、利用科普设施的情况、参与公共科技事务的程度、对科技信息感兴趣的程度、对科学技术的态度和企业科普活动的情况6个方面探讨影响我国城镇劳动人口科学素质的因素。

"强化基层科普能力建设　推进首都全民科学素质行动——北京市实施'社区科普益民计划'的经验与体会"[①] 一文就社区科普益民计划的提出以及做法与成效进行了介绍，并指出，社区科普益民计划的实施是北京市总结惠农计划的实施经验，在基层推动《全民科学素质纲要》深入实施的有益尝试。社区科普益民计划适合北京市的实际，是推动《全民科学素质纲要》实施的有效措施；社区科普益民计划符合财政部门项目资金管理方式，是获得政府科普经费支持的有效途径；将社区科普益民计划与科普资源建设相结合，可以使资源开发共享与增强社区科普能力相得益彰。

"山西省煤矿工人科学素养调查分析"[②] 从煤矿工人的个人素质方面来探讨影响煤矿安全生产的因素。得出如下结论：发现在1 477名煤矿工人中仅有124名矿工具备基本的科学素养，达标率仅为8.4%。运用相关分析的方法，发现煤矿工人科学素养与煤矿安全生产之间的相关系数为0.183，并且达到了0.001的显著水平。采用逐步回归分析的方法发现：报刊、受教育水平、宣传、图书、培训、电视、每天工作时间、编制、音像、亲友这10项因素对于煤矿工人的科学素养的形成有着显著影响。因此，建议通过提高煤矿工人待遇、改善生产环境、改革用工制度、加强岗位培训、加强职业技术教育、提供各种学习条件、激发职工学习积极性等措施来提高煤矿工人队伍总体的科学素养状况。

4. 青少年科学教育研究

"小学科学课研究性学习调查研究"[③] 结合当今研究性学习理论研究的最新成果，阐述了研究性学习的内涵、特点、目标以及国内外的研究现状和理论基础，结合小学科学课的特点，阐明了在小学科学课开展研究性学习的可行性和必要性。并通过对4所小学的调查研究，揭示目前研究性学习在小学科学课的实施现状。探讨了研究性学习在小学科学教学中出现的问题以及存在这些问题的成因，并提出了相关的解决策略。

相关研究还有"美国国家层面的科学教师专业标准探析"[④]、"上海与美国马萨诸塞州小学科学课程标准比较研究"[⑤]、"美国中小学科学教育理念与实践问题研究——基于PISA测试

---

① 周立军.强化基层科普能力建设　推进首都全民科学素质行动——北京市实施"社区科普益民计划"的经验与体会[J].科协论坛，2009（6）.

② 高晋文.山西省煤矿工人科学素养调查分析[D].临汾：山西师范大学，2009.

③ 曲淳.小学科学课研究性学习调查研究[D].长春：东北师范大学，2009.

④ 李静.美国国家层面的科学教师专业标准探析[D].长春：华东师范大学，2009.

⑤ 陈超.上海与美国马萨诸塞州小学科学课程标准比较研究[D].上海：上海师范大学，2009.

科学素养指标的分析"[1] 等。

5. 公务员科学素质建设研究

"关于提高我国领导干部和公务员科学素质的思考"[2] 探讨了我国领导干部和公务员群体科学素质现状及存在的问题，提出了提高领导干部和公务员群体科学素质的立法建议。

就重点人群科学素质建设研究成果来看，农民已经成为研究的焦点，相关研究成果较多，相比而言，其他人群的科学素质建设研究有待加强。

四 科普基础设施研究

1. 我国科普基础设施发展研究

"我国科技类博物馆现状调研报告"[3] 认为，我国科技类博物馆的数量、质量与发达国家或地区相比存在较大差距；科技类博物馆的类型结构和区域布局还不尽合理；现有科技类博物馆的展教功能不足，尚不能满足人民群众日益增长的文化需求；科技类博物馆的管理体制、运行机制有待改进。对我国科技类博物馆发展提出如下建议：科学规划，继续加大科技类博物馆建设力度；激发活力，充分发挥已有科技类博物馆的功能；理顺机制，对科技类博物馆建设、运行实施科学有效管理；加强保障，积极营造有利于科技类博物馆发展的环境。

"我国科技馆建设理念发展研究"[4] 一文指出，先进理念是科技馆成功的基石，是决定科技馆发展的根本性问题。文章对我国科技馆建设理念的发展进行梳理和分析。从国际科技馆的成功经验、我国关于科技馆定位的认识发展过程，到中国科技馆新馆建设中对理念指导意义的重视度，分析理念探索对科技馆建设进入国际高水平的推动作用。

"改善我国科普基础设施管理运行机制的几点政策建议"[5] 从战略规划、理念设计、营销工作、标准化建设、资金投入机制等方面提出了改善我国科普基础设施管理运行机制的若干政策建议。

---

① 李莎. 美国中小学科学教育理念与实践问题研究——基于PISA测试科学素养指标的分析 [D]. 长春：东北师范大学，2009.

② 玄凤女，徐莉. 关于提高我国领导干部和公务员科学素质的思考 [J]. 行政与法，2009（9）.

③ 我国科技类博物馆现状及发展对策研究课题组. 我国科技类博物馆现状调研报告 [J]. 科普研究，2009（4）.

④ 莫扬. 我国科技馆建设理念发展研究 [J]. 社会科学研究，2009（6）.

⑤ 吴金希. 改善我国科普基础设施管理运行机制的几点政策建议 [J]. 科普研究，2009（1）.

"科协系统科普场所发挥未成年人校外科技教育作用的现状及对策研究"[1] 指出，科协系统发挥未成年人校外科技教育作用的科普场所主要有科技馆（科学中心）、青少年科学工作室、农村校外青少年学习中心等，文章对它们开展的活动、队伍建设、管理体制、资金投入方面的情况进行了梳理，认为科普场所开展的活动在展教理念、活动内容、服务能力及与学校科学教育的衔接等方面还存在一定的问题，针对问题提出要坚持以人为本、加强资源整合、加强内容建设和队伍建设等对策。

相关研究还有"上海科普场地调查研究"等 [2]。

2. 国外科普基础设施发展经验研究

"英美科学中心研究——特色、模式及效果"[3] 指出，近些年，以强调互动性和体验性特点的科学中心逐渐在英、美两国较快地发展起来，并在公众理解科学的活动中扮演着重要的角色。文章总结并归纳了科学中心在英美两国的运行模式，即基于学校教育、社区、企业支持和机构合作的四种模式。在英国，科学中心基于学校和企业的运行模式很好地回应了政府的"科学与社会"计划，并进一步加深了公众对科学及其共同体的了解和信任。美国的科学中心已经成为校外非正式科学教育的第一课堂。在社区，美国的科学中心从公众的需求出发，在展览形式和内容上以符合参与者的喜好，更好地传播科学。文章还介绍了英美科学中心效果评估的相关工作。文章最后从英美科学中心的运行模式和效果研究中总结出对我国科学传播工作的启示。

"国外科普场馆的运行机制对中国的启示和借鉴意义"[4] 一文认为，国外先进的科普场馆都有比较完善的运行机制保证科普场馆的生存与发展。在运行经费筹措方面，政府经费、社会融资和对外募捐成为科普场馆资金的主要来源；在评估监督制度方面，规范的场馆认证和多维度的场馆评估，保证了科普场馆的高效运行。

"科普服务发展与新模式研究"[5] 指出，近年来欧美国家的科普场馆已经在探索面向学校、面向家庭、面向社区和面向社会的科普服务新模式，它们更加强调受众群体的"亲历"和"参与"，并提出了"体验型"的科学传播方式。

---

① 楼伟，邓帆，赵建龙，董亚峥. 科协系统科普场所发挥未成年人校外科技教育作用的现状及对策研究 [J]. 科普研究，2009（6）.

② 张栋. 上海科普场地调查研究 [D]. 上海：上海师范大学，2009.

③ 朱辉. 英美科学中心研究——特色、模式及效果 [D]. 合肥：中国科学技术大学，2009.

④ 李健民，刘小玲，张仁开. 国外科普场馆的运行机制对中国的启示和借鉴意义 [J]. 科普研究，2009（3）.

⑤ 李士，方媛媛，侯波波. 科普服务发展与新模式研究 [J]. 科普研究，2009（1）.

五　科普实践热点问题研究

　　科学松鼠会是一支新兴的民间科普力量，已进入研究的视野。"突发公共事件中'科学松鼠会'的框架分析"① 一文以具有代表性的民间科普网站——科学松鼠会作为研究对象，运用框架理论，分析了该网站有关汶川地震的博文。研究得出，科学松鼠会框架的高层次结构以公众关注且感兴趣的话题作为主题，框架的中层次结构包括主要问题、归因、影响（评估）等三个方面，框架的低层次结构中语言生动且多口语化，条理清晰。"一群'松鼠'引发的论战——从连岳序言引发的争议看中国当下科学传播理念的分歧"② 一文以科学松鼠会第一本集体著作《当彩色的声音尝起来是甜的》中连岳先生序言引发的网络争议为线索，通过整理相关争论，梳理出关于科学传播理念的种种分歧，如科学传播与人文关怀、谦卑以及时尚的关系等，并揭示背后的科学观的差异和冲突，为进一步研究科学松鼠会和当代中国科学传播打下基础。

　　对于我国科普人才队伍建设问题，"我国科普人才队伍存在的问题及对策研究"③ 提出，科普人才队伍的培养和发展须遵循"正规教育与培训提高相结合，激励与引导相结合，战略布局与局部提升相结合"的原则。"我国科普人才队伍发展的历程和取得的成绩"④ 一文揭示了科普人才队伍发展的历史轨迹。"美、英、澳大学科学传播教育发展现状及其对中国的启示"⑤ 一文描述了美、英、澳等国大学科学传播教育的发展现状，归纳、分析了其培养方案的模式和特点，并对中国科学传播教育的发展提出建议。

　　应急科普在我国的科普实践中发挥着重要作用，"应急条件下的科学传播机制探究"⑥ 一文指出，应急条件下，科学传播的构成要素呈现多元性与交叉性的特点，传播内容直接涉及安全和健康，线性传播模式、系统论传播模式、控制论传播模式等三种运行机制并存，科学普及、公众理解科学和科学传播三个过程共存，交流的不对称性与单向的科学普及表现尤为突出。

　　大学是一支重要的科普力量，如何加强大学的科普功能一直备受各方关注。"大学向社会开放开展科普活动现状分析"⑦ 一文，对大学向社会开放开展科普活动的现状进行分析和总结，提出大学在面向社会开展科普活动中存在的问题：公共资源利用效率低，主动开放意识不足；缺

---

① 吴媛.突发公共事件中"科学松鼠会"的框架分析［J］.科技传播，2009·8（上）.

② 蒋劲松.一群"松鼠"引发的论战——从连岳序言引发的争议看中国当下科学传播理念的分歧［J］.科普研究，2009（6）.

③ 郑念.我国科普人才队伍存在的问题及对策研究［J］.科普研究，2009（2）.

④ 郑念.我国科普人才队伍发展的历程和取得的成绩［J］.科普研究，2009（4）.

⑤ 杨俊朋.美、英、澳大学科学传播教育发展现状及其对中国的启示［D］.合肥：中国科学技术大学，2009.

⑥ 石国进.应急条件下的科学传播机制探究［J］.中国科技论坛，2009（2）.

⑦ 舒志彪，詹正茂.大学向社会开放开展科普活动现状分析［J］.科技管理研究，2009（10）.

乏激励，大学对科普重视不够；科普辐射范围较窄，与大众传媒的结合不足；科普专业人才培养欠缺，大学相关专业设置落后；科普形式陈旧，内容的通俗性有待加强。文章就推进大学面向社会开展科普工作提出政策建议。"把科技传播给公众：MIT案例分析"[①]一文着重分析了MIT（麻省理工学院）现有公众科技传播项目及其实施情况，并对其成功经验进行了初步总结。

非政府组织是重要的科普力量，"英国科技社团在科学传播和科学教育中的作用及启示"[②]指出，英国科技社团通过整合政府、企业和社会等各种力量，形成了成熟灵活的科技传播和科学教育网络，已成为英国科学传播和科学教育工作的主要承担者。英国的科学传播和科学教育的社会化和社团化运作无疑将为尚处在起步阶段的中国科普事业提供宝贵经验，而这些成功社团也是我国科技系统开展中外科普合作的理想对象。

对于科学家的科普职责的探讨，"科学传播中科学家缺席的原因探析——以'蕉癌'事件为例"[③]指出，在科学传播中由于科学家话语的缺失和科学家的缺席而导致科学传播发生延迟性、误导性和可信度的降低。文章结合"蕉癌"事件，对科学家在科学传播中缺席的原因进行分析和探讨，继而提出构建科学家参与科学传播的若干可行性思路，以适应当代科学传播发展的需要。"院士与媒体科学传播互动研究——基于媒介素养的视角"[④]一文从新时期媒体、公众与科学家三者的关系谈起，讨论了媒体对于科学传播的重要作用以及当前媒体在进行科学传播时的一些缺陷。随后从实证研究的角度对院士科学传播在媒体上的呈现进行了内容分析，并对院士媒介素养的调查进行了数据分析，以寻求院士与媒体之间良性互动的最佳方法。

对于政府的科普职责，"新公共服务理论视域下的政府公共科技服务——以香港'科学为民'服务为个案"[⑤]指出，香港"科学为民"服务巡礼活动是对新公共服务理论的有效尝试，也是政府提供公共科技服务的有效表现。"科学为民"服务巡礼通过实践活动尝试克服和避免新公共服务理论中的推定难题，积极完善公共科技服务，并体现出政府促进公众理解科学的职能以及科学发展观的实践价值。"科普能力建设：理论思考与上海实践"[⑥]一文对科普能力的内涵、科普能力与科技创新能力、科普能力与创新型国家的关系进行了理论思考，认为科普能力和科技创新能力相辅相成、相互促进，共同推进科技事业的发展；科普能力为创新型国家建

---

① 张增一，李亚宁.把科技传播给公众：MIT案例分析［J］.科普研究，2009（3）.

② 万兴旺，赵乐，侯璟琼，王莹，姜福共.英国科技社团在科学传播和科学教育中的作用及启示［J］.学会，2009（4）.

③ 李福鹏，姜萍.科学传播中科学家缺席的原因探析——以"蕉癌"事件为例［J］.自然辩证法研究，2009（6）.

④ 孙业帅.院士与媒体科学传播互动研究——基于媒介素养的视角［D］.合肥：中国科学技术大学，2009.

⑤ 谢莉娇.新公共服务理论视域下的政府公共科技服务——以香港"科学为民"服务为个案［J］.湖北社会科学，2009（5）.

⑥ 李健民，刘小玲.科普能力建设：理论思考与上海实践［J］.科普研究，2009（6）.

设提供良好的社会基础。结合上海科普工作的实际经验，提出通过"组织体系的渗透力"、"社会资源的整合力"、"创新示范的引领力"、"注重社会效果的影响力"和"科普工作效率的调控力"等"五力整合"，能有效推进政府的科普能力建设。"促进公民科学素质建设的财税政策研究"[1] 一文指出，总体来看，我国科普事业仍然存在着经费投入力度不足、投资结构不合理以及税收优惠重点不明确等问题。为此，要准确界定各类财税政策的作用范围，在加大财政投入规模、优化财政投入结构、完善税收优惠政策的基础上，充分发挥财税政策的引导和带动作用，引导社会资源和资金投向科技教育和科普建设。

科技资源科普化是一个新的研究视点，"关于科技资源科普化的思考"[2] 一文简要介绍了科技资源和科普资源的概念、分类与科技资源科普化的必要性，分析了我国科技资源的现状、科普资源的现状及特点，在对科技资源科普化探讨的基础上提出了加强我国科技资源科普化的一系列建议。

科普产业化是一个讨论的热点问题。"论科普的公益性特征与产业化发展道路"[3] 一文指出，探寻科普的产业化道路以调动全社会的资源为科普所用无疑是一个有益的尝试。"科普产业生态模型研究"[4] 从产业生态学角度分析了科普产业生态系统的组成要素，构建了基于物质流、能量流和信息流的科普产业生态模型，分析了模型功能及要素之间的相互关系。"对科普文化产品经典之作《铁臂阿童木》的回顾和思考"[5] 通过对科普文化产品的经典之作《铁臂阿童木》的成长之路的回顾，从产业化和社会文化综合效应来思考其成功之处，进而对科普与文化产业的结合进行再思考。

"对我国大型科普活动社会宣传作用的相关思考"[6] 一文讨论我国大型科普活动的特点及其发挥的社会宣传平台作用，分析了此类活动在宣传、监测评估、持续效应等三个方面存在的一些问题，并针对性地提出促进大型科普活动发挥社会宣传作用的相关建议。

六 科学普及与传播理论研究

1. 对科普研究与科普实践的反思

"科普的境界"[7] 一文提出，当前我国科普事业正在接受着来自4个层面上的诉求，面临着新的局面。一是联系实际，广泛开展科学知识和科技技能的传播与普及；二是逐步加强科学

① 石亚东.促进公民科学素质建设的财税政策研究［J］.中南财经政法大学学报，2009（3）.

② 任福君.关于科技资源科普化的思考［J］.科普研究，2009（3）.

③ 刘长波.论科普的公益性特征与产业化发展道路［J］.科普研究，2009（4）.

④ 江兵，耿江波，周建强.科普产业生态模型研究［J］.中国科技论坛，2009（11）.

⑤ 马蕾蕾，曾国屏.对科普文化产品经典之作《铁臂阿童木》的回顾和思考［J］.科普研究，2009（3）.

⑥ 张志敏.对我国大型科普活动社会宣传作用的相关思考［J］.科普研究，2009（4）.

⑦ 徐善衍.科普的境界［J］.科普研究，2009（1）.

文化传播；三是推进公众理解科学；四是科学与人文的结合。

"我们能从 25 年的'公众理解科学'调查研究中学到什么？不断解放和拓展议程"[①] 一文回顾了最近 1/4 个世纪以来公众理解科学研究中的关键问题。通过对科学素质、公众理解科学、科学与社会三个范式演变的回溯，展现了讨论是怎样随着大型的公众认知调查而发生变化的。每个范式构造问题的方式不同，摆出了其特有的问题，提供了首选的解决途径，并且在修辞上表现出是对前一范式的"进步"。文章认为，"缺失概念"的争论反映了对专家们常识概念的合理批评，但是却把争论的问题与方法方案混为一谈。调查研究方案和公众缺失模型之间所谓"本质论"的关系一直阻碍着公众理解科学的研究。文章主张，这种不合理的关联应该割断，以此来解放和拓展如下四个方面的研究议程：构建调查研究的背景环境、搜寻文化指标、整合数据资源并开展纵向分析以及容纳其他的数据流信息。

"科学传播的三种模型与三个阶段"[②] 一文总结出了当前中国的科学传播实践的三个模型，它们在相当程度上也代表了科学传播的三个阶段。基于中国的复杂国情，三种模型将长期并存并发挥各自的重要作用。

"科技传播政策：框架与目标"[③] 一文指出，科技传播政策是科技政策重要的组成部分。基于当代社会发展的需要，一个相对完善的科技传播政策体系至少要包括科技公共传播政策、科技传播产业化发展政策、科技传播技术发展政策等基本组成部分。科技传播政策的目标应定位于利用制度建设和政策引导，强化科技传播能力建设，提高国家科技传播能力。

"科学传播和技术传播"[④] 一文研究了科学传播和技术传播的区别，科学传播与技术传播的区别并不在于传播的内容是科学还是技术，而是在于传播的目标与任务、技术的角色、流动的关键信息、面对的对象群体、利用的渠道手段等一些方面。

2. 科普研究新视点

"科学传播研究的可视化分析"[⑤] 一文采用科学知识图谱的可视化方法——时间线、交叉图和地形式可视化技术，绘制科学传播研究领域的科学知识图谱，通过可视化分析，构建科学传播学的整体框架，以期为科学传播寻找到一个"整体解决方案"。研究表明，科学传播研究热点的演进轨迹，即从"科学知识"到"传播策略"的演进，从"信任科学"到"促进创新"

---

① 马丁·W·鲍尔（Martin W.Bauer），尼克·阿勒姆（Nick Allum），史蒂夫·米勒（Steve Miller）. 我们能从25年的"公众理解科学"调查研究中学到什么？不断解放和拓展议程 [J]. 胡俊平译，石顺科校，科普研究，2009（3）.

② 刘华杰. 科学传播的三种模型与三个阶段 [J]. 科普研究，2009（2）.

③ 翟杰全. 科技传播政策：框架与目标 [J]. 北京理工大学学报（社会科学版），2009（2）.

④ 翟杰全. 科学传播和技术传播 [J]. 科普研究，2009（6）.

⑤ 张婷. 科学传播研究的可视化分析 [D]. 大连：大连理工大学，2009.

的演进，从"缺失模型"到"语境模型"的演进。研究表明，目前，科学传播研究前沿关注的四个主题是：决定人们自身生活质量的"当代健康"和"环境保护"，科学知识转化为生产力的行业性知识转移，新技术支持下的新媒体与传统媒体在新时代的应用，科学传播学元研究。

"论哈贝马斯'公共领域'理论对科学传播实践的启示"[①]一文从哈贝马斯的"公共领域"理论切入，结合国内外科学传播的实践，对于科学传播中"公共领域"的合理建构的三个核心要素进行了理论辨析，总结科学传播"公共领域"合理建构的目标在于参与与民主。

"公众理解纳米科学：利益、风险和不确定性"[②]一文指出，感知和知识是公众理解科学的重要环节，纳米科学的涌现和迅速发展使得公众的认识和信任相对落后。对于技术的利益（福祉）、风险和不确定性，人们更倾向于在一个更广阔的社会、政治和文化语境中作出反应，即"后常规科学"视角——强调对话情境下的知识融合以及科技政策制定中的利益博弈。"后常规科学"的视角，为公众信任和分享科学知识提供了一种认识论上的支持，也促使更多专家意见之外的"同权共享团体"参与科学议题，进而为公众感知和理解纳米科学提供一种新的实践理念。

"科学传播'民主模型'的现实意义——公众参与科技决策的理论研究"[③]一文对民主模型进行了探讨，指出，"民主模型"强调公众通过参与科技决策，同科学家、政府进行平等对话，从而实现科学传播。在交流即参与的实用主义思想影响下，"民主模型"提供的只是科学传播活动的理论构想。这就需要论述"民主模型"的实践前提、目标及方案，由此展开对公众参与科技决策的理论研究，揭示"民主模型"的现实意义。

3. 国外科技传播研究

"科技传播在印度"[④]一文对印度科技传播进行了介绍。印度作为一个发展中的大国，深知科学技术的重要性。独立后，印度非常重视科学技术的发展和传播，在过去的几十年里，印度在科技传播领域做了许多工作。在其特有的历史、经济、政治和社会背景下，印度形成了独具特色的科学传播模式和理念。本文主要从印度科技传播历史、主要科学传播机构、科技传播特点等方面对印度的科技传播进行介绍。

"日本的 PUS 及其相关概念研究"[⑤]一文对日本特定语境下"公众理解科学"的含义进行了分析。

（本文作者：朱洪启　单位：中国科普研究所）

① 黄时进.论哈贝马斯"公共领域"理论对科学传播实践的启示［J］.自然辩证法研究，2009（8）.

② 李永忠，冯俊文.公众理解纳米科学：利益、风险和不确定性［J］.中国科技论坛，2009（5）.

③ 曹昱.科学传播"民主模型"的现实意义——公众参与科技决策的理论研究［J］.科学技术哲学研究，2009（4）.

④ 陈微笑.科技传播在印度［J］.科普研究，2009（6）.

⑤ 江洋，刘兵.日本的PUS及其相关概念研究［J］.科学技术与辩证法，2009（3）.

随着纲要工作落实
监测评估逐步展开

　　《全民科学素质纲要》在第六部分"组织实施"中明确提出了监测评估，并具体指出：制定《中国公民科学素质基准》；建立公民科学素质状况和《全民科学素质纲要》实施的监测指标体系，并纳入国家社会发展指标体系；委托有关监测评估机构对公民科学素质状况和《全民科学素质纲要》实施情况进行监测评估，并提出相应对策和建议。根据这样的要求，江西、广西、浙江等省（区）开展了《全民科学素质纲要》督查工作；第八次中国公民科学素质调查以及对科普惠农兴村计划的效果评估、全国科普基础设施发展的监测评估、科普活动的效果评估等方面的监测评估工作先行展开；《中国公民科学素质基准》入户试测开展。

一 部分省份开展"十一五"实施情况督查工作

2009 年，江西、广西、浙江等省（区）开展了《全民科学素质纲要》督查工作，在全省（区）对"十一五"实施情况实施了督查。

2009 年 12 月 22 日，国务委员刘延东在听取《全民科学素质纲要》实施情况汇报时，指出要认真开展对"十一五"实施情况的督查，各地各部门要全面梳理《全民科学素质纲要》实施的做法和经验，对照"十一五"目标，查找问题，完善措施，提高工作水平。

（一）江西省以自查和抽查相结合的形式开展全省督查工作

2009 年，江西省全民科学素质工作领导小组制定了《关于开展全省实施〈全民科学素质行动计划纲要〉督查工作的实施方案》，督查工作从 7 月份开始，采取自查和抽查相结合的形式，先由各市组织开展对所属各有关部门和所辖各县（市、区）的自查，在此基础上，由省全民科学素质工作领导小组实施工作督查组抽取部分市、县（市、区）进行实地检查。主要检查 2006 年以来各地《全民科学素质纲要》实施情况，包括：建立《全民科学素质纲要》实施工作机制的情况；制订实施方案和工作计划的情况；实施四大素质行动的情况；实施四项基础工程的情况；营造实施《全民科学素质纲要》环境条件的情况等。

1. 督查工作的主要做法

（1）领导高度重视，健全组织机构

领导高度重视督查工作，把督查作为促进工作落实的重要手段，注重发挥督查的重要作用，形成了大督查工作格局。由全民科学素质纲要领导小组组长亲自带头抓督查工作，纲要办具体做好督查的基础性工作。这一责任体系上至组长，下至工作人员，每一级、每一层次都有明确的督查职责，从而把督查工作由科协部门的"小督查"变成了全省范围的"大督查"。

（2）统筹督查内容，突出督查重点

秉承"两点论"与"重点论"相统一的观点，坚持既保证督查工作"面"上的广度，又善于区分轻重缓急，抓住主要问题和主要工作，找准重点，通过"点"上的突破实现"面"上的推进。

（3）统筹督查力量，规范督查机制

坚持既充分发挥领导重视督查、亲自抓督查的主体作用，又善于运用社会公众的智慧和力量参与督查；注重凝聚各成员单位力量，借助多方优势，合力推动工作落实。一是规范督查流程：首先，根据工作实际，遵循人尽其才、才尽其用的原则，进行合理分工。其次，完善督查工作环节，对督查工作机制进行深入梳理，提高督查质量。二是强化督查问责制度。被督查单位如果工作任务未落实到位，必须说明具体原因，并明确补救措施。督查问责制度的实施，有力调动了各成员单位、各级纲要办抓落实的积极性。

（4）统筹督查方法，增强督查实效

坚持紧贴督查工作实际，综合运用多种方法，不断提高督查工作的针对性和实效性。一是重视现场督查。坚持"一线督查制度"，尽量避免单纯在办公室里打电话、要材料，而是主动走出去调查了解，掌握第一手真实材料。深入现场，查看影像资料等，提升督办效果。二是以目标考核促督查。坚持把目标考核作为促进各纲要办和各成员单位全面履行职责的重要手段。结合日常监控考核，分阶段分情况督促检查。对年度常规工作完成情况实行平时督进展、年终查结果，并定期向领导小组汇报落实情况。在实际工作中，坚持不满足于各单位简单的"报"，而是将重点放在"查"上，采取"已经落实的查效果，正在落实的查进度，没有落实的查原因"的办法，保证全年目标任务圆满完成，形成逐项督查、跟踪到底、务求结果、全面落实的督查工作新机制。

2. 督查工作结果

通过听取工作汇报、查阅台账资料、组织座谈交流和现场考核查看等方式督查，发现通过各级领导小组共同组织实施《全民科学素质纲要》，在四大行动、四大工程方面都取得了很大的进展。各级领导都非常重视科学素质工作，不断加强宣传，广泛发动群众参与科学素质行动。同时借助和动员社会力量搞科普基础设施建设，把全民科学素质各项工作落到实处。

但也存在不足之处，主要是：宣传力度不大，全民科学素质纲要实施工作发布于媒体的消息不多，公众的知情度还比较低，对深入推进全民科学素质纲要的认识有待进一步提高；各成员单位应加快在系统组织实施科学素质行动；各成员单位之间的沟通协调意识还不强，领导小组对基层的指导力度较弱，对各市领导小组实施工作的督导还有待进一步加强，对建立实施工作监测评估体系有待深入研讨；由于受资金和人力的限制，实施工作难度较大，对基层的指导力度需要进一步加大；领导小组办公室的工作还要进一步强化。

（二）广西壮族自治区以督查为契机推动全民科学素质工作深入开展

广西全民科学素质工作领导小组办公室以督查工作作为健全矩阵式工作格局、完善监测评估机制、推动全民科学素质工作向基层深入开展的良好契机，精心部署，认真策划，于2009年9~11月在全区开展督查，取得了良好成效。

1. 督查工作的主要做法

督查工作主要把握好三个环节：一是动员部署环节；二是督查实施环节；三是总结反馈环节。

（1）动员部署环节精心部署，把督查工作提上年度重点工作的议事日程

制订《广西 2009 年全民科学素质工作督查方案》，并在广西全民科学素质工作领导小组第四次会议上，向各成员单位和各市纲要办积极动员和部署，同时向各成员单位和各市传达了国务委员刘延东同志 2008 年 12 月在《全民科学素质纲要》实施工作汇报会上的讲话精神和邓楠同志、程东红同志在地方《全民科学素质纲要》实施工作座谈会上的讲话精神，进一步统一了思想，达成了共识，为开展督查工作奠定了基础。

（2）督查实施环节力求做到机制健全，工作扎实深入

着重抓好四方面工作：

一是加强督查领导。建立了以广西纲要办主任为组长、各成员单位联络员为成员的督查工作领导小组，并编印《督查员手册》，要求督查员结合本单位工作和在本次督查中的责任，认真学习，熟悉业务，全力打造一支业务熟、责任明、水平高的督查员队伍。

二是明确督查目标。科学素质工作盘子大，内容多，督查工作必须目标明确。本次督查的工作目标是：掌握各单位、各地实施科学素质工作的进度；促进全区全民科学素质工作扎实、深入开展；总结经验，探索第二阶段（2010~2020 年）实施全民科学素质工作的新思路。

三是落实督查内容。在督查内容上要求做到点面结合，突出亮点。面上的工作主要是查工作机制、工作实施方案建立情况。包括各成员单位、责任单位是否建立了本系统纵向工作机制，各级人民政府是否成立全民科学素质工作领导小组，建立工作制度和落实工作经费；各成员单位、各地对本级人民政府《全民科学素质纲要工作方案》实施的情况及进度。点上的工作主要是查开展活动情况，即各成员单位、各地对围绕四个重点人群开展科普活动、对四个工程建设及政策法规、队伍建设情况、围绕"节约能源资源，保护生态环境，保障安全健康"主题开展活动情况和其他具有地方特色的科学素质工作进行督查。

四是创新督查方式。在以往开展自查和抽查的基础上，加入互查。即邀请部分市纲要办主任加入督查组，在各市之间开展互查，相互学习促进，增强了督查效果。

（3）总结反馈环节及时、准确、全面

督查是为了摸清情况，掌握材料，更是为了发现问题，解决问题和推动工作。为此，在督查结束后，对开展督查工作的情况进行了及时总结，对各级科学素质工作提出了建议。

一是向受督查市、县反馈督查意见。督查中对成效明显，特色突出的工作给予了充分肯定，如柳州市的未成年人科学素质工作、来宾市的农村党员和致富能手科学素质培训工作、梧州市的科普基础设施建设工作等；对各市存在的问题，如科普资源共建共享方面、大众传媒宣传力度方面等也提出工作建议。

二是向自治区人民政府作督查情况汇报。此次督查向广西区人民政府提交了《关于开展全区实施〈全民科学素质行动计划纲要〉工作督查的情况报告》，把本次督查的基本情况、

工作成效、存在问题等向自治区人民政府作了汇报，并结合存在问题，提出了改进措施和工作建议。

三是向纲要办上报了督查情况并提出了下一步的工作建议。

2. 督查成效

（1）推动了各级科学素质工作深入开展

督查是手段，也是契机，各市纲要办抓住这个机会，大力推动科学素质工作深入开展。有些市原来没有安排督查，但他们积极申请，主动邀请督查组前往开展督查。在贺州市的汇报会上，贺州市政府领导作出了 2010 年全市各个县区要增加或设立纲要办专项经费的决定，大力支持基层纲要办开展工作。通过督查，市、县各级对科学素质工作的认识提高了，信心增强了，热情高涨了。如一些市县以督查为契机，广泛掀起了开展科普活动的新高潮。没有抽查到的市县通过自查，对 2006~2009 年的科学素质工作进行了一次回顾，对第一阶段（2006~2010年）的工作查漏补缺，起到了很好的促进作用。

（2）加强了各成员单位之间的沟通与协作

这次督查，从《督查方案》征求意见，到往各市县开展实地督查，各成员单位全程参与，相互支持，配合默契，四个重点人群、四个基础工程、三个建设的各个牵头单位充分发挥牵头作用，积极指导本系统开展相应的科学素质工作，不仅增强了各级成员单位的责任感，也在实际工作中探索了矩阵式工作格局的工作方法。如广西劳动和社会保障厅的督查员在督查中指导市、县级劳动培训部门在开展城镇劳动人口劳动技能培训中，注意加入提升科学素质的内容，指导培训机构做好培训材料分类归档等具体工作。

（3）摸清了全区科学素质工作的基本情况

这次督查，从前期的调研，到自查、抽查和互查，自治区 23 个成员单位、全区 14 个市均参与了督查。从掌握的情况看，广西科学素质工作组织机构和工作机制较为完备，全区 14 个市和 111 个县、区、市均成立了领导小组，设立了领导小组办公室，制定了工作方案，开展了丰富多彩的科普活动和各具特色的提升公民科学素质活动。我们发现，通过实施《全民科学素质纲要》，自治区重点人群科学素质工作亮点突出；公民科学素质基础工程建设条件得到加强；队伍建设、经费投入和监测评估工作不断完善。同时也发现了实施工作中存在的一些问题，主要是：有部分市、县、城区思想认识不到位，存在有重经济、轻科普意识现象；有些市、县、城区资金投入相对不足，经费来源单纯，主要依赖于财政的科普专项经费；有些市、县、城区资源整合力度不大，保障机制不够完善等。

3. 主要体会

通过开展督查工作总结的三点体会。

一是统一思想，为督查工作提供思想动力。在2009年广西全民科学素质工作领导小组会议上，把督查作为重点工作进行部署；并充分征求各单位和各市领导对督查工作的意见。通过会议部署和征求意见，各成员单位、各市领导深刻认识到督查工作的重要性和必要性，统一了思想，为督查工作提供了思想动力。

二是点面结合，层层推进，有效掌握基层工作情况。自治区纲要办对各市纲要办进行督查，市纲要办对辖区内县区进行督查；自治区级成员单位开展自查，成员单位的督查员对本系统的单位进行督查；自治区纲要办听取市级纲要办的工作汇报，看点要看基层的亮点，这种层层推进、点面结合的督查方法，能充分调动各成员单位和各级纲要办的力量，达到在有限的时间内了解基层的基本工作情况和特色工作的目的，提高督查效率。

三是加强督查员队伍建设，提高督查质量。督查员是各成员单位相关部门的领导或工作人员，对本单位负责的工作比较熟悉，但对科学素质工作的整体认识不够全面。为此，广西全民科学素质工作领导小组编印了《督查员手册》，把国务院印发的《全民科学素质纲要》、自治区人民政府办公厅印发的《关于印发〈广西壮族自治区2009年全民科学素质工作督查方案〉的通知》以及广西有关成员单位印发的9个方案编入《督查员手册》，明确各位督查员在督查工作中的责任，并将《督查员手册》提前发到督查员手中，要求督查员结合本单位工作和在本次督查中的责任，认真学习，熟悉业务。实践证明，培训过的督查员，善于挖掘亮点，善于发现存在的问题，对各地工作提的意见建议紧扣全民科学素质工作要求，紧扣本系统、本地工作实际，对提高本次督查质量起到关键作用。

（三）浙江省政府督查《全民科学素质纲要》实施

为全面了解《全民科学素质纲要》实施情况，狠抓《全民科学素质纲要》各项目标任务的落实，扎实做好《全民科学素质纲要》实施工作，浙江省政府于2008年10月下发了《关于对〈全民科学素质行动计划纲要〉实施工作开展督查的通知》，从2008年12月~2009年3月对《全民科学素质纲要》实施以来的工作进行全面督查。

1. 督查工作方法

督查采取自查和抽查相结合的形式，先由各市组织开展对所属各有关部门和所辖各县（市、区）的自查。在此基础上，由省科协牵头会同省级有关单位组成督查组抽取部分市、县（市、区）进行实地检查。自查和抽查主要采取听取工作汇报、查阅台账资料、组织座谈交流和现场考核查看等方式进行。

自查阶段时间为2008年12月1日至20日，各地在12月20日前将经市政府分管领导审阅同意的《全民科学素质纲要》实施工作自查报告报省科协；抽查阶段时间为2009年第一季度，省科协牵头会同省级有关单位组成督查组对部分市、县（市、区）进行实地检查，并于

2009 年 3 月 31 日前将全省《全民科学素质纲要》实施工作督查情况报省政府。

在督查前，浙江省科协深入全省各地，对《全民科学素质纲要》实施情况进行摸底调查，并要求全省各级科协对近年来《全民科学素质纲要》实施情况，特别是实施过程中的重点难点问题进行梳理，同时综合各地、市、县自查情况，上报省《全民科学素质纲要》实施办公室，制定并优化督查方案，增强针对性和实效性。

2009 年 2 月 17 日至 24 日，浙江省政府抽调《全民科学素质纲要》办公室各成员单位18 名同志组成督查组，分别由浙江省农办、浙江省科协、浙江省劳动保障厅负责同志带队，分三路赴台州、宁波、嘉兴进行实地督查，检查 2006 年以来各地《全民科学素质纲要》实施情况。具体内容包括：建立《全民科学素质纲要》实施工作机制的情况，制定《全民科学素质纲要》实施方案和工作计划的情况，实施未成年人、农民、城镇劳动人口以及领导干部和公务员四大素质行动的情况，实施科学教育与培训、科普资源开发与共享、大众传媒科技传播能力和科普基础设施四项基础工程的情况，营造实施《全民科学素质纲要》环境条件的情况。同时，督查组还了解各地在《全民科学素质纲要》实施工作中创造的好经验、存在的问题及改进的措施。

2. 督查工作成效

（1）行之有效的工作机制初步建立

浙江省在省级层面上建立了由分管副省长领导、工作例会和日常联系相结合的《全民科学素质纲要》实施工作新机制。在市级层面上，除丽水市外的 10 个地市均成立了领导小组并在2008 年省政府机构改革后保留，定期召开领导小组全体成员会议和办公室成员会议，对工作进行部署和落实检查。宁波市及下属各县（市、区）、杭州市下属各县（市、区）将《全民科学素质纲要》实施工作列入了党委、政府的重要议事日程，并纳入了市、县（市、区）政府的目标考核内容，安排专项经费。

（2）四大素质行动扎实开展

在农民科学素质行动方面，结合全面建设社会主义新农村的总体要求，大力开展农函大培训、欠发达地区"希望之光"实用人才培训、千名专家联千村帮万户活动和千村帮扶、百村示范农民创业行动。据悉，2008 年全省农函大共培训 100 多万人次。杭州市组建了党员现代远程教育专家服务队，深入全市 10 个区、县（市）的 47 个帮扶点，开展专家"一帮一"结对帮扶；温州市建立了农村党员干部群众远程教育及农函大专家库。

在未成年人科学素质行动方面，坚持以学校为主阵地，充分发挥第二课堂、班队会作用，深入推进科学教育普及工作；坚持以课程建设为重要抓手，落实地方课程和校本课程建设，注重心理素质教育；大力开展青少年科学竞赛、科技创新大赛、青少年科技节、机器人竞赛、主题科学体验等活动，增强学生对科技的兴趣和爱好。

在城镇劳动者科学素质行动方面，大力开展城镇失业人员、回乡农民工、农村劳动力、被征地人员就业再就业技能培训和转移就业技能培训，开展高技能人才培训，实施企业职工为主体的职业资格技能鉴定。

在领导干部和公务员科学素质行动方面，全省各地均将科学素质教育列入干部、公务员教育培训规划，把科学素质的相关课程都纳入每个培训班中，把提高科学素质与培训教育有机结合，大力开展科普知识进机关、进党校、进教材等活动。

（3）四项基础工程建设有效推进

在科学教育与培训基础工程建设方面，全省各地以新课程改革为契机，积极推动学校科学教育，将中小学科学教育课程教师培训纳入中小学教师培训整体规划中。

在科普资源开发与共享工程建设方面，共组织编发科普作品400多万册（本），挂图5万多套，创作了一批优秀科普文艺作品，建立了科普文艺节目库。

在大众传媒科技传播能力建设工程方面，各级新闻媒体普遍开设和改进科普专栏、专版、专页，电视台、广播电台都增加了科普节目的播出时间，及时报道党委、政府推进全民科学素质行动的政策和措施。

在科普基础设施工程建设方面，全面落实《浙江省科协"十一五"科普设施建设指导意见》，全省县（市、区）科普活动中心建成率为62.2%；乡镇、街道、社区的综合科普活动室建成率分别为71.8%、107.9%和72.2%，标准科普画廊建成率分别为98.1%、126.9%、92.3%；行政村科普活动站建成率为43.9%，科普宣传栏建成率为52.7%。

在此次督查过程中，还发现一些问题，主要包括：对《全民科学素质纲要》实施工作的重要性认识还不够，实施进程不平衡；资金投入相对不足；《全民科学素质纲要》实施工作还需进一步深化；保障机制不够完善；资源整合力度不够；社会各界广泛参与、合力推进的良好态势还未完全形成。

二 围绕《全民科学素质纲要》实施开展相关评估工作

随着《全民科学素质纲要》实施工作的展开，我国公民科学素质调查、科普基础设施调查、科普惠农兴村计划评估及全国科普日活动评估等各项评估工作相继开展。

（一）第八次中国公民科学素质调查

作为《全民科学素质纲要》评估工作中的一项重要内容，中国公民科学素质调查为了解我国公民的科学素质状况、了解公民获取科学技术知识和信息的渠道与方法、了解公民对科学技术的看法和态度提供了翔实的数据结果。同时，该项调查还为跟踪、分析与公民科学素质相关问题的发展变化趋势，提出适合我国国情的教育、科技、社会发展以及提高公民科学素质的对策和建议，开展公民科学素质研究及其国际比较提供了基础数据。

　　第八次中国公民科学素质抽样调查，经国家统计局国统制［2009］65 号文的批准，由中国科普研究所组织实施。这项调查属于经常性（每五年开展一次）的抽样、问卷、入户调查。调查的指标体系不断完善，调查问卷日臻成熟。

　　第八次中国公民科学素质调查的入户阶段实施于 2010 年 1 月至 5 月 30 日实施，2010 年 5 月回收问卷，2010 年 6 月至 8 月进行数据统计、分析，拟于 2010 年年内发布调查结果。为了进行各地区公民科学素质的分析和比较研究，设计样本量由 2007 年的 10 080 扩大到 69 360，本次调查与历次调查相比，在抽样设计方面有以下几个主要变化：

　　首先，调查目的不局限于了解中国 18~69 岁的人口在科学素质方面的有关情况，而且通过采用追加抽样设计的技术手段对各省级进行样本追加，将落入该省级单位的全国样本与追加样本融合进行计算分析，从而实现同时了解各个省级单位的公民科学素质水平及相关信息。

　　其次，将新疆生产建设兵团首次纳入调查范围，结合其行政构成独立于新疆维吾尔族自治区以师为初级抽样单元进行三阶段不等概率抽样。第八次中国公民科学素质调查涵盖了除港澳台之外的其余 32 个省级单位内 18~69 岁的公民（不含现役军人、智力障碍者）。

　　最后，本次调查形成了以全国（未含港澳台）为总体，32 个省级单位为子总体的调查框架，最终全国调查样本为 69 360 份。数据处理采用多变量非线性联合加权的方法，并利用新的指数表述方法呈现调查结果。通过这种新的抽样与数据处理方式，一方面能够以各省级单位作为调查子总体分析该省级单位公民的科学素质水平及相关信息；另一方面有效利用了各省级单位的追加样本，进而提高全国调查的精度。

表 3-17　历次中国公民科学素质调查参数对比表

年　份	1992	1994	1996	2001	2003	2005	2007	2010
样本量	5 500	5 000	6 000	8 520	8 520	8 570	10 080	69 360
抽样法	简单的 PPS 抽样			分层多阶段 PPS 抽样（d ≤ 3%）				
加　权	性　别			性别、年龄、文化程度、城乡				

此外本次调查的实施过程有以下几个特点：

第一，强化过程控制。在保留以往使用的《入户接触表》和《过程追踪表》的基础上，引入录音设备，在调查过程中进行录音取样，并入语音数据库，以备问卷审查及核对。

第二，创新录入手段。为了克服以往调查录入数据消耗大量人力物力的弊端，课题组引入新式录入设备，将回收问卷整理核查完成后进行扫卡录入，提高录入速度，减少人力支出。

第三，全程跟踪响应。鉴于调查实施的长周期、多步骤特点，课题组建立周报表制度，每周由各省级单位负责人统计汇总进展情况返给课题组，保证整个调查进展实施的可控性并提升突发事件的应变水平。

2009 年 10 月 11 日至 14 日，各省、自治区、直辖市科协以及新疆生产建设兵团科协代表共 70 余人，在北京参加第八次中国公民科学素质抽样调查培训班。由专家和课题组有关人员给学员进行了深入浅出的培训。在全国培训班结束后，各省级单位代表组织本地区的调查员培训工作，课题组成员奔赴黑龙江、山西、新疆生产建设兵团、河南、陕西、重庆等地进行协助培训工作。

截至 2009 年年底，第八次中国公民科学素质调查各项工作进展顺利，各省级单位调查员培训工作已经基本结束，各科学素质观测点二阶段抽样工作已近尾声，个别地区入户调查开始实施。

（二）全国科普基础设施的监测评估工作

2009 年，开展了全国科普基础设施的监测评估工作。全国科普基础设施监测评估的对象包括规划中涉及的全国各类科普基础设施，监测评估的内容主要包括全国科普基础设施的规模、管理使用情况、社会效益等。通过调查、搜集和整理全国科普基础设施发展现状的数据资料，分析我国科普基础设施建设、开发、运营的相关情况，对照《科普基础设施发展规划》设定的目标，评估我国科普基础设施当前的状况，从而监督和推动有关政策措施的出台与落实；同时，建立全国科普基础设施基本信息数据库，形成全国科普基础设施发展报告，对我国科普基础设施状况提出评价性意见和发展趋势分析，为国家有关部门提供政策咨询建议和决策依据，最终促进各类科普基础设施全面、协调、可持续发展。

2009 年 5 月，中国科协科普部向各省、自治区、直辖市科协科普部下发了《关于开展全国科普基础设施发展状况监测评估工作的通知》，各省、地、县三级科协逐级组织开展专项调查。课题组还对各省联络员开展了工作培训，对各省科协的组织实施工作给予了适当经费支持。各地科协对这项工作给予了高度重视。一些省科协在完成了本地的调查统计后，逐步建立了本地科普基础设施动态监测和评估的工作机制，全面掌握本地科普基础设施的现状，并形成本地的《科普基础设施发展报告》，将对推动当地科普基础设施的发展产生积极影响。

通过 2009 年的监测评估工作，对全国科普基础设施家底不清的情况得到根本改变，首次全面了解了我国科普基础设施建设的基本情况；由中国科普研究所牵头，组织有关单位和专家从规模、结构、效果三方面对全国科普基础设施监测评估指标体系进行了深入研究，形成了初步的框架体系，同时，各专题组初步研究制定了各类科普基础设施的监测评估指标体系；初步建立了全国科普基础设施的基本信息数据库，形成了评估报告——《中国科普基础设施发展报告（2009）》并正式出版，纳入了研究类蓝皮书年度报告系列。

（三）科普惠农兴村计划效果评估

2009 年，中国科普研究所承担了科普惠农计划效果评估工作，目的是考察科普惠农兴村计划实施后对农民和农村科普产生的效果。课题组针对表现科普惠农兴村计划惠农效果的四个方面：科普服务综合能力、科普服务状况、科普服务效果、对农村经济社会发展的贡献，研究制定了效果评估指标，并对我国东、中、西部的江苏省、河南省、云南省 2006 年到 2008 年受表彰的县（市）级农村专业技术协会、农村科普示范基地、少数民族科普工作队开展了试点评估。3 省共 254 个（名）集体和个人全部参加了评估，占全国总数的 15.4%，其中有 162 个先进集体和 92 名带头人，分别占全国总数的 15.3% 和 15.6%（见表 3-18）。

表 3-18　江苏省、河南省和云南省受表彰对象参加试点评估情况（单位：个）

类　型　＼　地　区	江　苏	河　南	云　南	合　计
协　会	13	38	34	95
基　地	13	34	28	75
带头人	16	40	36	92
少数民族科普工作队	0	0	2	2
合　计	42	112	100	254

此次评估向受表彰对象发放调查表 254 份，回收 254 份，有效问卷 254 份，有效率 100%，提交自评估报告 150 份。此次评估采用百分制和等级评定相结合，自评估和课题组会同专家评估相结合。

评估结果显示，科普惠农兴村计划的实施在提高农村科普服务综合能力、改善科普服务状况、增强科普服务效果和推动农村经济社会发展等方面发挥效果显著：①科普服务综合能力进一步提高。在科普惠农兴村计划的支持和带动下，受表彰单位的科普服务人才队伍规模有所扩大，科普基础设施进一步改善，科普经费有较大增长；②在科普惠农兴村计划的带动下，农村科普服务状况改善明显。一是群众参加科学技术宣传普及积极性高。二是发放图书资料的数量有所增加，品种日益丰富。三是重视农业新技术和新品种的推广和开展农产品产销咨询；③科普惠农兴村计划的实施进一步发挥了农村科普组织和个人的示范带动作用；④科普惠农兴村计划的实施有力地促进了农业产业化，推动了农村经济社会的发展。一是优良品种的使用率较高。评估调查显示，三省优良品种使用率较高，这为增加农产品产量和提高农民收入提供了重要前提。在科普惠农兴村计划的支持和带动下，受表彰单位和个人开展各种宣传和普及农业生产技术和新品种的活动，大大提高了当地农民优良品种使用率。二是农业产业化程度进一步提高。评估调查显示，受表彰单位和个人服务范围内农民群众的农产品商品率较高，农业市场化程度有了很大提高。统计显示，服务范围内农产品商品率平均达 80% 以上，不仅如此，通过协会、基地等组织销售的农产品额占农产品销售总额的 56% 以上，而且受表彰协会、基地辐射带动农户农产品销售总量呈逐年递增的趋势。在农资购买上，农民更加注重农资的品质和质量。在受表彰单位和个人的带动下，服务范围内购买"三证"农资产品的价值占购买农资产品的比例较高，这一方面表明农民对农资的购买越来越注重产品的质量，他们对农业经营管理的水平有所提升，防范市场风险的能力进一步增强，这也有利于加强他们的自主性和独立性。三是农产品质量认证数量呈上升趋势。根据评估调查，三省受表彰单位和个人共获得 193 个绿色产品认证，392 个无公害产品认证，100 个有机产品认证。

评估结果表明，科普惠农兴村计划的实施提高了农村科普组织和科普工作者的服务意识，极大地调动了他们开展科普服务的积极性，使得农村科普组织建设得到进一步加强，科普服务能力得到进一步提升，惠农效果显著，为推动"三农"问题的解决作出了贡献。

（1）科普惠农兴村计划贯彻落实科学发展观，坚持以人为本，实现科普全面体现民生，真正把农民群众的利益作为着眼点和落脚点，有利于建立优化科普资源配置的格局，有利于建立农村科普发展的可持续模式。

（2）科普惠农兴村计划把科普与惠农结合起来，体现了科普为农村经济社会发展服务；把奖补与激励结合起来，体现了政府扶持与增强农民自身发展能力的新模式；把科技与市场结合起来，体现了科技技能宣传与市场信息知识服务并重；把提高农村物质文明建设与精神文明相结合，体现了物质文明与精神文明两手抓。因此，科普惠农兴村计划把农村的科普工作推进到一个新的阶段，提升到了一个更高的高度。

（3）科普惠农兴村计划调动了基层科协组织和科普工作者的积极性，增强了他们的自信心，提高了他们的自觉性，密切了与农民群众的联系，为农村科普发展创造了良好的氛围。

（4）科普惠农兴村计划表彰的先进单位和个人发挥带动辐射作用，大大提高了当地农民群众的生产技术能力，有力地促进了农业产业结构的调整。科普惠农兴村计划提高了农民群众的农业生产技能，增加了他们的收入，促进了现代农业的发展，全面提高了农业综合生产力和市场竞争力；切实推动各地现代农业生产方式和组织形式的创新，提升农业生产规模化和经营产业化水平；整合社会培训资源，广泛开展农业科技和实用技术培训，示范带动，提高农民科技素质，造就了一批有文化、懂技术、会经营的新型农民，积极推动了现代农业发展与农村经济繁荣。

（5）科普惠农兴村计划推动实现农村科普工作的组织化、专业化，初步建立农村科普工作的新型组织机制，初步建立农村科普工作者队伍的选拔和用人机制，适度引进和建立了农村科普发展的市场利益机制，初步建立我国农村农业生产和生活技能普及与传播机制，初步建立了全国统一和地方特色的科普惠农机制。

（6）科普惠农兴村计划紧密结合推动"三农"问题的解决，促进了农业生产规模的扩大，提高了农村的市场化和专业化程度，增强了农民的生态安全意识。在科普惠农兴村计划的带动下，受表彰单位获得绿色产品、无公害产品和有机产品认证个数显著增加，辐射带动了周边其他农民的生产。

（四）农民科学素质教育试点村建设评估

农民科学素质行动协调小组从 2008 年起开展农民科学素质教育试点村建设（以下简称试点村）工作，按一定比例提出候选 10 个试点村。协调小组组织专家对主要试点村建设工作进行本底调查，摸清试点村农民科学素质基本状况。试点村农民科学素质调查问卷和指标体系主要依据《全民科学素质纲要》和《农民科学素质大纲》对科学素质的表述进行设计，多维度对农民科学素质进行定量和定性评价；在对农民科学素质调查的同时，还对试点村科普工作进行了调查，从农民自身和试点村工作两个角度来对试点村建设工作进行综合评估。

通过试点村的建设，为试点村积累了一批科普资源。协调小组采取切实举措，依靠、动员、组织专家、学者和基层科研、教育、技术、科协工作者，并且鼓励在校和刚刚毕业的大学生、研究生、离退休农业科技工作者等，本着"实际、实用、实效"原则，深入基层，联系实际，面向农民综合开展科学素质教育。

通过试点村的建设，注重培养试点村建设工作骨干。在充分发挥试点村干部、群众主体作用的同时，依托有关部门对试点村负责人和骨干农民进行集中培训，提高他们对增强自身科学素质的思想认识和科学发展的能力，使其成为试点村建设"急需要、用得上、留得住"的工作骨干。

通过试点村建设，加强了农民科学素质教育软件和硬件建设。依托试点村农民活动场所，配备一定数量的科普图书、科普挂图、科普音像等科技资料；有条件的村，还可配备电视机、VCD、DVD 机和科学知识与技术光盘。利用上述条件，通过专家科学知识辅导、讲座和交流互动，促进试点村干部、群众科学素质的不断提高，促进试点村建设扎实、有效开展。

（五）全国科普日科普活动评估

2009 年，中国科协科普部和科普活动中心继 2007 年、2008 年后第三年委托中国科普研究所开展对全国科普日北京主场活动的评估。全国科普日北京主场活动评估以"坚持科学发展，创新引领未来"同名主题展览为主要评估对象，并同时关注 2009 年北京主场活动在北京市公众中的知晓度以及全国科普日活动在全国 39 个主要城市中的知晓度。评估从公众、组织及服务者、媒体、专家 4 个角度、针对策划与设计、宣传与知晓、组织与实施、影响与效果 4 个方面开展。评估方法延续了现场问卷调查、专家现场观察评定、文献研究、网络检索、统计调查、电话调查法、媒体报道监测法等方法；新增加了观察法，即预先设计出观察评估指标进行隐蔽观察和记录，该方法不会引起被观察者由于访谈调查产生的心理障碍或行为变化。

通过对现场 1 525 份的公众问卷调查、60 组公众的观察法评估，72 份组织服务者的问卷调查以及 10 名科普专家的现场观察评定，获得了对于本次主题展览较为客观和全面的评估数据和信息。将 4 个角度所获的数据和结果进行整体分析与对应性分析，形成定量与定性相结合评估。

评估结果显示，2009 年，全国科普日活动公众知晓度提升至 29.3%，较 2008 年知晓度 27.0% 上升了 2.3 个百分点。北京居民科普日活动知晓度提升至 39.8%，较 2008 年知晓度 37.5% 提高了 2.3 个百分点。主题展览对大部分公众、尤其是青少年人群产生了积极的影响，提高了他们对创新话题的兴趣和理解，很好地实现了启迪创新思维，激发创新活力，营造创新氛围的预期目标。

连续三年对全国科普日活动的评估实践，形成了大型科普活动策划、组织、实施全过程的评估体系，对我国提高大型科普活动的策划、组织和实施工作水平具有重要的意义。

三 《中国公民科学素质基准》入户试测

研究编制《中国公民科学素质基准》是《全民科学素质纲要》明确的重要任务之一。2008~2009 年，科技部政策法规司委托上海市科学学研究所、北京大学、中国科技信息研究院组织专家开展了专项研究，三个研究单位分别提出了中国公民科学素质基准 A、B、C 方案，由上海市科学学所进行汇总，在组织有关专家进一步进行理论研究与实证研究的基础上，编制了 170 条公民科学素质基准。

该基准分为"知识构成"、"价值取向"和"行为表现"3 个维度，包括"科学生活能力"、"科学劳动能力"、"参与公共事务能力"以及"终生学习与全面发展能力"等 4 个方面。为验证此基准的科学性与可测性，在上海市部分地区进行测试的基础上，科技部政策法规司决定于 2009 年年底在上海市、江苏省和浙江省进行较大规模的试测，并在上海市召开了测试工作协调会，具体提出了要求并布置了测试任务。依据上海市科学学所提出的基准设计出测试样卷，于 2009 年 11 月在长三角地区选取 6 000 户居民进行了分类试测。

（一）测试问卷的主要构成

《全民科学素质纲要》指出，要培养全民应用科学知识、科学思想、科学精神和科学方法处理实际问题和参与公共事务的能力。科学素质行动的重要任务之一，是要促进全民科学文明健康生活方式的形成。

能力是指一个人能够胜任某项工作的本领，主要侧重于实际活动中的表现。能力的因素包括知识构成、价值取向和行为表现等 3 个维度。知识构成是指主体所具有的知识的类型及其结构；价值取向是指主体在面对或处理各种矛盾、冲突、关系时所持的基本立场、态度以及所表现出来的基本倾向；行为表现是指主体受思想支配而表现在外面的活动的状态，体现为实施、遵守、执行、操作、参与等行动。简而言之，一个人的能力首先是建立在知识储备的基础上，通过一个根据现实情况来选择方向和权衡利弊的心理活动过程，最终通过某种行为表现出来。在这个意义上，科学生活能力是指人们在科学态度和科学精神的指导下，运用科学知识和科学方法解决日常生活中遇到的各种与科学技术相关的问题的综合表现状态。从马斯洛人的需求五个层面以及科学技术的社会应用所产生的影响而言，现代公民的科学生活能力集中体现在健康生活、安全生活、便捷生活、文明生活 4 个层面：①健康生活能力和安全生活能力不仅是保证公民基本生存状态的最低纲领，而且随着技术的应用普及化以及人们思想观念的进步，健康与安全也将逐渐成为人们应对新科技可能带来的风险的基本保障；②便捷生活能力是人们享受新科技成果的必要素质之一，现代社会是一个充满了发明创造、以技术应用为基础的社会，那些连基本的科技产品都不会使用的人，在现代生活中常常会处于劣势或感到不方便；③文明生活能力是建设创新型国家的文化基础。胡锦涛总书记多次提到"创新型国家应该是科学精神蔚然成风的国家。使全社会真正形成讲科学、爱科学、学科学、用科学的良好风尚"。中国科协历次公民科学素质调查也表明，一些不科学的观念和行为在我国普遍存在，愚昧迷信在某些地区较为盛行，这已成为建设创新型国家的瓶颈之一。因此，文明生活要求也将成为科学生活的重要内容之一。

科学生活能力测试问卷共 51 道题，以判断题和单选题为主，题目包含"知识构成"、"价值取向"、"行为表现" 3 个维度，有唯一最佳答案的题目有 44 道，其余题目以多选题为主，主要是了解公民对新技术产品的评价、应用互联网等的情况。测试题的平均回答正确率越高，则测试题对应的某一方面的生活能力就越高。

表 3-19 测试卷题目构成（单位：题）

科学生活		知识构成	价值取向	行为表现	小 计
	健康生活	8	1	5	14
	安全生活	5	2	11	18
	便捷生活	2	4	4	10
	文明生活	2	6	1	9
总 计		51			

（二）试测过程与问卷回收情况

本次试测工作由科技部政策法规司牵头，会同上海市科委、江苏省科技厅、浙江省科技厅组织进行。采用问卷调查的方法，在上海市、江苏省、浙江省部分地区各选取 2 000 名 15~69 岁的常住人口（不含智力障碍者和现役军人）分类回答问卷（一份问卷的四部分分别由四人回答，最后合并为一份），最后回收有效问卷 1 494 份，其中，上海 500 份，江苏 500 份，浙江 494 份（表 3-20）。

表 3-20　样本构成表（单位：份）

男　性			女　性			
789			705			
小学以下	小学	初中	高中/中专	大专	大学本科	研究生
23	30	175	404	295	499	62
公务员及领导干部		城镇劳动人口		农民	学生及待升学人员	
230		451		137	528	
总　计		1 494				

问卷测试结果分析工作正在进行之中，将为制定《中国公民科学素质基准》提供重要参考依据。

（本文作者：钟　琦　张　超　张　锋

张志敏　李朝晖　任　磊

单位：中国科普研究所）

第四章

重要科普活动与相关科普事件

政府推动、社会参与
全民科学素质纲要主题科普活动丰富多彩

　　2009 年，全民科学素质纲要工作的各成员单位继续围绕"节约能源资源，保护生态环境，保障安全健康"的工作主题，一方面借助全国大型科普活动平台进行科普宣传，另一方面，借助本领域资源优势自主开展具有部门特色的科普活动。全年的科普活动体现出政府有效推动、社会积极参与的联合协作的大好形势。同时，科普活动形式内容丰富、重示范、成系列、有影响，更大范围地惠及了社会与公众。

全国大型科普活动在政府推动下继续发挥科普宣传社会平台作用

当前，我国全国大型科普活动主要包括全国科普日、全国科技活动周以及全国防灾减灾日，它们是开展科普宣传的重要社会平台，更能体现出政府有效推动、社会积极参与的协作联动优势。借助这3个科普宣传的社会平台，各部委乃至全国各地开展了形式多样的科普活动。

链接 1

自2009年起，每年5月12日被确定为全国防灾减灾日，旨在通过科普宣传活动增强全社会防灾减灾意识，普及推广全民防灾减灾知识和避灾自救技能，提高各级综合减灾能力，最大限度地减轻自然灾害的损失。

（一）2009年全国科技活动周

2009年全国科技活动周仍以"携手建设创新型国家"为主题。本届科技活动周以科学发展观为统领，围绕"节约能源资源、保护生态环境、保障安全健康"这一主题，开展了科技支撑经济发展的服务活动、科技惠及民生的推广活动以及社会各界广泛参与的科普活动。中央政治局委员、国务委员刘延东出席了5月16日的开幕式，发表了重要讲话，并参与了开幕式的现场活动，来自中央、国务院有关部门的23位部级领导同志出席开幕式并参加了现场活动。

据统计，2009年科技活动周期间，全国共举办各类科技活动3万余项，向基层赠送各类科技资料近3 000万份，举办各类科技报告会、讲座、研讨会17 000余场（次），开放国家重

青少年参与科技周活动

点实验室和科普场馆、基地近 2 000 所，直接参与的公众突破 1 亿人次。

1. 重点示范活动

（1）振兴东北，服务三农，科技列车长白行活动

2009 年 5 月 14~22 日，振兴东北，服务三农，科技列车长白行大型科普活动开展。此次活动是 2009 年全国科技活动周的重点活动之一，由中央宣传部、科技部、环保部、铁道部、卫生部、国家粮食局、共青团中央、中国科协和吉林省人民政府共同主办。按照白山地区提出的科技服务需求，活动动员了农业技术、工业技术、医疗卫生、信息技术、粮食食品等领域的专家以及科普专家 50 余人乘列车奔赴白山地区，在 6 天时间里，深入当地 6 个县（市、区）的 47 个乡镇、社区街道，举办实用技术培训、工农业生产的现场技术指导、健康知识科普及医疗义诊和电脑知识讲座；举办科技创新支撑主导产业发展、循环经济与医疗保健等专题报告会等科技服务活动。其中，中国科协所属中华医学会组织医疗服务团举办专题报告会 6 场，义诊及医疗咨询 17 场，医疗查房 10 场，义诊近万人次。

同时，此次科技列车长白山行各主办单位向白山市 6 个县（市）区捐赠了一批急需的、价值 300 多万元的科技物资。

案 例 1

各部委捐赠科技物资

科技部与奇瑞汽车有限公司捐赠科技服务车 6 辆，科技部捐赠笔记本计算机 60 台和北京红旗 2 000 软件 100 套；科技部捐赠青少年科技创新操作室两个、便携式科普培训数字播放机和科普动漫软件 7 套；中宣部、中央文明办捐赠"万村书库"工程图书室 12 个；国家粮食局捐赠新型储粮仓 500 套；卫生部捐赠社区卫生科普图书室 1 个；环保部捐赠《梦想与期待：中国环保的过去与未来》、《世界环境》、《绿色未来》等环保科普图书 5 000 册；中国科协捐赠科普图书和期刊 3.7 万册，沿途赠送给白山等地的农村。其中，科学普及出版社捐赠了包括《热门电脑丛书》、《少年科普热点》、《少年新闻传播普及教育系列丛书》、《书本科技馆》、《医患对话》、《走近科学》等 30 大类、554 种、2 236 册图书；中国科普期刊研究会捐赠科普期刊共计 96 种，44 018 册，主要有涉农类、健康保健类、少儿教辅类、汽车类、军事类、机械电子类和综合科普类期刊。

（2）与科技同行——百色示范活动

与科技同行——百色示范活动也是 2009 年全国科技活动周的一项重要活动，由科技部和广西壮族自治区人民政府举办。该项活动以开展一系列科技惠民服务为特色。科技部为此向百

色捐赠了 100 台自主创新产品"龙芯"笔记本计算机，捐建 3 个青少年创新操作室，用于支持百色的科普能力建设和中小学科技创新教育。广西壮族自治区科技厅向百色农村捐赠了农村科技书屋和其他科技物资。

（二）联席成员单位活动

科普联席会议各成员单位及其他部门结合各自工作特点，联合或独立开展形式多样、丰富多彩的科技活动。

1. 中科院第五届公众科学日活动突出科技惠民生、科技促发展

（1）成功举办第五届中科院公众科学日活动

2009 年科技活动周期间，中科院开展了第五届公众科学日活动。活动于 5 月 16~17 日举办，主题是"科技创新支持国家经济社会发展"。中科院系统 90 余个研究所同时向公众开放，围绕国家"保增长、扩内需、调结构"的迫切需求，围绕能源、环境、安全、健康等社会热点问题，向公众展示科技在促进经济社会发展、提高人民生活质量、改善人类生存环境方面的重要作用，更加突出科技惠民生、科技促发展等方面的内容。活动期间，主要通过以下几个方面向社会公众普及科学知识：一是国家和院级重点实验室、大科学工程、大型科研装备、天文台、植物园、博物馆、标本馆、科普馆、野外观测站等向公众开放；二是围绕人与自然和谐、科技服务经济社会、人口健康等广大公众关心的热点问题，组织院士、专家、科普志愿者举办各类专题科普讲座，与公众面对面交流；三是利用现代化的综合展示手段，通过文字、图像、视频、网络、互动展品展示科学创新成果，更加突出互动性、趣味性、教育性、过程性；四是开展各类咨询培训活动，如技术培训、招生咨询、成果推介等。本次活动在北京、上海、广州、武汉、成都、昆明、兰州、乌鲁木齐、南京、苏州、西双版纳、太原、青岛、宁波等 18 个城市的中科院研究机构同时举行。参加此次活动的科研机构和科研人员达到了空前的规模，70 个院属科研机构同时开放，近 60 位院士、800 余名科研一线的科学家进行现场讲解，另有 1 000 余名工作人员和千余名科普志愿者负责活动的组织协调工作，活动总共接待人数近 25 万人次。中央电视台、北京电视台、《科学时报》等多家媒体都对本次活动给予了强烈关注。

2. 环保部"关爱太湖　保护水环境"系列科普活动科学性与趣味性并重

2009 年全国科技活动周期间，环保部科技司、中国环境科学学会、江苏省环保厅、环境学会在江苏太湖流域共同举办了"关爱太湖，保护水环境"系列科普活动，该活动从 5 月底至 6 月底开展，持续近一个月。本次系列科普活动期间，面向大中学生 1 200 人、领导干部和公务员 150 人进行了 4 场环保科普报告会；在苏州革命历史博物馆、江苏省环保厅和环太湖流域 15 所绿色中小学举办"关爱太湖　保护水环境"环保科普巡展 17 场，并配合发放环保宣传资

料，近 5 000 人参观；在无锡蠡湖之光广场、常熟市石梅广场为市民和乡村群众开展"关爱太湖保护水环境"环保主题宣传活动两次，同时发放环保科普宣传资料；组织 30 位无锡高校学生志愿者环太湖骑行，沿途开展环保宣传活动。

环太湖骑行宣传环保

根据统计，本次系列科普活动参与人数超过 20 000 人次，活动中共发放科普宣传资料超过 5 000 份，环保科普简报 6 000 份，展出展板 40 余块。

3. 安全监管总局安全科技周活动高倡"科技兴安，安全发展"

2009 年 5 月 16~22 日，为配合全国科技活动周的开展，安全监管总局在全国范围内全面开展了以"科技兴安，安全发展"为主题的 2009 年安全科技周活动。活动启动仪式分别在安徽皖北煤电集团有限责任公司和湖北省大冶市人民广场举行。

安全科技活动周期间，举办了安徽省煤矿安全科技成果展览和湖北省安全科技成果展览，展出了重点企业、院校和科研院所近年来取得的安全科技成果、安全科技产品、安全科技软件等。活动期间，全国各地

案例 2

"关爱太湖 保护水环境"系列科普活动展板展示

在"关爱太湖 保护水环境"系列科普活动中，利用展板集中展示了胡锦涛总书记"让太湖这颗江南的明珠重现碧波美景"的重要指示、温家宝总理和李克强副总理等领导对太湖治理的关怀、江苏省委省政府对太湖治理采取的政策和措施以及治理太湖的各种技术手段和公众参与环境保护的方式方法。

通过广播、电视、报刊、网络等不同媒体，利用标语、板报、图片、宣传栏、电影专场、文艺演出、学术讲座、座谈会、专家到企业会诊、科普大篷车开进企业发放科普资料、开展知识竞赛、组织安全生产事故应急救援预案演习等多种形式，向广大群众、职工、青少年普及安全科学知识。全国直接参与人数达到 50 多万人次。

2009 年全国安全周启动仪式

活动现场发放宣传资料

此外，全国科技活动周期间，中国科协组织所属的学会积极参与，共有 20 多个学会依托各自资源优势，围绕主题举办了特色科普活动。

科技活动周期间，全国妇联、国家林业局等单位也都积极参与，举办了特色科普活动。

4. 国家粮食局"科学消费植物油"活动引导健康风尚

国家粮食局主办了以"科学消费植物油"为主题的 2009 年粮食科技活动周。5 月 16 日的西安主场科普活动通过产品及图片展示、现场演示与专家答疑、播放音像视频资料、设置科普实验、发放宣传资料及赠品等形式，为公众提供相关信息和咨询服务，宣传油脂食品营养健康知识，倡导低油饮食、科学健康的饮食习惯，宣传科学消费植物油的营养知识，促进油脂企业加强科技创新，规范引导我国植物油产业健康发展。来自中粮集团、西安油脂科学研究设计院、陕西西瑞集团的近 30 家大型粮油企业及科研单位现场展示了近年来油脂工业的科技成果，展示了研发的新产品，并向前来参观的市民发放了大量的科普知识手册。

5. 卫生部卫生科技进企业活动进首钢

2009 年 5 月 22 日，在卫生部科教司、科技部体改司、中国科协科普部支持下，中华医学会、首钢总公司、北京市疾病预防控制中心和中国协和医科大学出版社等单位在首钢主办了主题为"科技促发展 健康保生产"的卫生科技进企业活动。此次卫生科技进企业活动向首钢赠送优秀健康科普图书 5 700 册、邀请医学专家为首钢职工作题为"健康在我心中"的科普讲座以及介绍有关甲型 H1N1 流感疫情现状以及预防的知识，并通过现场科普展板展示、免费科普资料发放等形式的活动为广大企业职工提供内容丰富、品质优良的健康科普产品，普及健康科普知识，倡导科学健康的生活方式，提高企业职工的自我保健意识和防病能力。

6. 中国科协心的和谐——青少年健康上网科普宣传活动

> **链接 2**
>
> 2007 年，中国科协、卫生部和中央文明办联合主办了心的和谐——心理健康教育系列科普活动；2008 年，中国科协继续组织开展了该项活动，支持 9 个全国学会针对四川地震灾区开展了心理援助科普宣传。

2009 年，中国科协与卫生部继续联合开展心的和谐——青少年健康上网科普宣传活动。此项活动于 5 月 21 日在北京启动，是 2009 年全国科技活动周的重点活动之一，主题为"使用网络应有度，科学合理才健康"。

活动主要包括：心的和谐——青少年健康上网座谈会、信息时代青少年健康方式问卷调查、网上互动活动、专家与青少年座谈、专家访谈等。活动期间，人民网、中国网、新浪网、腾讯网等网站开设"青少年健康上网"活动专题，介绍活动内容、调查问卷、动态信息和相关科普知识，同时发动网络科普联盟成员单位网站进行链接。《科技日报》开设活动专栏，邀请专家、教育工作者、青少年对青少年健康上网问题发表观点，进行深度报道。通过以上活动，了解青少年互联网使用状况，认识到他们网络行为的特点，掌握互联网对青少年心理成长、身体健康、社会交往的影响，探讨网络时代的青少年健康生活方式，引导他们科学合理地使用互联网。

案 例 3

> **"生态文明，我们行"科普活动**
>
> 2009 年 5 月 16 日，由国家林业局科技司和北京市海淀区科协主办、中国林科院和北京市海淀区青龙桥街道办事处承办的"生态文明，我们行"2009 年科技周专题科普活动在中国林科院学术报告厅举行。海淀区 67 中学、培星小学的学生，林科院老科协会员，林科院社区和厢红旗社区的居民共 300 余人参加了该活动。

（二）2009 年全国科普日

从 2009 年 9 月 19 起，全国科普日活动在各地同时开展。2009 年全国科普日活动以科学发

2009 年全国科普日主题展览

展观为指导，以新中国成立 60 周年为契机，进一步宣传落实《科普法》，深入贯彻实施《全民科学素质纲要》，为提高全民科学素质服务，为建设创新型国家服务。据初步统计，全国 31 个省、自治区、直辖市和新疆生产建设兵团以"节约能源资源、保护生态环境、保障安全健康"为主题，组织开展了 3 200 多项重点科普活动，参与群众近亿人次。700 多个全国科普示范县（市、区）和 200 多个科普教育基地也纷纷举办科普日活动；190 辆科普大篷车深入社区、乡村、学校巡回宣传，开展科普活动。

公众参与主题展览

1. 北京主场活动弘扬创新主题

2009 年全国科普日北京主场活动以"坚持科学发展，创新引领未来"为主题，由中国科协、教育部、共青团中央、中科院、北京市人民政府等联合主办。9 月 19 日上午，中共中央政治局常委、中央书记处书记、国家副主席习近平和王兆国、刘淇、刘云山、刘延东、李源潮、路甬祥、韩启德等领导同志，来到中国科技馆新馆，同首都各界群众和青少年一起参加全国科普日北京主场活动。本次活动得到了中央领导的充分肯定，吸引了广大公众和青少年热情参与。

2009 年全国科普日北京主场活动的主要特色有三：第一，集中展示青少年的科技创新作品；第二，中国科技馆新馆特别推出以创新为主题的参观路线；第三，在中科院奥运园区开辟科技体验活动专区，刚刚开馆的 7 000 多平方米的国家动物博物馆、园区内的 9 个研究所、15 个国家重点实验室将集中对公众开放，让公众走近科学；同时，中科院的 23 个馆所和 30 多个全国学会组织开展 83 项创新体验活动，让公众体验创新、品味创新，并将先进的科研成果展示给社会公众。

链接 3

为纪念邓小平同志 1979 年为全国青少年科技作品展题词"青少年是祖国的未来，科学的希望"30 周年，2009 年全国科普日北京主场活动举办了坚持科学发展，创新引领未来——全国青少年科技创新作品展。本次主题展览围绕中国科协、教育部、共青团中央等部委举办的一系列青少年科技创新活动（如全国青少年科技创新大赛、"明天小小科学家"奖励活动、中国青少年机器人竞赛、"挑战杯"全国大学生课外学术科技作品竞赛等）所积累的青少年科技创新成果，全面回顾改革开放 30 年来青少年科技创新活动的历程，讲述孩子们的创新故事，并展示全国青少年科技创新活动中的部分优秀作品和根据孩子的创意灵感进行深化加工形成的科普展品。展览还邀请了第 24 届全国青少年科技创新大赛和第 9 届中国青少年机器人竞赛中表现突出的青少年代表携其作品现场展示，与同龄朋友和首都观众互动，分享自己的创新故事和研究心得。

2. 各地科普大篷车联动开展主题科普活动

2009 年 9 月 19~20 日全国科普日期间，分布在全国各地的共计 190 辆科普大篷车本着"深入基层、面向基层、服务基层"的原则，面向农村基层地区，开展了以"节约能源资源、保护生态环境、保障安全健康"为主题的以下几类科普活动。

（1）"节约纸张、保护环境"活动。开展科普宣传活动，使公众了解全国纸张消耗和浪费的情况，认识节约纸张对节约能源资源、保护生态环境的重要意义。

（2）科普展览活动。利用科普大篷车车载展品和配发的科普展板开展科普展览活动；利用车载DVD、投影仪等设备开展科普影片放映活动，将科学知识、科学方法传播给基层群众。

（3）自创活动。根据当地特点、自身条件和农民精神文化需求，结合建设社会主义新农村的要求，联合科普教育基地、"一站一栏一员"等基层科普设施，开展具有本地特色的科普大篷车活动。

二　各部门特色鲜明、有规模有影响的系列科普活动继续开展

2009年，围绕全民科学素质纲要工作主题，各成员单位除了配合全国科普日和全国科技活动周、防灾减灾日等全国科普活动之外，还结合各自领域的特色与专长，开展了一系列形式多样的科普活动。

（一）环保部结合纪念日开展多种形式的科普宣传教育活动

1. 利用"六·五"世界环境日系列宣传活动，开展环境科学素质教育

为纪念2009年世界环境日，环保部发布了"六·五"中国主题——"减少污染　行动起来"，组织开展了主题宣传活动，包括发布2008年中国环境状况、举办"六·五"世界环境日纪念暨千名青年环境友好使者启动仪式、举行探索环保新道路——"六·五"世界环境日特别论坛以及与中央电视台联合推出经济与法环保特别节目、《面对气候变化》、《应对全球变暖——中国在行动》环境日专题系列报道等，形成了强大的环保宣传声势，向社会公众有力宣传了环境保护理念和环保知识。

案 例 4

千名青年环境友好使者行动（2009~2011年）

该行动于2009年6月5日正式启动，以节能减排为主题，以青年环保志愿者宣讲传播教授节能减排知识技能为内容，以动员全社会积极参与建设资源节约型、环境友好型社会为目的，首先培训1 000名青年使者，之后每位青年使者至少再培训1 000人，累计将至少有100万人接受节能减排的培训。活动组委会鼓励参与培训的公众设计和提交家庭（校园、机关办公室、企业）节能减排方案，由组委会精选100个具体方案给予专业技术指导，并支持方案提交者开展为期一年的环保实践活动。

2. 依托高校大学生志愿者，开展农村环保科普活动

（1）寒假返乡志愿者送万本环保知识挂历进农家活动

2009 年 1 月，中国环境科学学会编制了《农村环保科普知识（挂历篇）》并印制 1 万本，组织中国农业大学、北京林业大学、北京大学城市与环境学院的农村籍志愿者 700 名，利用寒假回家探亲的机会，将挂历送到了中国西部的 12 个省和东北 3 省的 500 多个村镇的 1 万农户家中。据中国环境科学学会反馈问卷的统计结果显示，90% 以上的农民称赞《农村环保科普知识（挂历篇）》很好。

（2）首都部分高校大学生志愿者暑期环保科普下乡活动

2009 年 5 月，中国环境科学学会召开了本年首都部分高校大学生暑期环保科普下乡活动的启动工作会议，部署了高校农村环保科普活动的任务。会后，北京大学、清华大学等部分首都高校团委共组建暑期环保科普专项小分队 118 支，其中有 70 支小分队将农村环保科普实践活动的地点选在了新疆、西藏、内蒙古、广西、宁夏、甘肃、青海、四川、重庆、陕西、贵州、云南、山西、陕西、河南等中西部欠发达贫困地区的农村。同年 7 至 8 月，1 000 多名大学生志愿者深入全国 200 多个村庄，将中国环境科学学会提供的《农民身边的环保科普知识》和《环境法律科普知识（农村篇）》各 1 万册发放到农民手中；将 400 套（4 张 / 套）《农民身边的环保科普知识挂图》、《让农民喝上放心的水》、《环境法律科普知识挂图（农村篇）》张贴到村委会和农村中小学校。同时，大学生志愿者们在 1 至 2 周的农村社会实践中，针对当地实际情况开展形式多样的农村环保科普活动，如结合当地环境状况调研，挨家挨户向村民普及科学施用农药化肥知识；在农村中小学开展环境教育课，设计环保游戏，向农村未成年人灌输环保观念和意识；在农村大集开展环保科技咨询，宣传生态厕所、沼气池等新技术；为村民播放环保电影；发放自制农村环保宣传资料等。

赴江西省宣传

赴山东省宣传

3. 参与筹备辉煌六十年——中华人民共和国成立60周年成就展

2009年，环保部还参与筹备辉煌六十年——中华人民共和国成立60周年成就展，负责"环境保护全面加强"展区。该展区通过50张图片以及文字说明、20余件珍贵历史实物、环境监测和南宁糖业循环经济两个模型及滚动播放的环保影像资料等，向观众展示新中国成立60年来环境保护事业不断发展壮大、努力推动环境保护的"三个转变"、积极探索中国特色环境保护新道路、建设生态文明和人与自然和谐的环境友好型社会的历史足迹。环保展区广受观众关注，据统计，每天有1 000~2 000人到环保展区参观，国庆长假期间，参观环保展区人员超过近1.5万人，在宣传环境保护基本国策理念、强化公众环境意识的同时，也向全国观众进行了一次环境保护相关知识的教育。

（二）全国妇联开展安全主题科普宣传活动

1. 利用网络开展平安·健康家庭大行动

2009年，全国妇联组织在健康863网站播放《家庭急救常识》、《职业女性自我减压技巧》、《培养儿童良好卫生习惯》、《向家庭暴力说"不"》、《妇女生殖卫生健康保健》、《妇女防诈骗与自救常识》、《儿童防拐卖与自救常识》、《家庭安全用电常识》、《地震时如何避险自救》、《儿童学习减压简便方法》等内容，宣传"平安健康家庭"生活理念。此外，还举办全国平安健康家庭征文征图大赛，开展"全国平安健康家庭"评选活动，共有近100万名家庭成员参与。

2. 深化预防艾滋病"面对面"宣传教育活动

2009年，全国妇联组织推进新一轮对妇女"面对面"宣传教育活动，继续在示范区、项目县（市）深入开展"面对面"宣传教育工作。活动在内蒙古、湖南、云南等6省区和甘肃漳县，共建对女农民工"面对面"宣传教育活动室工作，突出对重点地区的指导和支持，为地方妇联参与艾滋病防治工作创造条件。

（三）安全监管总局开展送安全科技进矿区、进企业、进基层活动

2009年，送安全科技进矿区、进企业、进基层活动在全国范围内积极面向企业、矿区、基层宣传安全科技方针，弘扬安全发展、科技兴安理念，普及安全科学知识，倡导安全健康的生产生活方式，宣传推广优秀安全科技成果，开展安全科技进企业、进矿区、进基层活动。

送安全科技进矿区、进企业、进基层活动以第四届安全生产优秀科技成果推广项目为重点，以煤矿瓦斯高效抽放技术与装备、煤矿安全网络化综合监测监控系统、危险品和长途客运车辆行驶监控技术、重大危险源监控与应急救援辅助决策系统等安全科技9个重点技术成果推广方向为主线，组织煤炭科学研究总院、中国矿业大学（北京）、中国安全生产科学研究院、武汉安全环保研究院等单位的安全生产专家赴湖北省大冶市及安徽省皖北煤电集团有限责任公司开展了安全科技进企业、进矿区、进基层活动。

活动期间，除了展示第四届安全生产优秀科技成果获奖项目及重点推广项目外，还发放了安全科普知识书籍及宣传资料，并向职工、群众讲解安全科技知识。同时，组织省内其他地区的相关单位参观科技成果展，加大科技成果推广力度。安全生产专家为相关企业的工程技术人员分别就煤矿瓦斯治理技术集成与创新、煤矿水害防治理论与实践、企业安全生产管理、矿山采空区地压安全监测技术及其应用、HAN阻隔防爆技术等专题作了学术讲座。通过开展上述丰富多彩的活动，将安全知识、安全理念在企业、在社会做到年年讲、月月讲、天天讲，让安全知识与理念贯穿于日常生产生活中。

（四）中国科协第十一届年会科普活动

第十一届科协年会科普活动现场

2009年9月9日，中国科协第十一届年会科普活动启动仪式在重庆科技馆举行，活动组织动员学生、公众参观科技馆，参与体验实践活动。9日至12日，年会还组织了百名院士专家渝州行活动，邀请100名院士、专家走进学校、企业、社区、乡村，举办科普报告、专题讲座、科技咨询等活动。据统计，本届科协年会科普活动为重庆市人民和广大青少年提供了1 000余项科普活动，直接参与科普活动的公众人数达百万人次、科技工作者达上万人，满足了科技专家和青少年科技爱好者的科普需求，形成了百名院士渝州行，千项活动齐纷呈，万名专家话科技的良好科普工作局面和积极的创新文化氛围，在重庆市掀起了讲科学、爱科学、学科学、用科学的新高潮。

此外，2009年，中国科协与中央电视台举办了第三届公众科学素质大赛，本次大赛以"危机时刻"为名，以"安全、健康"为主题。31个省、自治区、直辖市和新疆生产建设兵团各选拔3名选手组成代表队参加比赛。该大赛在中央电视台共播出5场，累计225分钟，通过竞赛形式向公众传播危机急救、健康安全的知识，提高公众科学素质。

（五）气象局积极策划和组织重大科普活动

1. 开展3.23世界气象日系列活动

2009年世界气象日的主题是"天气、气候和我们呼吸的空气"，为此，中国气象局主办了3.23世界气象日开放纪念活动，进行气象科普。

2009年3月23日，中央气象台、国家卫星中心、华风影视大楼、中国气象科技展厅全部对公众开放，成功举办"天气、气候和我们呼吸的空气"主题论坛。活动同期，还进行了近5 000份的公众气象服务满意度调查、为期一周的中国天气网网上问答活动，并发放《气象知识》等科普材料。

案 例 5

公众气象科普知识有奖问卷调查活动

2009年世界气象日期间，中国气象局在《中国气象报》和网站上推出了以防灾减灾和应对气候变化为主题的公众气象科普知识有奖问卷调查活动。大量读者、网民参加了调查活动，为期3周的调查时段中共收回4 868份有效问卷，通过对调查问卷的收回、整理和分析，撰写了调查分析报告。该调查使气象工作者进一步了解和把握了受众对气象科普知识的需求和阅读心理。

2. 开展气象防灾减灾宣传志愿者中国行活动

2009年7月5日，中国气象局、中国气象学会主办的气象防灾减灾宣传志愿者中国行活动在成都信息工程学院启动。活动的志愿者由成都信息工程学院、南京信息工程大学、北京大学、四川大学等高校的2 000多名师生组成。志愿者分为200个小分队，携带科普资料，前往全国31个省、自治区、直辖市，到达500余个基层乡镇，进入13 000多个农户，深入368所

气象日活动志愿者　　　　　　　　　　　　　气象日宣传活动

中小学校和大型厂矿企业以及车站、广场等人员密集场所，面对面地进行一个多月的气象防灾减灾知识普及。活动总计发放 110 余万份科普宣传资料，完成了 6 981 份气象防灾减灾调查问卷，拍摄了 3 万多张珍贵照片。此次活动是中国气象事业发展史上参与人数最多、活动地域最广、规模最大、最专业、影响最大的一次气象防灾减灾志愿者宣传活动。

3. 举办气象科普系列讲座

中国气象局依托强大的专家优势，于 2009 年推出气象科普系列讲座——"气象大讲堂"和气候变化巡讲活动。该活动主要依托气象院士和著名气象主持人，围绕社会公众关注天气预报准确率、应对气候变化、气象防灾减灾等热点话题，向公众传播气象科普知识，提高公众科学认识应对气候变化和防灾减灾的能力。

（六）林业局开展植树节宣传活动

植树日活动

2009 年 3 月，林业局联合北京市东城区科委、科协、园林绿化局、园林学会、少年科技馆，在北京地坛公园举办了主题为"人人参与，共建我们绿色家园"的 2009 年植树节宣传活动。活动期间，免费向公众发放了《家庭常见花卉养殖手册》、《保护野生动物相关知识》、《公园游览手册》、《北京市公园管理条例》、《北京市古树名木保护条例》、《北京园林》等科普宣传资料，开展了绿化美化咨询、有奖知识竞猜和

"我为园林献计策"金点子征集等活动。活动现场展出宣传展板 30 块、彩旗 20 面，悬挂了"告别城市的喧嚣，投入绿色的怀抱"、"水是生命之源，树是水的卫士"、"植树造林，利在当今，功在千秋"等宣传横幅，对植树造林、森林防火、森林病虫害防治、林地保护、野生动植物保护等相关知识进行了宣传普及。

（七）卫生部积极开展健康主题科普活动

2009 年 11 月 14 日是第三个联合国糖尿病日，主题为"糖尿病教育与预防"，口号是"认识糖尿病，我们在行动"。卫生部发出通知，要求各地结合当地实际情况，深入社区、公园、学校及工作场所，开展专家义诊、知识竞赛、健康大讲堂等形式多样的糖尿病宣传活动，宣传糖尿病防控知识；要求充分利用媒体，积极动员当地政府、教育和体育等部门共同参与糖尿病知识的宣传和普及，联合抗击糖尿病。为配合开展联合国糖尿病日宣传活动，卫生部编印了联合国糖尿病日宣传海报，并组织专家编写了宣传材料。

三　各级学会围绕全民科学素质纲要工作主题积极开展科普活动

各级学会是开展科普活动的一支重要力量。在围绕全民科学素质纲要工作主题的科普活动中，各级学会也以全国大型科普活动，尤其是全国科技活动周为契机，不断创新形式，更新活动内容，为推动全民科学素质工程作出了自己的贡献。

（一）围绕保障安全健康开展的活动

中国生理学会联合中国药学会、中国麻风病防治学会、中国营养学会、中国实验动物学会、中国生物医学工程学会，于 2009 年 5 月 16~17 日在中国科技馆举办科普宣传活动，推出运动与健康、饮食保健、夏季饮食特点、提高睡眠质量、心血管疾病的防治、药物与营养的禁忌、爱护我们的牙齿以及当时流行的甲型 H1N1 流感的特点及防护知识等深受普通百姓欢迎的科普内容。据不完全统计，参加此次科普宣传活动的公众在 3 000 人以上。

中国营养学会于 2009 年 5 月 16~22 日在全国 20 个省市，组建由营养学科技工作者组成的科普志愿者队伍，在公共场所开展科普宣传，结合《中国居民膳食指南》对群众进行健康生活指导。

2009 年 5 月 16~17 日，围绕"预防传染病　保障安全健康"，中国实验动物学会、中国生理学会、中国营养学会、中国药学会、中国麻风病防治协会、中国生物医学工程学会联合开展科普宣传活动；2009 年 5 月 19~20 日，中国实验动物学会、中国麻风防治协会与河北省望都皮肤病防治院前往河北安新县开展了科普下乡活动。

2009 年，中国病理生理学会参与组织国际动脉粥样硬化学会中国分会动脉硬化性疾病全国巡回研讨会（IAS 中国行）。活动于 2009 年 4~9 月先后于 18 个城市进行了巡回演讲，到会人数总计 2 485 人次。此外，2009 年上半年，中国病理生理学会的《糖尿病新世界》与北京市糖尿病协会合作，协助举办科普讲座、糖友运动会等活动。

2009 年 6~12 月，中国药学会和国家食品药品监督管理局在全国范围内开展了以"安全用药　家庭健康"为主题的大型知识竞赛活动。本次知识竞赛活动历时长、范围广、形式新，社会反响良好。该知识竞赛决赛阶段在中央电视台科教频道"状元 360"栏目播出，安全用药科普宣传活动覆盖人群约 8 000 万人次。

2009 年 5 月 16~17 日，中国药学会在中国科技馆围绕用药安全问题开展了科技周科普宣传活动，共发放合理用药宣传册及宣传折页共计 2 000 多份，环保袋 2 000 多个。

2009 年 5 月 16 日，中国感光学会举办了主题为"理化技术、创新为民"的公众科学日活动，进行了以"了解生命，珍爱生命——影像记录的人类生命的开始"、"光固化技术在生活中的应用"、"UV 环保涂料与健康"、"绿色建材与居住安全"、"奇妙的光化学反应"和"改变我们未来生活的光催化剂"为主题的科普报告会。来自北京师范大学、北京建筑工程学院等 4 所大学和北京航空航天大学附属中学、北京九中、北京十中等 14 所中小学的学生以及社会公众总计 300 余人参与了此次活动。

2009 年 5 月 19 日，中国通信学会在北京举办了保障儿童网上安全科普报告会，来自中央、国家机关、国有大中型企业的人员以及社会各界的科技工作者和大学生代表 200 余人参加。活动同时还举办了"信息通信新技术及业务展示"、"儿童网上安全展示"、"中国通信学会推荐科普图书"、"中国通信学会科普教育基地及普及与教育工作宣传挂图"等展览。

2009 年 5 月 19 日上午，中国体育科学学会在北京东四奥林匹克社区、5 月 20 日下午在中国航天科技集团举办了两场主题为"向锻炼要健康——科学健身"专题讲座，参加人数共计 300 多人。

（二）围绕"节约能源资源，保护生态环境"开展的科普活动

2009 年，中国电机工程学会组织参加了在中科院奥运村科技园园区的全国科普日北京主会场活动，以宣传展板、发放宣传册、多媒体播放、现场互动、有奖竞答等形式宣传了"节约能源资源、安全合理用电"的活动主题。

2009 年，中国电机工程学会还开展了电力科普老区行科普下乡活动。活动于广西东兰县乐里小学举行。活动举办方向东兰县科技局移交捐赠《中国少年百科》等 200 多种近 600 册科普图书、《中国博物馆》等 20 种 40 套科普光碟，并配置了电脑（28 台）、投影仪、幕布、DVD、音箱等科普用具。同时，举办了"新能源"（"形形色色的发电"）科普展览，发放了《居民应对用电故障科普常识》、《农村安全用电科普常识》等宣传手册，组织了《珍惜资源科学用电》、《雷电与防雷》等专题电力科普讲座。

2009 年 5 月 18~22 日，中国金属学会 2009 冶金科技活动周在北京举行，面向企业、校园开展了一系列深受群众欢迎的科技宣传活动。5 月 18 日上午，举办了"全国冶金节约能源资源，保护生态环境"展览，发放科普资料近千份，参与活动上千人。

2009 年 5 月 16~20 日，中国动物学会、北京动物学会、北京动物园、北京自然博物馆在中科院动物研究所展出了"保护动物　和谐发展"展览，并通过宣传材料赠送、专家答疑区和有奖竞答开展一系列科普活动。

2009 年 5 月 16 日，中国铁道学会在北京玉渊潭公园举办了铁路科技周宣传活动，向广大观众发放了以高速铁路建设与节能减排为内容的《铁道知识》2 000 册，《京津城际高速铁路科普知识》1 000 册，铁路文化扑克 1 000 盒，高速铁路科普知识答卷 1 000 份。按照铁路科技周活动的总体要求，29 个省、自治区、直辖市的铁道学会开展了具有铁路特色的群众性科普宣传活动，重点向广大旅客和铁路职工宣传高速铁路建设与运营取得的新成就及铁路安全、节能减排、保护环境、健康安全等方面的科普知识。

案例 6

2009 年铁路科技周活动

全路 621 个站段以"保安全、保稳定，促经营、促发展"为主要内容，开展科普进站段、进车间、进班组活动，采用科技讲座、科技攻关、岗位练兵、提合理化建议、科普知识答卷等形式开展科技教育。

据不完全统计，在全路科技周活动期间，全路有 14 847 名领导干部和科普人员、志愿者参加此次活动的组织与宣传；制作活动宣传展板与挂图 229 套 2 836 块（张），编作板报 2 957 快；举办科技报告会、科普知识讲座 376 场次，听讲人员达 669 190 人次；开展各种技术培训班 487 次，参加人员达 38 427 人次；开展职工岗位技术练兵 793 次，参加人员达 21 980 人次；组织站段科技攻关项目 1 084 项，参加职工 7 109 人次；组织职工为保安全、促发展、建和谐，提出合理化建议 29 440 条，参加人员达 23 183 人次；悬挂与张贴活动标语 11 461 幅（条）；发放科普读物、科技知识和甲型 H1N1 流感防治知识等宣传资料 212 521 册（张）；制作科普知识录音磁带 409 盒，组织在 603 趟列车上广播科普知识 4 305 次；组织放映科普影视 260 场次，观看人数达 42 859 人次；组织铁路电视台播放科普节目 231 个，收看人数达 349 680 人次；组织科普知识竞赛 201 场次，有 39 152 人次参加；编排科普文艺节目 11 个，出演 16 场，观看人员达 4 373 人次；组织刊登科普文章 433 篇，丰富了活动内容。各主要车站利用电子屏幕时时滚动播出科技周活动标语口号和铁路科技创新成果画面时间约 10 500 小时。全路科技周活动费用达 93.64 万元，活动受益人数达 711.88 万人次，取得了良好的社会效果，对营造铁路和谐发展起到了推动作用。

2009 年 5 月 16~22 日，中国图书馆学会组织开展科普文化活动。5 月 17 日，西城区图书馆参加了由北京环境科学学会、北京市环境保护宣教中心、西城区环保局、西城区科协等多家单位在西单图书大厦广场前联合举办的"低碳生活从我做起"科普宣传活动。活动中，千余名市民观看了"节能减排社区行"科普展板，现场发放 200 余份《节能减排社区行动指南》宣传手册以及 1 000 余份图书馆公益科普讲座预告。活动期间，"建筑中国六十年展览"、"天蓝·地绿·水清——环境篇"、"生态·生存·生活——生态篇"、"文明·健康·和谐——健康篇"；"纪念日科普展 A 版"、"纪念日科普展 B 版"等 6 个展览在全国图书馆巡展，约有 7 800 人次参观了该展览。

2009 年 5 月，中国地球物理学会组织开展了让科技走进千家万户的活动。科普教育基地中国地质大学联合有关单位在北京景山街道美术馆后花园举办了"携手建设创新型国家——坚持科学发展建设新北京"的科普展览及咨询宣传活动。学会还组织科普志愿者到地质博物馆、中关村幼儿园、西城区裕中社区和黄寺社区做义务讲解员，进行保护地球、节约资源、保护环境和预防自然灾害的科普宣传，并发放科普画册、科普报刊近千份，受益人数 6 000 余人。

（本文作者：张志敏　单位：中国科普研究所）

观天象、探宇宙
国际天文年科普大放异彩

为纪念伽利略首次使用望远镜进行天文观测 400 周年，在国际天文学联合会和联合国教科文组织共同倡议下，联合国大会将 2009 年正式确定为国际天文年，并将其主题定为"探索我们的宇宙"。这是一次天文学及其对社会、文化贡献的全球庆典。为扩大天文学的社会影响，切实让基础科学走近社会公众，中国天文学会、中国天文学会普及工作委员会、北京天文馆等单位积极响应联合国大会、联合国教科文组织和国际天文学联合会的号召，在中国科协等单位的大力支持和指导下，围绕"探索我们的宇宙"这一主题，在 2009 年开展了一系列与之相关的纪念、学术交流及科普宣传活动，取得了较好的效果，产生了较大的社会反响。

大型仪式类活动和论坛类活动场面大、影响大

1. 科技界高层重视，媒体报道充分

2009年1月10日，中国内地2009国际天文年启动仪式暨新闻发布会在北京天文馆举办。来自中科院、中国科协、国家自然科学基金委员会、中国天文学会等方面的领导、院士、学者、首都高校天文协会的代表以及国内各主要媒体的记者等150余人参加了仪式。在启动仪式上，介绍了国际天文年有关背景情况和中国内地2009国际天文年部分活动计划，并就2008年十大天文发现、2009年重大天象、近期天文发现和天文活动等方面与来宾进行了互动交流。中央电视台、北京电视台、人民网、中国网、新浪网、《北京晚报》、《科技日报》、《科学时报》、《大众科技报》等近30家媒体对活动进行了报道，新浪网对活动进行了全程现场图文直播。

2009年4月26日，由中国科协和中科院主办的2009国际天文年纪念大会在北京召开。科技部、中国科协、中科院的领导，各承办、协办和支持单位的领导及代表，联合国驻华机构，意大利、法国等多个国家的驻华大使、科技参赞、文化参赞、科技一秘及使馆其他人员等，在京科研单位、北京市科协以及社会各有关方面人士、中小学生代表等共800人出席。会议邀请中国天文学会前任理事长苏定强院士作了题为"望远镜和天文学：400年的回顾与展望"的主题报告，邀请中科院国家天文台陈建生院士作了题为"探索宇宙继往开来"的主题报告。新浪网对此次大会进行了全程图文直播。

2. 相关学术交流活跃，拓展了合作与共享空间

2009年11月1日，"天文学的现代进展及对人类的意义"高层论坛在北京举行。中国天文界各单位的（在京）学术带头人出席会议，畅所欲言。各位专家均肯定了中国天文科普的重要性，强调中国天文学的持续健康快速发展的重点在于后备天文学人才的培养。

2009年12月24~26日，由北京市天文学会、北京天文馆主办，海淀区教育委员会、海淀区科普教育协会承办的北京市第一届天文科普教育论坛在北京市延庆县举行。此次会议是北京市在2009国际天文年期间举行的一次重要会议，出席论坛的有中科院国家天文台、北京天文馆近10位长期从事天文科普活动的专家、北京市9个区县的近100位天文教师和部分天文仪器生产厂商代表。此次论坛的召开，为北京市从事天文科普教育的教师和有关资源单位搭建了一个良好的交流平台，提供了合作、共享的空间。

二 抓住日全食有利时机，助推天文科普热和社会化科普

1. 预热宣传到位，涉及面广

2009 年被定为国际天文年，是纪念伽利略将望远镜用于天文观测 400 年，而 500 年一遇的日全食也发生在这一年，因此，这无疑是以日全食和天文年为契机对公众进行天文科普非常有利的一年。

2009 年日全食覆盖我国多地区，4 亿人足不出户就可欣赏到日全食奇观，中国全境都可看到日偏食，这也给科普工作者提供了一个绝好的机会。作为科普工作的主要社会力量，各地科协、科技馆、天文馆积极为公众奉上了逐日科普大餐。

应中宣部、科技部、中国科协等部委的要求，北京天文馆为各部委相关部门人员就日食这一现象进行了详细的介绍，并就日食原理、破除迷信、如何正确进行观测、各机构如何组织进行观测、交通治安等有可能出现的情况等问题制作了科普资料包，同时配套有日食的系列海报、挂图、视频文件等。这些工作为国家高层制定应对措施、确定政策导向、下达指示等工作提供了技术保证。

北京天文馆共组织赴外省市开展日食科普活动 20 多次（包括宁夏回族自治区银川市、固原市、石嘴山市、青铜峡市等市县，天津市塘沽区，湖北省武汉市，浙江省宁波市、海盐县，四川省什邡市，江西省南昌市，广东省广州市、深圳市、东莞市，山东省济南市、青岛市，河

北京天文馆组织的日全食观测组

北省石家庄市，辽宁省大连市，山西省襄汾县陶寺等地）；在北京市中小学校、社区开展科普活动 30 余次；举办天文科普讲座近百余场，直接参与听众人数 9 万余人次；发放日食科普海报 8 000 余张，并将这些挂图、海报、路边天文活动星图、科普展板电子稿挂于相应的天文科普网站供大家免费下载。

2009 年 7 月 22 日，武汉江滩日全食主观测点场景　　2009 年 7 月 22 日，武汉江滩日全食主观测点场景

2. 活动组织有序，传播方式多样

受浙江省科协、杭州高级中学天文社之邀，2009 年 7 月 19 日，全世界看日食最多的人——哈佛大学博士、国际天文联合会日食工作组主席、美国威廉姆学院教授杰 · 巴萨乔夫来到杭州，向公众尤其是青少年传送经验，教授观测的简易方法，并预测了此次日全食可能会出现的美妙奇观。

链接

1

　　巴萨乔夫提醒广大青少年，在两个多小时的日全食过程中，在 5 分半钟的日全食中间阶段，不需佩戴太阳滤镜，否则双眼将错过神秘而美丽的日全食景象。其他时间里，强烈的太阳光芒依然可见，这时不应用裸眼直视太阳，而要通过佩戴太阳滤镜来保护眼睛。

为了让市民更方便地了解日全食这个天文奇观，无锡市科协组织了一辆满载日全食宣传挂图以及相关科普教学仪器的大篷车开进了居民社区。在社区特设的宣传室，科协的工作人员对小朋友宣讲日全食的成因。除了知识讲解外，大篷车还配备了内容十分丰富的日全食挂图，包括"日全食原理"、"破除有关日全食的各种迷信"等。工作人员的讲解和浅显易懂的挂图让市民们领略到了科学世界的无穷奥秘。

不仅是科协组织，媒体也掀起了日全食的报道热潮。现场直播、开辟专栏、在线访谈，各路媒体依据自身定位，投入科普宣传中来。

《科技日报》在 2009 年 7 月 22 日发表的评论中指出，6 分钟，足以点燃民众的科学激情，但要培养合格的"科学公民"，只有这"6 分钟"是远远不够的。实际上，在人类伟大的科学文明史上，在浩如烟海的科学发现和技术成就中，随便哪一种绚丽程度，都可以像"日全食"一样，牢牢"拽"住民众的眼球和心灵。真正能够让科学走下神坛、走进公民的"文明使者"和"科学意见领袖"，不仅仅是某些媒体或某个部门，更应该是处在科技前沿的每一个人。评论进一步希望，"6 分钟"过后，是该请科学家们自觉戴上"公共知识分子"的帽子，帮助中国真正走进"科学公民时代"了。

三　特色展览与活动有声有色

1. 各方积极参与全球性和区域性的活动

北京天文馆通过举办 2009 国际天文年全国青少年征文比赛，选拔出两名优胜者，由国际天文年中国大陆地区指定联系人、北京天文馆馆长朱进带领，参加了 2009 年 1 月 15~16 日在联合国教科文总部（巴黎）举行的国际天文年全球启动仪式，以及 1 月 19~23 日在巴黎举行的国际天文学联合会（IAU）第 260 次座谈会"天文学在社会和文化中的作用"。在活动中，他们与其他国家的青少年进行了充分的沟通和交流，展现了中国青少年的风采。同时，在国内举行的青少年征文活动对 2009 国际天文年即将展开的活动进行了铺垫和预热。

2009 年 1 月 23 日，"从地球到宇宙"展览在北京天文馆 A 馆东厅开展。该展览以精美图片展览的形式向公众展示了天文学的方方面面。该展览的挂图版在北京天文馆服务器上供公众免费下载。各科技场馆、高校社团、中小学等 100 多家机构、单位、团体、个人下载了该资料，直接喷绘或进行再加工后用于全年科普活动。此外，科技场馆内的天文图片展览、中小学校的壁挂式科普图片展览、走进社区的天文科普图片巡展，也以丰富的内容、精美的图片吸引了许多观众。此外，中法 2009 国际天文年展览、"神奇宇宙·我探索·我描绘"展览等也相继举办，吸引了许多参观者。

2. 特别关注中小学天文教育及相关科普活动

除了积极参与全球性和区域性的活动之外，有关方面还特别关注中小学天文教育，鼓励专业天文学家和天文爱好者共同参与科普活动。

中国天文学会策划了天文教师培训、幼儿天文启蒙等自选项目，并结合一系列天文盛事举办了 2009 年星空大会。11 月 16~19 日，2009 国际天文年天文爱好者星空大会暨狮子座流星雨观测活动在甘肃省敦煌市举行。天文学家和科普专家乘坐天文科普宣传车分两路，冒着风雪从北京进入甘肃，与众多来自全国的资深天文爱好者在敦煌和瓜洲进行了流星雨的双站观测。同时，北京天文馆的"火流星监测网"观测设备及后台控制系统在本次流星雨观测中进行了使用和检测。据不完全统计，在 11 月 17 日晚至 18 日早 7 点间观测到狮子座流星雨约 500 余颗。

2009 年 11 月 18 日下午，星空大会的科普宣传进校园活动在敦煌市市委、市政府及当地科协的大力协助下在敦煌市第三中学进行。近 300 名高中生聆听了科普宣传车的"趣谈天文学"讲座，在场的中学生就流星雨观测、月相变化、影片《2012》等问题展开了热烈的讨论及互动。该校的千余名师生在科普宣传车的便携式天象厅内观看了《神秘的星空》天象节目。本次活动是北京天文馆首次尝试将星空大会、观测活动及科普进校园等形式相结合，收效良好。人民网科技频道及当地媒体对此次星空大会活动及流星雨的观测进行了第一时间的报道。

幼儿天文普及教育在这一年里也受到高度重视。为欢庆 2009 年"六一"儿童节的到来，中国天文学会普及工作委员会、中国自然博物馆协会天文馆专业委员会、北京校外教育协会、《天文爱好者》杂志社、人民网等多家单位联合举办"星星是我的好朋友"天文科普活动。"宇宙意识"是一项国际性活动，其宗旨是要从年幼的儿童开始培养天文兴趣，让他们也能感受到宇宙的广阔和壮丽。

本次"星星是我的好朋友"天文科普活动的目标是要让孩子们在 2009 国际天文年的"六一"度过一个难忘的节日，让更多年幼的孩子有机会去感受宇宙的神奇，从而激发他们对科学的热爱。在"六一"儿童节当天，启动了北京、大连、青岛三地的"星星是我的好朋友"专题活动（当日中央电视台新闻联播对活动启动进行了报道）。在三地的号召之下，在 6~8 月的 3 个月中，全国约有 23 家单位组织了该专题活动。北京天文馆为这些举办活动的单位免费提供了活动海报、活动道具等科普资料。

3. 路边天文活动等拓宽了受众面，收到良好效果

路边天文活动也成为此次天文科普的一个独特景观。这一年里，有关方面发动广大专业天文工作者和业余天文爱好者，在全国范围内举办了以"路边天文、科普讲座、天文展览"形式为主的天文推广活动，以让尽可能多的人使用望远镜，并通过望远镜来观测天空；同时，由组织者指导公众认星，进行一些明亮天体的目视观测，并作讲解。如北京天文馆与人民网联合主办的"秀我望远镜、邀你看星空"系列路边天文活动，收到了良好效果。从收集到的信息来看，中国大陆地区的 31 个行政区域中除湖南省、海南省、贵州省、西藏自治区 4 个行政区域未获得统计数据外，在大陆地区的其他 27 个行政区域内全年共开展约 373 次路边天文活动，约 35 万人在参与活动的过程中，通过望远镜看到了天空中的天体。

2009 年 4 月 5 日，中国大陆地区专业天文台站和相关单位，如国家天文台、紫金山天文台青海德令哈毫米波射电观测站和盱眙观测基地、上海天文台、国家授时中心等单位，共约 20 家开展了公众开放日活动，对外免费开放，一线的天文专家和学生为参观者提供免费的讲解服务。

除了常规活动之外，各地在 2009 年 4 月 2~5 日（"天文 100 小时"全球活动，以路边天文观测为主）、7 月 12~21 日（日食及其他天文知识的宣传，以讲座和展览为主）、8 月 21~27 日（天文节，路边天文、讲座、展览）三个时段集中开展了各种天文科普系列活动。全年在全国超过 100 所高校和超过 100 个不同的地区开展了各种不同形式的天文普及活动。

四 与媒体深度合作，借助多种手段和方式，有效传播天文知识

1. 及时与媒体沟通，深入了解公众需求

加大、加深与媒体的合作，为国际天文年的科普宣传活动增色不少。如中国大陆地区 2009 国际天文年官方网站直接由人民网提供技术支持。2009 年 4 月，该官网由北京天文馆服务器转移至人民网服务器。

从 2009 年 2 月开始，每个月第三个星期六下午 1 点半，北京天文馆都定期举办"天文播报"媒体通报会，由新闻发言人、受邀天文领域专家或资深天文爱好者发布天文相关资讯，并在现场与媒体和公众进行互动式交流。活动还设置了媒体报道点评环节，对媒体近期在天文相关问题的部分报道进行解读。该活动旨在通过这样一种方式让公众及媒体更好地了解天文、获得正确的天文信息、进行正确的天文报道；同时，让天文领域工作者更好地了解公众及媒体的需求，在互动的沟通中，增进彼此间的了解，互相学习，最终达到科学家与公众共同分享宇宙奥秘的目的。

2. 积极参与全球科普项目，在更大范围内传播天文知识

2009 年 3 月 28 日，北京时间晚 8 时 30 分至 9 时 30 分开始的"地球一小时"活动引发了公众的天文观测热情。该活动号召人们在这一个小时里熄灭电灯、关闭电源。提倡"暗夜意识"是国际天文年的一项重大活动，其要旨在于保护黑暗的夜空不受光污染影响。活动期间，不少地方组织了熄灯间隙的观星活动。

2009 年 4 月 2 日至 5 日，一个重要的全球科普项目——"天文学 100 小时"，又为公众提供了更多了解天文的机会。该活动是国际天文年中一个全球性的、持续 100 小时的全天候活动，即在全球范围内开展多种多样的天文活动，并通过网络在线直播专业天文观测、公众观测项目，目的在于让尽可能多的人能够通过望远镜观察天空，就像伽利略 400 年前第一次做的那

样，同时让公众有机会了解天文学家的工作内容和方式。

在活动的 100 小时内，有关单位在线直播了国内主要天文台及观测设备的观测和运行情况。如国家天文台兴隆观测基地参加直播的观测设备包括 2.16 米望远镜、80 厘米 TNT 望远镜、公共天文台的多台科普望远镜，直播的场景包括观测室内天文学家使用光学望远镜进行观测的视频场景、圆顶内部望远镜运动时的场景和公共天文台望远镜实时拍摄获得的图像和视频。

上海天文台还积极参与了"天文学 100 小时"的另一项全球性活动：由全球 14 台射电望远镜联合开展的实时 VLBI 演示实验。该活动由欧洲 VLBI 网（EVN）组织，在 2009 年 4 月 3 日和 5 日分别进行，共有 12 个国家的 14 台射电望远镜参加。观测的目标是一个名为 3C120 的射电星系，距离太阳系约 4.5 亿光年。上海天文台 25 米射电望远镜参与该活动并取得了成功。本次活动引起新闻媒体的广泛关注，新华网、新民网、《文汇报》、《新民晚报》、中央广播电台、上海广播电台都对此活动给予报道和高度评价，中央政府网站和上海市政府也发布了相关报道，对宣传我国天文科学成就、传播科学精神起到了良好的作用。

（本文作者：万昊宜　单位：北京天文馆

尹传红　单位：大众科技报社）

2009中国国际节能减排和新能源
科技博览会举办

　　为了深入贯彻落实科学发展观，推进《节能减排综合性工作方案》实施，展示国家节能减排科技工作的重大成果，加快节能减排技术成果的转化、推广和应用，进一步发挥科学技术在应对国际金融危机、推动节能减排和新能源产业发展的支撑作用，科技部、国家发展改革委、教育部、工信部、财政部、环保部、住房和城乡建设部、交通运输部、铁道部、国管局、国家能源局、中科院、中国科协等 13 个单位于 2009 年 3 月 19~23 日在北京展览馆联合举办了 2009 中国国际节能减排和新能源科技博览会（以下简称博览会）。

博览会展示节能减排和新能源科技

本届博览会共有来自包括世界 500 强企业在内的十几个国家和国内 20 多个省、自治区、直辖市以及香港特别行政区的 267 家企业以及众多机构参加了博览会成果展示，1 100 余家企业和机构参加了博览会及相关活动。迄今为止，本届博览会是我国节能减排和新能源发展领域规模空前的盛会，是近年来参与部委最多、规模最大、内容最全的一届科技博览会。

> **链接**
>
> **1**
>
> 2009 年 3 月 19 日，博览会开幕式在北京展览馆举办。全国政协副主席、科技部部长万钢致开幕词，法国施耐德电气首席执行官赵国华先生参加了开幕式并代表企业致辞，少年儿童代表宣读了题为"节能减排，从小做起"的倡议书。3 月 19 日和 20 日，党和国家领导人胡锦涛、吴邦国、温家宝、贾庆林、习近平、李克强、贺国强、周永康以及王刚、王兆国、王岐山、回良玉、刘淇、刘云山、刘延东、张德江、令计划、路甬祥、司马义·铁力瓦尔地等领导同志参观了博览会。

博览会以"节能减排，振兴经济，科技创新，开拓未来"为主题，分为政府综合展区、企业展区、技术交易服务展区、全民节能减排科普展区。政府综合展区主要是宣传我国政府的节能减排和新能源方针政策，反映节能减排和新能源科技工作的重大成果，反映各部门推进节能减排科技工作的重大成就，突出亮点和重点工作；企业展区展示了国内外企业和科研单位在节能减排和新能源领域的先进技术、设备、工艺和产品，展示了节能减排、气候变化相关领域的项目、行动和成功案例；技术交易服务展区主要是组织开展技术成果洽谈与交易，动员行业协会、大型连锁企业等组织企业参加博览会，发布需求信息，采购相关技术成果和产品；全民节能减排科普展区主要针对面向社会和全民的节能减排科技教育和普及，展示节能减排"四小评选"（小发明、小创造、小革新、小技巧）获奖作品以及全民节能减排科普工作优秀成果。

博览会系列活动增强群众节能减排的意识

博览会还通过召开博览会开幕典礼、举办高层科技论坛及系列专题论坛和全民节能减排科普日等活动提供投融资、专利、法律、交易洽谈等方面的咨询和服务，促进节能减排和新能源科技成果交易和转化，普及宣传节能减排的科学知识和方法，增强群众节能减排的意识。

（一）召开 2009 中国国际节能减排和新能源科技高层论坛

2009 年 3 月 19 日下午，作为 2009 中国国际节能减排和新能源科技博览会的重要内容，2009 中国国际节能减排和新能源科技高层论坛在北京隆重开幕，论坛由科技部、国家发展改革委、教育部、工业和信息化部、财政部、环保部和中国科协等 13 个部门联合主办，由中国 21 世纪议程管理中心和中国可持续发展研究会承办。全国政协副主席、科技部万钢部长，中国工程院院长徐匡迪院士，中国科协常务副主席、书记处书记邓楠等在内的国内外知名科学家、经济学家、政府官员、国际组织负责人、部分世界 500 强企业总裁等嘉宾以及来自国内外企业界、科技界和政府部门的代表 700 余人出席了本次论坛。

论坛主题为"节能减排、振兴经济，科技创新、开拓未来"。论坛作为博览会的重要活动，旨在加强节能减排和新能源发展的战略对策研讨，分享国内外促进节能减排和新能源发展的科技、政策和机制创新经验，促进节能减排和新能源科技领域的交流与合作。论坛包括 3 个专题：科技创新与节能减排、节能减排与新能源政策机制和企业社会责任。

> **链接2**
>
> 国际能源署琼斯副主任、意大利诺贝尔奖获得者卢比亚教授等国外专家介绍了国际社会新能源技术研究、应用的新趋势以及在建设低碳社会方面的做法和经验。全国政协副主席、科技部万钢部长，中国工程院徐匡迪院长等国内专家分别就中国转变工业增长方式努力实现节能减排、中国能源发展的现状与对策、应对全球气候变化的战略与对策作了专题报告。沃尔玛、施耐德电气、中国石油、长安汽车等世界 500 强企业代表也作了发言。

（二）召开实现千年发展目标的中国清洁发展机制开发合作项目圆桌会议

作为博览会系列活动之一，实现千年发展目标的中国清洁发展机制开发合作项目圆桌会议于 2009 年 3 月 20 日在北京隆重召开。圆桌会议由科技部社会发展科技司、商务部中国国际经济技术交流中心和联合国开发计划署驻华代表处联合主办。科技部、国家发展改革委、中国国际经济技术交流中心、联合国开发计划署、法国开发署等机构和单位的代表，本项目下 12 个省级清洁发展机制（CDM）技术服务机构和 10 余个国内其他省级 CDM 技术服务机构的代表以及国内外经营实体（DOE）代表、国内外知名 CDM 咨询机构和企业代表等 160 余人参加了本次会议。

会议紧密围绕 CDM 项目开发和合作，国内 CDM 技术咨询机构和项目业主以及国际买家代表分别介绍了 CDM 项目开发情况和 CERs 需求情况。各位专家分别就 CDM 国内外最新形势以及国际碳市场供需现状和发展趋势，CDM 项目开发、合同谈判、项目执行等存在的普遍性问题，金融危机对国际 CDM 市场的影响以及审定 / 核查（VVM）情况进行大会报告，并回答了参会代表共同关心和关注的相关问题。各方承诺在信息共享、平等互利、自愿合作的原则下深入交流和沟通，开展商务洽谈，共同推进 CDM 项目开发工作。

（三）召开中国国际节能减排和新能源投融资论坛

2009 年 3 月 20 日，由博览会组委会主办的中国国际节能减排和新能源投融资论坛在北京成功举办，科技部原副部长、中国技术创业协会理事长马颂德教授出席论坛并作主旨发言。诺贝尔奖获得者意大利物理学家卡罗·卢比亚教授也出席论坛并发表讲话。

论坛分为两大部分：一是分析产业的宏观政策及产业发展，二是探讨微观层面的投融资解决方案。论坛上，我国节能减排和新能源领域的专家、企业家、国内外知名投资机构以及政府官员，针对全球金融危机的严峻挑战以及企业技术创新与产业发展，探讨中国节能减排与新能源投融资发展的机会、挑战与对策。论坛吸引了美国 NEA、汉能资本、中电国际新能源投资、天堂硅谷等几十家国内外知名投资机构的总裁和高级合伙人以及国内外上市公司高管参加。

（四）举办节能减排　从我做起——全民节能减排"四小"活动颁奖典礼

"四小"是指小发明、小创造、小革新、小技巧四项内容。此次活动由中国科协科普部、中国 21 世纪议程管理中心指导，中国自然科学博物馆协会组织，中国青少年科技辅导员协会、中国发明协会、北京发明协会等单位协助开展。评选活动自 2008 年 12 月 10 日启动以来，引起社会各界的积极响应和公众的热情参与，迸发了数以千计的创意，作品纷纷汇集到"四小"活动的组委会。经过 3 个月的认真审核，组委会评选出获奖奖项。3 月 22 日上午，全民节能减排"四小"活动颁奖典礼在北京展览馆报告厅举行。现场评出了一、二、三等奖各两名。获奖作品涵盖节电、节水、环保等各个方面。

（五）举办节能减排科普日活动

2009 年 3 月 22 日上午，博览会在北京展览馆举办了节能减排科普日活动。本次活动由中国 21 世纪议程管理中心和中国可持续发展研究会承办。科普日活动首先向参与博览会"四小"活动获奖者、全国大学生节能增效设计竞赛活动获奖者以及节能减排纪实摄影活动获奖者颁发了获奖证书。颁奖仪式结束后，科技部有关领导向北京市蓝天实验学校的 300 名小学生代表赠送了《全民节能减排实用技术手册》、《"四小"活动成果汇编》。

本次"四小"活动共收集 1 000 余件作品，经专家评选，有 80 件作品获奖，其中有 30 余件作品在本次博览会展览展示。全国大学生节能增效设计竞赛活动是由施耐德电气中国投资公司和上海交大共同组织承办的，这次获奖的一、二、三等奖项目是从全国高校参赛的 174 个项目中评选出来的。节能减排纪实摄影是由中国晚报摄影协会和中国可持续发展研究会共同组织承办的，活动期间共收集参赛作品近千幅，经专家组评审，最后评出获奖作品 39 幅。

2009中国国际节能减排和新能源科技博览会的意义重大

（一）博览会的举办表明国家对节能减排和新能源技术发展的高度重视

节能减排和新能源开发是关系我国经济社会可持续发展、造福子孙后代的大事。近年来，党和政府高度重视这项工作，出台了《中华人民共和国节约能源法》、《中华人民共和国可再生能源法》、《国务院关于加强节能工作的决定》、《全民科学素质纲要》、《国务院关于印发节能减排综合性工作方案的通知》等一系列政策、文件。本次博览会集中展现了我国中央和地方节能减排和新能源领域的重大科技计划项目取得的重大成果和示范工程，表明了我国对节能减排和新能源领域的重视，必将对我国节能减排和新能源领域的发展起到极大的促进作用。

（二）博览会的举办表明科学技术在应对国际金融危机中发挥着重要作用

本次博览会是在能源、环境和气候变化等全球性问题不断加重，人类的生存与发展正在面临前所未有的挑战，全球金融危机不断蔓延，世界经济加速下滑、面临严重倒退的背景下召开的。2008 年 7 月，由美国次贷危机所引发的全球性金融危机加速蔓延，造成全球经济发展陷入困境，世界经济出现衰退迹象。世界各国联手采取的救市行动，仅是延缓了金融危机全面爆发的节奏，其影响力和冲击力都在持续。我国的经济发展也在此次危机中不可避免地受到了冲击和影响，尤其是纺织行业等传统劳动密集型企业受到的影响比较严重。特别是进入 2008 年 10 月以后，经济运行环境明显趋紧，实体经济生产经营困难加剧，经济增长的下行压力增大。在这种背景下，迫切需要加快发展节能减排和新能源产业，促进产业升级，开拓新的市场，拉动新的需求，以发挥科学技术在经济发展中的支撑作用。博览会的举办表明，在国际金融危机不断蔓延的形势下，坚定信心、依靠科技、加强合作，是世界各国应对这些全球性挑战的必然选择。

（三）博览会的召开表明科学技术在开展节能减排工作中发挥着重要作用

2006 年以来，我国把节能减排作为调整经济结构、转变发展方式的重要抓手和突破口，使节能减排工作取得了积极进展。但是，由于近几年来我国经济增长速度偏快，重工业增加值远远超轻工业，尤其是钢铁、有色、电力、石油、建材、化工六大高耗能、高排放行业快速增长，产业结构格局重型化的趋势突出。虽然通过加大技术进步和强化管理使能源直接利用效率大幅度提高，但形成的节能量为结构重型化所抵消。另外，一些地方过度开发，消耗大量的能源资源，也使污染物的排放总量大大增加，导致环境的质量也不容乐观。总体来说，我国节能减排的总体形势严峻。博览会的召开表明，发展节能的相关科学技术是节约能源、减少废物排放的最有效方法，是我国建设资源节约型环境友好型社会应该长期坚持的方向。

（四）博览会的举办促使《全民科学素质纲要》的"节能减排"宣传工作进入一个新阶段

自 2006 年 2 月国务院颁布《全民科学素质纲要》以来，中国科协一直紧密围绕《全民科学素质纲要》——"节约能源资源、保护生态环境、保障安全健康"开展工作，赢得了很好的社会效益。本次博览会的全民节能减排科普展区就是由中国科协承担的。博览会以后，中国科协作为《全民科学素质纲要》的主要牵头单位，加大了节能减排宣传力度，围绕这一主题，组织了多项科普活动，宣传普及节约知识，增强社会公众的节能减排环保意识，提高公民科学素质，为建设节约型社会起到了极大的推动作用。一是支持四川省科技馆、河北省科技馆设立节能减排主题科普展区，通过大量图文并茂的展板和互动式展品，向公众阐述能源短缺的现状，宣传健康、节约、环保的生活方式；二是组织"节约能源，保护环境"、"建设节约型社会"等多套主题科普展览在全国范围内进行巡展，普及节能减排知识。2009 年，共计在 20 余座大中城市进行了展出，80 余万人次参观了展览；三是在全国青少年科技创新大赛设立"节能减排"专项奖；四是组织中国未来研究会等全国学会在《科技导报》（半月刊）设立"节能减排"专栏，刊登相关研究论文、科技评论和科技工作者建议，发布节能减排最新研究进展，为推广普及节能减排的新技术、新思路、新方法贡献力量；五是，组织摄制《节能减排，全民行动》大型科普宣传片，倡导全民树立节能环保意识、开展节能减排行动。

（本文作者：侯春旭　单位：中国科协青少年科技中心）

我国确立5月12日为全国防灾减灾日

　　中国是一个自然灾害频发的国家，70％以上的城市、50％以上的人口分布在气象、地震、地质、海洋等自然灾害严重的地区。2008年5月12日的汶川大地震是近几十年来中国遭受的最严重的自然灾害，给人民财产和生命安全带来巨大损失。为唤起社会各界对防灾减灾工作的高度关注，增强全社会的防灾减灾意识，推动全民防灾减灾知识和避灾自救技能的普及推广，提高各级综合减灾能力，最大限度地减轻自然灾害的损失。经国务院批准，自2009年起，每年5月12日为全国防灾减灾日。

　　民政部从2009年3月底开始，已与新华网、人民网、搜狐、网易和新浪等网站联合，面向社会开展了防灾减灾日主题口号、宣传画、动漫等征集活动；并联合新华网、人民网就防灾减灾开展在线访谈活动。一系列的预热活动为迎接防灾减灾日作好了舆论上的充分准备。进入5月，国家减灾委各成员单位和各地纷纷积极开展多项活动迎接防灾减灾日。

一　国家减灾委各成员单位开展活动

（一）防灾减灾应急演练

2009 年 5 月 12 日，在我国首个防灾减灾日和四川汶川特大地震一周年之际，经国务院批准，国家减灾委、民政部、地震局和北京市人民政府在京联合举办防灾减灾应急演练。中共中央政治局委员、国务院副总理、国家减灾委员会主任回良玉观摩演练并召开加强防灾减灾工作座谈会。这次防灾减灾应急演练在位于北京市海淀区凤凰岭的国家地震紧急救援训练基地举办，旨在提高应急救援能力，普及防灾减灾科学知识，增强公众减灾避险意识。国家地震灾害紧急救援队和北京市部分群众、学生一道，模拟地震灾害发生后的场景，演练了人员疏散、破拆救援、高空救援、管道救援、高空灭火、医疗救护等科目。国家减灾委部分成员单位观摩演练并参加座谈会。

（二）发布《中国的减灾行动》白皮书

2009 年 5 月，国家减灾委办公室联合中央外宣办共同编写的《中国的减灾行动》白皮书在防灾减灾日前向社会发布。白皮书介绍了我国的自然灾害状况、减灾战略目标和任务、减灾法制和体制机制建设、减灾能力建设、减灾的社会参与、减灾的国际合作，全面介绍了中国减灾事业的发展情况。此外，国家减灾委办公室还专门制作了 4 万多套防灾减灾系列宣传挂图，免费发放各地。

（三）启动全国防灾减灾志愿服务周主题活动

共青团中央、国家减灾委等机构共同主办的全国防灾减灾志愿服务周主题活动在北京启动。动员青少年和社会公众，以志愿服务的方式参与防灾减灾工作，增强全社会防灾减灾意识，普及推广全民防灾减灾知识和避灾自救技能，提高各级综合减灾能力，最大限度地减轻自然灾害的损失。服务周期间，各地防灾减灾志愿者深入机关、学校、企事业单位、社区、家庭，集中开展宣传教育和技能普及志愿服务活动。服务周活动结束后，各地将继续开展防灾减灾志愿者注册、项目培育和服务结对活动，将防灾减灾志愿服务工作推向深入。

（四）打造综合性的防震减灾服务平台

国务院法制办配合国务院应急办、中国地震局、民政部等有关部门，积极组织开展好有关法律法规的宣传活动。中国地震局开通了"12322"防震减灾服务号码和防震减灾服务热线，打造综合性的防震减灾服务平台，还开展了公交车厢媒体防震减灾知识宣传月。

（五）中国科协防灾减灾日活动

中国科协通过开展科普展览、体验互动、播放科教电影、举办专家讲座、征集科普绘画作品等形式，在北京举办"防灾减灾"主题科普活动。向公众介绍有关地震、海洋、气象、森林、疾病预防等灾害的科普知识，并辅以专家咨询、科普资料发放、有奖知识竞答、森林防火器具等实物展示和视频资料播放等活动，形式多样、内容丰富，令观众流连忘返。"走近科学，远离灾害"的科普展览，有针对性地向广大观众介绍灾害发生的机理及其应对灾害的基本知识和避险自救互救的基本技能。为启发青少年对自然灾害的正确认识和思考，中国科技馆还在北京市部分中小学、少年宫中开展了防灾减灾科普书画作品评选活动。

（六）亚欧救灾能力建设合作研讨会

亚欧救灾能力建设合作研讨会于 2009 年 5 月 28 日在四川省成都市开幕。中共中央政治局委员、国务院副总理回良玉代表中国政府致辞，向关心支持四川汶川特大地震抗震救灾工作和中国减灾救灾事业的国际社会及各界人士表示衷心感谢，强调完善自然灾害监测预警和应急救援体系，提高建筑物和基础设施抗灾设防标准，增强全社会防灾避险意识，积极推动减灾领域的国际交流合作，促进减灾救灾能力的整体提升。此次亚欧救灾能力建设合作研讨会是第七届亚欧首脑会议的重要后续行动，也是亚欧各国在救灾合作领域召开的第一次会议。会议由民政部、外交部共同主办，亚欧首脑会议 45 个成员和相关国际组织的代表、国务院有关部门及地方政府有关人员、部分专家学者出席会议，就亚欧备灾与应急救援、恢复与重建、减灾与风险管理等进行深入交流。

（七）其他部委开展的活动

国家教育、科技等相关部门也对本系统做好防灾减灾日有关工作进行了部署。教育部要求各地深入开展学校日常安全教育工作，组织编写《中小学安全工作指南》，进一步加大防灾减灾宣传教育力度，加强对地方中小学安全工作的指导。科技部积极安排防灾减灾知识宣教活动。国土资源部、农业部、国家林业局、国家海洋局等单位结合本系统特点开展防灾减灾系列活动。国土资源部组织有关专家学者，召开地质灾害防治工作研讨会，组织学生参观地震灾区抗震救灾、灾后重建及防灾减灾展览。农业部以知识竞赛、巡回宣讲、安全检查和培训等方式，面向草原、垦区、渔区进行防灾减灾宣传教育。国家林业局组织制定并发布《林业应对气候变化行动方案》，积极进行森林防火、沙尘暴预防、森林病虫害防治等宣传活动。国家海洋局开展了专门针对海洋高危工程的海洋灾害宣传工作，为下一步开展海洋工程灾害评估工作打下基础。中国气象局组织有关专家到田间地头开展送科技下乡活动，现场讲解气象防灾减灾知识，指导群众如何规避和应对气象灾害。

◼ 各地方基层开展活动面向公众开展防灾减灾科普宣传

全国各地也积极响应国家设立防灾减灾日的号召，开展了贴近公众实际、重实效的科普宣传活动。

吉林省现场发放了《防灾减灾宣传手册》和宣传单，为市民解答有关防灾减灾问题，开展了地震应急演练等活动向公众宣传和普及知识；山西省通过报刊专栏宣传、电视公益广告、知识讲座、应急演练等形式多样的防灾减灾宣传活动使防灾减灾知识"进机关、进学校、进企业、进社区、进农村、进家庭"；浙江省从社区灾害应急预案的编制、社区避灾安置场所的设置、社区减灾宣传教育活动的开展、社区防灾减灾演练等方面组织开展各类活动，共有两万多名群众积极参与，发放宣传手册等 14 500 多套，营造了较好的防灾减灾社会氛围，有力推进了基层防灾减灾能力建设；江西省通过举行防灾减灾日地震应急演练，开展社区风险隐患排查治理、城乡社区防灾减灾宣传教育培训活动、举办专题展览、印发科普读物、张贴海报标语等方式，广泛宣传防灾减灾科学知识和基本常识；宁夏举行社区地震应急演练和减灾宣传，进行了防灾减灾科普宣传活动；青海采取广场电视屏幕播放防震减灾专题节目，组织开展现场咨询、讲解防灾减灾政策法规，发放防灾减灾音像、挂图、书籍等科普资料的形式对防灾减灾知识进行了广泛的宣传和讲解，结合"4.14"玉树地震灾害减灾防灾知识宣传，使广大群众增长了防灾减灾的基本常识，进一步掌握了防灾避灾和灾害自救的基本技能；湖北省运用社区平台和报纸、电视、网络等媒体进行宣传，积极推动防灾减灾知识进社区、进家庭，结合实际组织开展了各种类型的防灾减灾演练活动以及图片展和现场咨询活动；西藏自治区通过多种形式开展防灾减灾的知识宣传和普及，有新闻媒体的广泛宣传，有散发防灾减灾知识手册、宣传挂图、图片展览、宣传车流动宣传等形式组成的科普宣传一条街，有面向公众的科普培训。

◼ 首个全国防灾减灾日设立的意义

防灾减灾日的主题涉及国家、社会与公众的安全与利益，无论是政府部门、企事业单位，还是普通的民众，都从各自的利益出发，希望能够避免和减少灾害带来的损失。从这个目的出发，在多次的灾害发生以后，每一个人都有越来越强烈的诉求，想了解国家和社会应对灾害的机制和办法，渴求有关防灾减灾的信息和知识，希望能够掌握应对灾害的技能，拥有方法和经验，顺应民意，国家正式设立了防灾减灾日。

从各地、各部门开展的活动中可以看出，防灾减灾日就是一次面向公众的科学传播的主题科普实践活动，他们在活动中重点坚持政府主导、全民参与、提升素质、促进社会安全与和谐为原则，采取展览、知识和技能培训、应急演练、媒体宣传等形式，向公众普及灾害常识、防灾减灾知识和避灾自救互救技能，全面提高全社会风险防范意识、知识水平和避险自救能力。

这些都与《全民科学素质纲要》所坚持的高度一致，自《全民科学素质纲要》颁布以来，一直坚持"节约能源资源，保护生态环境，保障安全健康"主题，各成员单位和各地开展了卓有成效的工作，在提高全民科学素质的工作机制、体制、形式、内容等方面进行了探索与实践。5.12汶川大地震后，国务院设立防灾减灾日，各部门和各地开展的防灾减灾活动是落实《全民科学素质纲要》主题、任务的集中体现；同时，防灾减灾日的设立及相关活动的开展，将进一步推动《全民科学素质纲要》的贯彻与落实，将进一步完善科普工作的机制、体制，将进一步充实《全民科学素质纲要》的内容和形式，必将为未来《全民科学素质纲要》下的主题活动提供可借鉴的模式。

（本文作者：秦向华　单位：中国林学会）

第五章

典型案例

共青团中央深化保护母亲河行动
探索青少年环保教育新途径

　　保护母亲河行动是 1999 年由团中央发起，联合全国绿化委员会、全国人大环境与资源保护委员会、全国政协人口资源环境委员会、环保部、水利部、农业部、国家林业局等单位共同实施的一项贯穿城乡、面向全体青少年、动员全社会的大型生态环保公益活动。它以倡导绿色理念、建设绿色家园、培养绿色队伍为重点，以整体化、社会化、基层化运作方式，组织动员广大青少年和社会公众参与我国生态环境建设。2007 年以来，保护母亲河行动更加注重挖掘品牌内涵，以理念宣传、组织教育、家园建设为着力点，拓展社会公众的参与方式，推动青少年生态环保工作向深度和广度发展，从而提高公民的环境素养，服务资源节约型、环境友好型社会建设。

一　以爱水节水护水为主题的资源节约、生态环保宣传实践活动，引导青少年和社会公众牢固树立生态文明观念

1. 在全社会掀起保护母亲河行动春季热潮

利用春季全社会普遍关注生态环境建设的有利时机，以3月9日保护母亲河日为重点，以"珍爱生命之水，共建生态文明"为主题，大力开展节约用水、保护水源、植绿护绿、治理污染等宣传实践活动。紧紧抓住植树节、世界水日、世界环境日等环保纪念日，充分发挥电视、广播、网络等现代传媒、窗口行业及交通工具等在生态环保宣传方面的作用，通过播发公益广告，发放挂图、宣传卡片、书签，成立宣讲团，举办知识竞赛等多种喜闻乐见的形式，不断强化母亲河意识和水环境意识，在全社会进一步形成"保护母亲河就是保护人类自己"的浓厚氛围。全国保护母亲河行动领导小组适时组织全国青少年生态环保社团签署发布"中国青少年水文明宣言"。

2. 广泛开展以水为核心的青少年生态环保实践活动

广泛组建青少年绿色志愿者生态文明宣讲团，深入城市社区、县区乡镇、企业、学校开展爱水节水宣讲活动，引导青少年、感召全社会积极践行生态文明理念。广泛组建青少年绿色志愿者母亲河监护队，经常性地开展水源监护、水质监测、打捞水上漂浮物等实践活动，使青少年在生态环保实践中体验保护水环境、保护河流的重要性。

继续深化围绕重大节庆活动、重点流域、国家重点工程开展的以保护水源、保护河流为主题的系列生态环保实践活动。全面推进长江、黄河、淮河、泛珠三角地区、环太湖流域青少年生态环保系列活动，探索形成流域性青少年生态环保活动的长效机制。结合2008年北京奥运会的举办，开展迎绿色奥运的青少年生态环保活动。

团中央将联合有关部委开展全国性大型生态文明宣传活动，命名一批青少年生态文明教育基地，推出一批青少年生态文明楷模，举办生态文明论坛。全国保护母亲河行动领导小组重点推动甘肃民勤等地的青少年生态环保活动，重点支持推动三江源、北部湾、巢湖等江河湖泊流域青少年生态环保活动的开展。

二　以青少年生态环保社团为重点，培育和壮大节水护水的青少年绿色队伍

1. 支持和培养青少年生态环保社团

开展青少年生态环保社团和绿色志愿者注册工作。广泛联系、凝聚一批青少年生态环保社

团和绿色志愿者开展生态环保活动。设立绿色项目库，资助和支持青少年生态环保社团自主开展节约水源、保护环境的小项目、小发明、小活动。联合有关单位，发动青少年生态环保社团共同开展水源地调研活动。适时开展以保水护水为主要内容的青少年生态环保社团的全国性活动。

2. 培育和壮大青少年绿色队伍

加强与民间生态环保组织的联系与合作，引导他们积极参与保护母亲河行动。适当扩大保护母亲河顾问团、专家团、记者团、爱心使者队伍，充分发挥其作用，为保护母亲河行动的发展提供人才保障。逐步形成以青年志愿者为基础，青少年生态环保社团为中心，民间生态环保组织为外围，各行业专家、知名人士广泛参与的青少年保水护水的绿色队伍体系。

三 推进母亲河生态环保示范工程，建设青少年绿色家园

保护母亲河行动的发展，一直得到党和政府的高度重视和亲切关怀。2002 年，江泽民同志为保护母亲河行动亲笔题词。2005 年，胡锦涛同志作出重要批示，对中国青年和青年组织为生态环境保护事业所作的贡献给予了充分肯定。保护母亲河行动的不断深化与发展是全社会生态环保事业发展的必然需求。

1. 继续推动、支持各地按照不求所有、但求所用的原则，重点在水源地、江河湖泊流域建设青少年绿色家园

探索依托青少年绿色家园积极开展青少年生态环保体验活动的机制，充分发挥青少年绿色家园在生态教育、劳动实践、素质拓展、休闲观光、环保交流等方面的作用。进一步加强对青少年绿色家园的规范管理，统一标志，统一规范。创新筹资方式，加大筹资力度，完善青少年绿色家园管理办法，稳步推进青少年绿色家园建设，确保建设管理质量。适时召开全国青少年绿色家园建设现场推进会。

2. 扎实推进保护母亲河生态环保示范工程建设

按照《保护母亲河工程实施办法》，对已经建成和正在建设的保护母亲河生态环保示范工程进行规范和管理，确保工程效益的保持和维护。在有条件的项目实施区，因地制宜地开展青少年植绿护绿等实践活动，增加功能设施，努力把每个保护母亲河生态环保示范工程建设成为高标准的青少年绿色家园。

湖北省构筑三大体系
深入实施《全民科学素质纲要》

近年来，湖北省高度重视《全民科学素质纲要》的实施工作，把全民科学素质建设作为落实科学发展观、建设创新型湖北、构建社会主义和谐社会的重要措施，按照"政府推动，全民参与，提升素质，促进和谐"的工作方针，通过完善制度、领导机制和政策保障体系以着力于建设长期高效的运行体制、机制，通过整合资源以构筑政府各相关职能部门之间的协调关系，通过构筑省、市、县三级工作目标考核体系以推动《全民科学素质纲要》工作向基层延伸。三大体系构成一个由上而下、点面俱到、覆盖面广的科学素质提升网络，有力地促进了该地区的各种科学知识普及和科学资源开发活动，推进了《全民科学素质纲要》的落实实施。

一 完善制度，构筑组织领导和政策保障体系，形成实施《全民科学素质纲要》矩阵式工作格局

1. 行动迅速、方案具体

国务院颁布实施《全民科学素质纲要》后，湖北省委、省政府高度重视，省政府迅速成立由副省长任组长，省直21个部门的分管领导任成员的省全民科学素质工作领导小组，印发了《湖北省人民政府关于贯彻实施〈全民科学素质行动计划纲要（2006–2010–2020年）〉的意见》。全省各市州及市县按要求均成立领导机构，形成了横向到边、纵向到底的贯彻实施《全民科学素质纲要》工作的组织领导体系。

2. 领导重视、责任明确

一是省委重视，定期检查督办。湖北省委分管领导每年听取1~2次《全民科学素质纲要》工作汇报，并每年对各地贯彻落实《全民科学素质纲要》工作的情况进行检查督办。2009年10月16日，湖北省委召开"全省科协工作座谈会"。全省各市州党委分管领导、省直有关厅局负责同志以及院士专家和大学校长同时参加会议，省委分管领导在讲话中专门就全省实施《全民科学素质纲要》工作提出了"加强组织领导，完善工作机制，增强经费保障，落实相关政策"等具体要求；二是省人大重视，用法规保障《全民科学素质纲要》的实施；三是省政府重视，加大支持力度。省政府在清理和调整省政府议事协调机构的过程中继续保留省全民科学素质工作领导小组，并且每年召开《全民科学素质纲要》工作会议，要求领导小组成员述职。

3. 政策支持、保障有力

2007年，湖北省委、省政府下发了《中共湖北省委、湖北省人民政府关于进一步加强新时期科协工作的意见》，明确将《全民科学素质纲要》纳入各地经济社会发展之中，纳入当地党委、政府的目标考核之中，明确要求各地落实人均0.3元的科普经费，省政府建立科普奖励基金，定期表彰科普先进工作者。2009年年初，省科协抓住机遇，又争取省财政每年拿出200万元专项资金，作为省全民科学素质工作领导小组办公室工作经费。省科技厅将《全民科学素质纲要》工作纳入全省科技发展规划，将科普创作作为科研院所和科技工作者评价考核的重要内容。

二 整合资源，构筑与党委和政府各相关部门的合作体系，开创大联合、大协作的社会化科普工作新局面

1. 与省财政厅和涉农部门合作，在全省广泛实施惠农项目，着力提高农民科学素质

从2006年开始，根据中国科协和财政部实施科普惠农兴村计划的有关要求，湖北省科协

和省财政厅联合组织实施了湖北省科普示范助力新农村行动计划，4年来省财政累计投入1 800万专项资金在全省180个试点行政村实施科普示范项目，通过以点带面，推广普及农业科技成果和技术，帮助农民增收致富，提高农民科学素质，为湖北省发展现代农业、建设社会主义新农村提供了一批科普示范典型。省科协联合省委农办、省农业厅以实施新型农民科技培训、农业科技入户、阳光工程、大学生村官科学素质创业能力培训、生态家园富民工程等项目为载体，普及农业技术，推广农业主导品种，着力提升农民科技素质，取得了积极成效。

2. 与教育行政主管部门合作，在全省大力开展青少年科技教育，着力提高未成年人科学素质

近年来，省科协与省教育厅、省科技厅共同开展青少年科技创新大赛等10项科技传播行动，创建科普示范学校、少年科学院、科技辅导站，与大学科研院所合作创建青少年科普教育基地。按照中国科协要求在有关县市区开展全国县级青少年学生校外活动场所科普教育共建共享试点工作和青少年科学工作室创建工作，为学校开展科技教育提供了校外活动场所。打造实施未成年人科学素质行动的活动品牌。

3. 与党委组织部门和省政府人事部门合作，加强对领导干部和公务员科学素质的监测、评估与培训，着力提高领导干部和公务员科学素质

省委组织部、省人事厅坚持把科学素质作为公务员四类培训的重要内容，指导省行政学院进一步完善了教学计划，在各类公务员主体培训班中进一步加大了科学知识、科学方法、科学思想和科学精神等内容的培训力度。在公务员录用考试中，列入了与科学素质要求相关的内容。省委组织部、省科协每年定期对省委党校、省直机关工委党校秋季班的近千名学员进行科学素养调查。

4. 与省科技厅等多部门合作，联手打造全国科普日、科技活动周等主题科普活动品牌，着力提高城市社区居民科学素质

围绕"节约能源资源、保护生态环境、保障安全健康"主题，各成员单位组织开展丰富多彩、各具特色的系列科普活动，大力宣传节能减排、生态文明、低碳经济和内生发展新理念，让科普更好地惠及民生和改善民生。省科协、省科技厅、省环保局联合在全省大中小城市社区开展废旧电池和电子废弃物回收行动，有力地推动了湖北省的循环经济发展和两型社会建设，进一步增强了社会公众的环保意识。

5. 与高校科研院所合作，开展科普资源的共建共享，着力满足社会公众对公共科普资源的需求

针对目前湖北省公民科学素质建设科普资源分散、基础薄弱的现状，各成员单位在积极开展各类重点人群科学素质行动的同时，大力推进科普资源的开发、整合和共建共享，努力为全省公民提供更多更好的科普资源公共服务。

三 科学管理，构筑省、市、县三级工作目标考核体系，推动《全民科学素质纲要》工作向基层延伸

1. 强化年度述职，落实牵头责任

湖北省全民科学素质纲要工作领导结合湖北省实际，提出了湖北省全民科学素质工作九大职责任务，根据工作性质对相关成员单位进行了职责分工，明确了九大任务的牵头单位和责任部门。要求各牵头单位会同相关责任部门制定具体的实施工作方案，进一步分解任务、明确职责，并实行责任单位的年度述职制度，做到工作目标层层落实。

2. 强化目标管理，细化工作责任

省科协每年与市州科协签订工作目标责任书，将《全民科学素质纲要》细化工作目标分解到市州，市州再分解到县市区，省科协每年年底对市州科协工作目标进行考核，建立起科学的考评和奖惩制度。

3. 强化因地制宜，推进探索创新

湖北省在推动实施《全民科学素质纲要》的过程中，始终坚持务实、创新、力求取得实效的基本方针，把工作的重心植根于基层。全省各地相继出现了一些好的典型，在管理和工作机制上探索出了一些好的经验。2007 年，恩施州鹤峰县在全国率先推出了《全民科学素质工作目标管理考核办法》，把科学素质工作写进政府工作报告，列入各级党委、政府的议事日程，有效地推动了全县《全民科学素质纲要》的整体实施。2008 年，鹤峰县全民科学素质领导小组将该办法提升为"责任状"，创新的工作方法和扎实的工作措施有力推动了鹤峰县的科学素质工作。

在湖北省省委、省政府的高度重视和社会各界的大力支持参与下，湖北省的《全民科学素质纲要》工作取得了一定的成绩，但是距离中国科协的要求还有较大的差距，2010 年是实现《全民科学素质纲要》"十一五"阶段性目标的最后一年，也是衔接"十二五"工作的重要一年。湖北省将深入贯彻落实科学发展观，进一步突出四类重点人群科学素质建设，切实抓好科普资源共建共享，强化社会化的矩阵式科普工作格局，推动全省《全民科学素质纲要》实施工作再上一个新台阶，圆满完成湖北省《全民科学素质纲要》"十一五"目标，为实现 2020 年长远目标奠定坚实基础。

宁夏回族自治区开展信息化建设
培养新型农民

近年来，宁夏全民科学素质工作在自治区党委、政府的领导和中国科协的指导下，争取国家和自治区有关部门的大力支持，围绕实施《科普法》、《全民科学素质纲要》，积极推动新农村信息化建设。通过整合全区涉农资源，宁夏建成了宁夏三农呼叫中心（以下简称呼叫中心），开展了村级、社区科普信息化试点，推动了宁夏2 362个行政村的信息服务站建设，使宁夏新农村信息化建设跃上新台阶。

一 整合涉农资源，呼叫中心成全国样板

宁夏新农村信息化建设是自治区党委、政府的"一把手"工程，党委、政府主要领导担任宁夏信息化建设领导小组组长和副组长，成员单位包括了党委、政府有关部门和科协、电信通信等部门、公司。宁夏信息化建设一开始就确立了信息化为宁夏跨越式发展服务的思路，集中于宽带网络和信息资源建设，通过建设统一的省级信息服务平台直接连到行政村，行政村的信息服务点向农户提供扁平化、互动式、一站式的信息应用服务。

呼叫中心始建于 2007 年，由宁夏回族自治区信息化工作领导小组统一领导，办公室设在宁夏科协。按照宁夏回族自治区信息化领导小组的要求，呼叫中心整合了相关企业、科技 110（12396）、农业 12316、农业新时空（10109555）、视频服务等宁夏各种涉农资源。整合资源的原则是：部门不失职，企业有利益。资源整合后，各部门都有明确的职责分工。

职责分工的格局是：宁夏电信负责建设全区信息化大平台、IPTV 平台和电子交易平台；全区所有上网的视频、音像制作均由自治区党委组织部统一组织协调；涉农数据库由自治区农牧厅和科技厅统一组织协调；信息科技特派员由科技厅统一负责；农产品等各种电子商务交易由自治区电信统一组织协调；宁夏农村综合信息网为全区涉农综合性网站，由西部电子商务公司负责；科协和宁夏科技创业协会具体负责呼叫中心的日常工作；专家库和农民培训由自治区科协统一协调负责；技术等科技资源与产权交易由产权交易所负责。

2008 年 9 月，国家工业和信息化部主持的专家组对宁夏新农村信息化建设省域试点验收时，对宁夏建成集视频、语音和网络信息多种服务功能为一体的呼叫中心给予了高度评价。杨学山副部长认为，这种全方位、综合性的大平台给全国作出了示范。

二 突出服务功能，设立远、近目标

呼叫中心突出了三大服务功能：一是农业生产全过程的在线技术服务，主要有视频服务，电话、短信服务，特殊情况，专家直接到田间地头服务；二是信息服务，主要是销售、外联环节的信息服务，农产品、农资、农机购销、供求信息、劳务需求信息、电子商务服务等。还通过 2 362 个行政村信息站和呼叫中心、宁夏区直部门双向提供信息；三是技术、专利等科技资源与产权交易服务，呼叫中心的视频服务、语音服务和网络服务三大子系统是实现三大功能的支撑体系。

呼叫中心的功能分近期和远期两个目标。近期目标包括专家视频讲课、电话、短信服务、购销信息和各种数据库等；远期目标包括公益卫生服务、教育资源利用、计划生育服务、城市社会服务以及信息化在农村社会服务中的应用等。远期目标功能将逐步拓展。目前，已开通了

4 个视频会议室，为科技部开通了视频会议室，为中卫市和固原市开通了从村、乡、县到市的四级一站式服务大厅，为宁夏林科所国家重点实验室开通了视频会议室，为家电下乡提供了视频售后服务平台，使农民及时通过视频和售后服务站对话，宁夏商务厅在呼叫中心平台发布了 5 个大项销售信息。

三　实现对接服务，直接面向村站

呼叫中心很关键的一点，就是不设市、县两级视频平台和呼叫中心，而是实行扁平式对接服务。呼叫中心直接和宁夏 2 362 个行政村信息站对接。专家在呼叫中心或者在宁夏乃至全国任何地方有必备条件的电脑上讲课，宁夏每一个信息站均可收听、收看到。减少了市、县两级环节，不仅大大方便了信息站和广大农民，而且节约了大量人、财、物资源。

现在，全年 365 天每天有人值班。有 34 个专业、382 位农业专家，基本每天轮流为农民和信息站进行视频培训讲课。专家每次讲课都有几十个站点收听、收看。从 2007 年试运行至今，呼叫中心已组织专家讲课 590 多次，登录听讲站点 2.4 万站次，专家解答信息点的网上发帖 1 000 余条。目前，专家视频库已有 363 场讲座，专家讲课视频录像达 400 小时，专家讲座文稿库有 355 篇。

除专家根据本人的专业和农时季节，自己安排讲课内容和时间外，还根据信息站的要求，随时安排讲课。12346 特服电话已经开通，在全区范围内拨打均按市话付费。目前，全区 2 362 个行政村信息员已纳入信息科技特派员队伍进行管理。

2007 年 9 月以来，呼叫中心依托宁夏农村综合信息网，日访问量达 5 000 人次。各信息站在网上发布供求信息 36 万多条、下载各类信息 8 600 条，直接或者间接实现农产品网上销售收入 2.3 亿元。知识产权局在网上发布了 7 000 多条中小企业的技术需求。各信息站共播放互联网电影 3 000 多场次，党员远程培训 2 500 场次。宁夏科协、西部电子商务公司和农民科技学校利用网络、信息大篷车和实地共培训信息员 4 819 人次。

四　建成信息服务站，覆盖全部行政村

截至 2009 年 10 月底，宁夏共建成新农村科普信息服务站点 2 800 个，其中，行政村科普信息服务站 2 362 个，达到行政村全覆盖，在农垦系统、科技特派员创业园、农产品加工企业等建站点 400 多个。同时，还加大城市社区科普信息服务站点建设力度，部分县区达到全覆盖。宁夏科协在 2008 年还组织开展了科普信息服务站试点工作，取得了初步成效。

宁夏平罗县结合新农村信息入户工程，开展新型农民信息化培训，培训人数达 11 000 余人。通伏乡马场村新型农民网络培训中心举办返乡农民工、农民创业、农业新技术应用等培训

班达 25 场次，培训农民 1 190 人次；受理群众各类咨询 724 人次，解决水稻病虫害防治等实际问题 600 多件。

宁夏平罗县科普信息服务站自建成以来，共下载信息 102 240 条，为农民提供信息查询 51 120 次，发布各类供求信息 17 040 条，反馈当地农副产品行情和综合分析信息 3 048 条。平罗县马铃薯、西瓜、玉米、清真牛、羊肉、辣椒酱等 50 余种农产品初步实现了网络销售，实现销售收入 5 000 余万元。

宁夏青铜峡市邵岗镇沙湖村科普信息服务站建成以来，一是引导党员干部学理论、学技术，根据党员干部群众的不同需求，利用呼叫中心讲座、IPTV 和多媒体设备开展学习活动，将每月的 5 日定为实用技术学习日，每月的 15 日定为政策理论学习日；二是培训农民掌握信息化技术，配备电脑 15 台，成立农民网吧、电子出版物阅览室，将每月的 25 日定为计算机操作学习培训日，已培训农民 220 人；三是为农民群众提供产前、产中、产后信息服务。

宁夏石嘴山市惠农区以 38 个行政村为抓手，建设了 58 个新农村信息服务站，为每个信息服务站配备了价值 30 多万元的电脑、打印机等硬件设施，还对农村信息员进行培训，利用新农村信息化平台资源，开展了党员干部现代远程教育。同时，按照新农村信息服务站建站标准，在 6 个街道办事处建立了 47 个社区信息化服务站点，真正实现了城乡信息化全覆盖。

近年来，宁夏科协紧紧抓住培养新型农民和提高农业信息化水平这个环节，有效参与宁夏信息化建设工作，开展村级、社区科普信息化试点，并建成宁夏大众科技网（http：//www.nxdzkj.com.cn）、宁夏科普网（http：//www.nxkp.com.cn），形成宁夏网上科普基地信息平台。

河南省郑州市推广社区科普大学
提高市民科学文化素质

为全面贯彻实施国务院《全民科学素质纲要》，不断创新城区科普工作的新形式和新内容，建立具有持久教育作用的社区科普阵地，让居民接受更系统、更规范的科普教育，提高城镇居民的科学素质，为建设学习型、创新型城市作出积极贡献，郑州市科协于2006年8月创办了郑州市社区科普大学。至2009年，已发展分校70所，3年来，有近万名市民走进社区科普大学，学习身边的科学知识，其中5 994名学员顺利完成学业，取得了社区科普大学结业证书。学员不仅在社区科普大学课堂上学习，而且还能在分校参加丰富多彩的第二课堂活动，逐步形成科学、健康、文明的生活方式。郑州市社区科普大学作为一种新型的社区文化载体，已成为活跃社区文化生活，普及科学知识的有效途径和提高广大市民科学文化素质的重要阵地，受到社区居民的普遍欢迎。社区科普大学用科学知识武装头脑，推动了科学发展观在社区的贯彻落实，带动和促进了社区的其他各项工作。

一 规定创办条件，规范学校管理

1.严把入门关

市科协严格把关，对新建分校实行准入制，明确规定创办社区科普大学的社区至少要具备三个条件：一是办学条件好，有宽敞明亮的教室、有配套齐备的桌椅和黑板；二是社区负责人组织能力和综合协调能力强，办学积极性高；三是辖区内居民学习愿望强烈，有充足的生源，确保社区科普大学可持续发展。市科协规定新建分校要经过半年的观察期，在半年的观察期内，市科协不定期检查该分校管理情况，并与老师、学员座谈，了解他们对分校管理的意见，观察期满，对确实符合办学要求的，市科协给予授牌。各区科协根据本区实际，采取随机抽查考勤的方式，在分校中开展创优竞赛活动，做到办一所成一所。

2.规范分校管理

为使社区科普大学健康稳步发展，市科协制定和完善了《社区科普大学章程》、《郑州市县区社区科普大学管理员职责》、《郑州市社区科普大学招生简章》等规章制度，并建立了一支认真负责的管理队伍对分校进行管理，做到50%的课有总校督导员到场检查，实行检查结果每月通报制。市科协针对各分校教学管理及教学服务等问题，定期组织召开郑州市社区科普大学教学管理研讨会，推广优秀分校的管理经验，让更多的分校学会实现学员自我管理，了解借助社区科普大学带动社区其他工作的方法，真正实现一个平台多种功能。针对区级管理问题，市科协定期召开郑州市社区科普大学工作现场会，观摩优秀分校办学情况，让各区科协明确了办学思路。郑州市科协还编印了《郑州市社区科普大学教学管理经验材料汇编》发至各分校。虽然社区科普大学规模不断扩大，但规范有效的管理保证了社区科普大学的健康发展。

二 编写出版教材，提高教学质量

1.出版系列教材

社区科普大学创办之初，市科协组织编写了"郑州市社区科普大学系列教材"一套8本，分别是《安全常识》、《旅游指南》、《家庭教育》、《心理健康》、《法律与生活》、《运动与健康》、《饮食与健康》，由中国环境科学出版社公开出版发行。2008年，市科协又对教材进行了修订再版。市科协一直坚持将教材免费发放给学员使用，反映良好，为办学打下了坚实的基础。该教材内容贴近生活，用通俗的语言、生动的故事、鲜活的事例来传授生活中的科学和身边的科学知识，公开出版发行，深受读者的欢迎。

2.狠抓师资建设

教学质量高低是办好社区科普大学的关键。市科协通过两次大型公开招聘、专家评审的形式组建了一支热心科普事业、有丰富教学经验和专业知识的教师队伍，为社区科普大学今后的发展储备了充足的教师队伍，基本上满足了不同社区不同阶段的教学需要。为了保证教学质量，市科协对新聘用的教师进行上岗培训，向他们介绍社区科普大学情况，使教师们对社区科普大学的办学目的有清晰的认识，明确自己作为科普志愿者的职责。市科协每年根据学员的意见评选优秀教师，定期召开社区科普大学教学工作会和教师联谊会，请优秀教师介绍教学经验，通过联谊方式加强教师间的相互联系，交流教学体会，使教师们都能根据社区居民的实际需要，调整教学方法和教学内容，授课生动活泼，不拘泥于教材，结合生活中的事例，通俗易懂，受到学员的欢迎。

实行招收相对固定学员与学分管理相结合的学员管理模式和系统教学与专家讲座、第二课堂活动相结合的教学模式，充分发挥了教师独特的教学水平，极大地激发了各分校的办学热情，为推动社区科普大学的数量规模、质量水平奠定了良好的基础。

三 加大宣传力度，树立精品形象

创办社区科普大学是实施《全民科学素质纲要》、全面提高公民科学素质的需要，也是创建文明城市的需要，为了让更多的人了解社区科普大学，市科协一方面印制《足不出社区可大学深造》的宣传挂图发放到全市每一个社区，向居民广泛宣传社区科普大学，还编印了《走进社区科普大学》画册发放到各分校；另一方面鼓励各分校多搞第二课堂活动，调动广大学员的学习热情，激发广大学员的团队精神，扩大分校在社区的影响力。2009年9月，市科协举办了郑州市社区科普大学健身舞比赛，通过预赛、决赛，充分展示了社区科普大学学员健康快乐的精神风貌，在居民中产生了很大影响。目前，郑州市社区科普大学已经被越来越多的人了解和接受，不断有居民要求把分校建到自己的社区，形成了居民们争先恐后上社区科普大学的可喜局面。

为促进郑州市社区科普大学的不断发展，满足广大居民对科普知识的渴求，郑州市科协召开郑州市社区科普大学专题新闻发布会，《大河报》、《郑州日报》、《河南商报》、《郑州晚报》、《河南科技报》、郑州电台等多家新闻媒体报道了郑州市科协公开招聘社区科普大学教师的新闻，引起了社会各界人士的广泛关注，短短5天报名达263人。他们中有大学教师、工程师、国家公务员、律师、心理咨询师、医生等，既有在职人员，也有退休人员。经认真试讲、评审，105 名应聘者脱颖而出，被录用为社区科普大学讲师，郑州市社区科普大学讲师团扩大到 221 人。同以往的个别科普宣传活动不同的是，社区科普大学这种形式有助于建立起长效机制，将科普知识宣传制度化。

社区科普大学是当前以社区为单位对居民进行科学技术普及教育的一种形式，不仅可以使社区居民学到各种知识和各种生活技能并提高生活品位和生活质量，还可以通过在此学习各种法律、法规、条例等，自觉遵纪守法、维护自身合法权益、实现家庭与邻里和睦，从而促进全社会的和谐稳定。郑州市社区科普大学项目通过在社区开展科普大学的方式，为提升地区的科学素养、创建学习型社区作出了积极的贡献。

同时，面向社区办科普大学，能够对其他渠道不能覆盖的人群（如老年人等）的科学素质提升起到明显作用。在面对中国老龄化以及社区化这一社会大趋势，以社区科普大学为形式的科学知识宣传方式和科学素养提升方式更加适用，所起的社会效果更好，可推广性明显。

江苏省苏州市依托"三个借助三个支持"
推进基层科普设施建设

近年来，苏州市坚持以科学发展观为指导，认真贯彻实施《全民科学素质纲要》，积极发挥政府主导作用，充分调动社会各界力量，全方位、多层次、宽领域地扎实推进全民科学素质建设。在创建全国科普示范县（市、区）过程中，苏州市坚持走大联合、大协作的发展模式，通过"三个借助"获取"三个支持"，以大联合、大协作的发展模式深入、广泛推进了基层科普场馆建设。在项目的实施过程之中，苏州市形成了市区、街道、社区三级科普场馆体系，科普场馆的数量逐年增加，同时，这些富有地方特色的社区科普场馆的建成使得苏州市全民科学素质工作直接深入社区、扎根基层、服务民生，进一步推进了科普资源共建共享不断深化，充分体现了新时期全民科学素质建设以人为本的根本宗旨。

一　借助政府部门政策优势，获取项目支持

结合苏州市各市（县）、区区划调整，苏州市科协借助社区重建，协调政府各部门，将科普设施建设纳入社区建设的重要组成部分，指导各地以人为本，充分利用各地资源，建设贴近生活、贴近市民的小型、专题、实用科普场馆。张家港市在全市所有镇和社区建设了科普活动场馆；吴江市建成了青少年科技活动中心和健康教育园；常熟市蒋巷村建设了生态科普园；吴中区建成了木渎镇青少年活动中心；金阊区建成了市民活动中心孩儿国科普乐园、彩香街道科普公园等一批科普场馆。

二　借助科研单位的资源优势，获取科普资源

苏州市科协紧紧抓住国际极地年宣传的契机，通过中国极地研究所常务副主任杨惠根牵线搭桥，邀请极地英雄赴苏作报告会，承办"北极使者"华东赛区选拔赛等活动，双方建立了深厚的友谊。在此基础上，苏州市科协提出共建极地科普馆的建议，得到了中国极地研究所的大力支持，为极地科普馆提供了价值100多万元的实物标本，建成了全国首个社区极地科普馆。同时，借助于驻苏州中央和省级科研院所资源，分别建成了工业园区国际科技园展厅、生物纳米科技园展厅，高新区循环经济环保产业园展厅等场馆，展示了苏州市高新技术产业的建设成果。

三　借助科教资源优势，获取社会支持

各市、区充分挖掘和利用各方社会力量，合作开发与建设具有展教功能的科普展示厅，为社区居民搭建身边课堂，丰富社区青少年的课余生活，增长知识，提升科学素质。平江区、沧浪区与苏州古代科技天文计时仪研究所合作建设了日晷园、拙政园社区古代天文科技馆、时间馆；平江区与苏州中医院合作建设了青少年中医传习所；张家港市科协与气象局、消防中队合作建成了气象科普馆；昆山市利用航天英雄费俊龙名人效应，建成了航天科普馆；吴江市与平望长漾（江苏吴江）渔业生态科技园建成了淡水鱼类科普馆；金阊区与苏州蔬菜研究所建成了蔬菜乐园等。

目前，全市已建成市（县）区、街道（乡镇）、社区（村）三级科普场馆达67家，其中，市区场馆14家，社区场馆25家，校园场馆12家，企业场馆9家，科研院所场馆7家。一批富有地方特色的科普场馆形态各异，精彩纷呈，成为苏州市全民科学素质工程的形象代言。同时，扎根基层、服务民生，进一步推进了科普资源共建共享不断深化，充分体现了新时期全民

科学素质建设以人为本的根本宗旨。各地场馆开办以来，参观人群络绎不绝，陈列展出令人瞩目，创新理念深入人心，科学精神弘扬光大。我参与、我体验、我互动、我欣赏，已成为每位参观者的内心感受和自觉行动。

为了全面展示交流苏州基层科普场馆建设成果，进一步推动全市基层科普场馆资源的共建整合，苏州市科协专门成立了《苏州基层科普场馆巡礼》编委会，通过广泛征集全市各类特色科普场馆图文资料，投入近 3 个月的时间紧张编撰，《苏州基层科普场馆巡礼》一书于 2009 年 10 月底正式亮相。该书以方便广大市民了解、参观苏州各地科普场馆为出发点，集权威性、资料性、知识性、便利性于一体，设计精美，图文并茂，内容丰富，集中反映了苏州各地科普场馆建设的重点与亮点，共收录了各级各类科普场馆 67 家，详细介绍了 51 家。另外，以附录的形式列出了 91 家市级以上科普教育基地和 33 家全国工农业旅游示范点的详细地址和联系电话。

苏州基层科普场馆建设取得了一些成绩，主要得益于以下四个方面：一是苏州市委、市政府对社会事业建设的高度重视是科普设施建设的重要组织保障；二是苏州经济社会发展迅猛，是科普资源建设资金投入的重要保障。《苏州市"十一五"科普工作规划纲要》明确提出，到 2010 年财政对科普经费投入达到人均 5 元以上；三是苏州市全国科普示范城市群的建成，各部门拥有的科普资源将有效推进科普资源共建共享的进程；四是苏州市具有比较健全的科普组织网络，拥有一批从事科普工作的专兼职人员，成为实施科普资源建设的人才队伍和组织建设的重要保障。

辽宁省创新科学传播模式
推进科普资源建设

2007 年，辽宁省第三次公民科学素质调查结果显示，辽宁省公民获取科技知识和科技发展信息的主要渠道是电视和报纸；公民对科技馆和科普画廊（宣传栏）的参观需求显著提高。为此，辽宁省在科普资源建设上，坚持"统筹规划、先易后难、横向联合、纵向联动、共建共享"的工作原则，创新科学传播模式，激发公众的科学兴趣、培养自主学习能力、启迪探索创新精神，为本地区科学素质的提升发挥了不可替代的作用。

■ 建立科普展品展具服务中心，打造服务全省的"流动科技馆"

辽宁省14个市均建有科技馆，总建筑面积为8万多平方米，展品展具1 500件（套）。生动活泼、形式多样的展教活动对激发青少年的科学兴趣、培养自主学习能力、启迪探索创新精神、提高科学素质发挥了不可替代的作用。为使各地科技馆更好地突出时效性、知识性和趣味性，缓解展品展具投入不足的矛盾，不断满足公众日益增长的文化科技需求，2008年，省科协决定建立辽宁科普展品展具服务中心，计划用4年时间，投资1 200万元，购置互动性、专题性、可移动性的展品展具12个系列，下摆到12个地级市科技馆，开展主题巡展活动，每年交换一次，确保各地科技馆展品展具常展常新，提高各地科技馆的吸引力和展教能力。省科协联合省教育厅、团省委联合下发了《关于在全省开展主题科普巡展的通知》，要求各地密切配合，与学校科学素质教育课程和第二课堂活动结合起来，有计划地组织中小学生参加主题科普巡展活动，最大限度地提高展品展具的使用效益。目前，一期投资550万元购置的趣味数学、力学与机械、电与磁、航空航天4个系列展览，分别在丹东、铁岭、营口和葫芦岛4个市科技馆展出，参观人数已达8万多人次，使中小城市的公民与省会城市的公民一样享受到高水平的科普资源教育，成为中小学科学素质教育的第二课堂，提高了科技馆对公民科学素质形成的影响力。

■ 利用电视、网络媒体资源，把科技信息送到千家万户

辽宁省公民通过电视节目获取科技信息的占85.36%，其中，渗透性科普电视节目对科普涉及率较高，但关注率较低。省委、省政府对此项工作高度重视，在中国科协大力支持下，辽宁省加大专题科普栏目整合开发力度，全民科学素质纲要工作领导小组成员单位分别在辽宁电视台开办了"金农热线"、"黑土地"、"健康一身轻"等专题科普栏目。

2008年，辽宁省作为国家文化信息资源共享工程的试点省，创造了依托覆盖率超过98%的广播电视村村通网络，推动文化共享工程进村入户，使广大农民足不出户就可以通过电视点播学习农业科技，普及义务教育，阅读国家和省图书馆藏书的"辽宁模式"。在该工程建设中，省科协抢抓机遇，将独立制作的"科普与生活"、"科技致富"和中国科协"科普大篷车"3个栏目纳入文化信息资源共享工程电视频道。组织摄制组，深入一线，采访、编辑具有辽宁地域特色的农业生产实用技术、身边科学、新奇特产品等节目，宣传科技致富人物和农村科普工作成果。开播一年来已提供174期、2 550分钟的科普节目，成为文化信息资源共享工程频道的主打栏目，收视率逐月攀升。在文化信息资源共享工程点播机顶盒安装中，全省2 151个农技协全部免费安装了电视机顶盒，辐射10万农户，成为新型电视科普学校。此外，在辽宁科协

网站开设了"民生科技",资助了 28 个县(市、区)建设科普网站。以大连市为试点,抓农技协科普视频服务站建设,延伸至村屯的科普视频服务点已达 170 多个,辐射 1 万多农户,为农民创造直接经济效益 1 000 多万元。利用电视、网络媒体资源,全方位、多角度地开展科普宣传,在快捷地传递科普信息的同时,让媒体与公众之间建立起了直接的、即时的互动关系,把科技信息送到千家万户。

三 繁荣科普创作,出版"随身学"科普图书

科普图书作为重要的科普资源,历来为大众喜闻乐见,其藏量和出版等是衡量一个地区科普资源建设水平的重要标志。尽管各种信息技术的发展对传统图书提出挑战,但辽宁省仍有 20.93% 的公民习惯于通过图书获取科技信息。因此,辽宁省把编制科普图书定位为简明易懂、新颖别致、便于携带的"随身学"科普图书。组织省内外科技专家、科普作家和广大科普爱好者编写出版了生命科学、物质科学、地球与环境科学等内容的《科普系列丛书》8 本;编写出版了种植、养殖、果树、植保、设施农业等实用技术内容的《建设社会主义新农村科技丛书》3 批 30 本;编写《公众科学素质读本》一套 5 本;以恢复重建为主要内容,为四川安县编写《辽蜀同心 科技进家 平安幸福》科普系列丛书一套 10 本。这些已出版发行的科普图书有 10 本列入全国农家书屋工程备选书目,27 本列入辽宁省农家书屋工程备选书目。一些图书多次再版,累计出版 40 万册。其中,《建设社会主义新农村科技丛书》还荣获辽宁省优秀图书二等奖,并被列为 2009 年国家出版基金资助项目,获得 61 万元资助。全省各地科普创作工作蓬勃开展。沈阳市编辑出版《常见疾病防治》等科普大学统编教材 3 套 15 本、"科普惠农实用技术丛书"两部 20 分册、《身边科学》5 套;铁岭市编辑出版《科技论文撰写技法》、《养生保健》系列图书;营口市编写《科普惠民系列丛书》;朝阳市编印农村实用技术手册和农民工普惠制培训教材 15 种。"随身学"科普图书拓宽了辽宁省科普图书出版新领域,吸引了越来越多的读者,成为百姓科学生活、科技致富的好助手和落实《全民科学素质纲要》的重要载体。

四 开展绿色科普信使行动,建立传播科普便捷渠道

目前,辽宁省共有科普画廊、科普宣传栏 5 700 处,近 4 万延长米,其中,农村 3 800 处,2 万多延长米,成为宣传科普的重要阵地。2008 年,全民科学素质纲要领导小组办公室对科普画廊利用情况进行调研,在了解到 44.9% 的公众主要是通过科普画廊了解科技信息的同时,也发现农村个别地区科普挂图下摆、更新及时率仅为 50%,症结在于传递途中的中梗阻。为解决这一问题,省科协联合省邮政公司在全省选择 20 个县(市)的 696 个村作为试点,2008 年 12

月，在第 21 届"科普之冬"活动中启动了辽宁绿色科普信使行动，聘任 241 名责任心强、业务能力强的邮递员为科普信使，负责挂图的邮递和张贴，负责收集当地群众对科技需求的征集工作。省科协每双月将科普挂图通过邮政公司邮寄至宣传栏所在地村委会，依据邮政公司统计的邮件回执单及时结算邮资，为科普信使提供适当的工作补贴，根据科普信使提供的科技需求的采用情况给予奖励。为了确保科普挂图投递、张贴及时准确，省邮政公司要求基层邮政部门由巡线员和质检员负责检查考评科普信使的工作情况，对表现突出的给予表彰奖励。经一年的实践，邮政系统的公益性、及时性和准确性优势显现出来，科普挂图内容的针对性进一步提高，妥投率达 100%，张贴及时率提高到 85%，使广大农民享受到了科普信使传递科普的便捷与实惠，拉近了科普与百姓之间的距离。

在今后的工作中，辽宁省将面向社会积极推动不同权属科普资源的集成共享，探索建立大企业集团、大专院校和科研院所等多方参与、协同合作的科普资源共建共享机制，提高科普资源服务能力，推动辽宁省科协事业科学发展。

北京科技报社依托媒体优势
推动科普能力建设

《北京科技报》自 2004 年改为北京青年报社主办全新改版后，经过 6 年的探索实践，初步探索出独特的科普传媒发展模式，即战略目标：打造中国科普传媒品牌；内容定位：科学领域的探索和科学精神的传播；读者定位：以领导干部公务员、科技科普工作者、科学爱好者为核心读者并向其他读者辐射；核心竞争力：探索创新的精神和探索创新的能力；经营路径：政府工程与市场开发两手抓，用政府的渠道做市场。这是一个双赢、多赢的模式；它不仅初步解决了科技媒体在坚持科学精神科普定位前提下的自身生存问题，还利用并充分发挥了自身价值和资源优势，从内容打造到科普服务全方位支持了科普事业发展，为提升全民族科学素质、推动国家科普能力建设作出了重要贡献。

一　坚持科学精神科普定位，打造科普传媒品牌

1.激发阅读兴趣，引起读者关注

2004 年改版之初，《北京科技报》以"阅读科学也是享受"为理念、以"奇特新"为特征、以"科味与人味完美结合"为操作手段，很快这个全新的科技媒体样式就引起社会各界关注，迅速被业内同行研究借鉴。这个新样式被读者称之为"可爱的阅读"。2004 年 8 月，《北京科技报》在一个零售报摊创造了单期销售 65 份的纪录，甚至超过了生活时尚类畅销读物。

2.提升科学精神科学品质

仅仅突出趣味和人味还是不够的，《北京科技报》要的是建立一个长久的品牌，科学的严谨性必须转化为我们可以利用的优势。2005 年第一期，《北京科技报》刊出了《2004 中国十大科技骗局》，这是该报内容在科学权威性上提升的开始。如今这个年终特稿的选题已经持续了 5 年，对品牌建设作出了重要贡献。这一类的代表作品有：《中医中药有没有科学性》、《假诺贝尔奖骗局内幕调查》、《望子成龙误导中国人奋斗方向》，《丘成桐痛击中国学术腐败》等。由于坚持了科学解读的艺术性，并没有降低可读性。

3.内容确定为探索类

2007 年 9 月，《北京科技报》再次全新改版。这次改版是在北京市科委请专业调查公司以《〈北京科技报〉产品定位和模式优化》为课题的支持下进行的。新版《北京科技报》借鉴美国《国家地理》的灵魂，定位为"中国人自己的 Discovery"，实现综合类向探索类转变，重点推出独家深度报道，突出本土化特色；形式上由过去的本儿报改为国际流行的周刊开本样式，封面设计仿照美国《时代》周刊红框加大图片样式，全彩轻涂印刷，每期 60 页的内容基本上能满足读者对一周科技资讯的需求。

由于读者以领导干部公务员为核心主体，《北京科技报》强化了建言献策的内容。这些内容更加突出研究性，研究科学发展可持续的问题，如生态环境生态文明建设、和谐文化建设等。这一时期的特征选题有：《检察官进京拘捕女记者科学性研究》、《艾滋病疫苗还要不要再研制》、《缉拿外逃官员：劝返模式为何有效》、《官员博士化质疑》、《古树移栽风：环境灾难》、《污染源监管信息公开：哪个城市做得好》等。这一次改版，使《北京科技报》的内容与推动国家科普能力建设的需求更加紧密地吻合起来。

发挥科技媒体优势，推动国家科普能力建设

2006 年，国家科技大会召开，建设创新型国家成为我国发展战略，随后《全民科学素质纲要》颁布，提升全民族科学素养成为建设创新型国家的基础。在这个历史机遇面前，《北京科技报》"政府工程市场工程两手抓"的经营思想逐渐清晰起来，2008 年年初明确了"用政府的渠道做市场"的独特经营思路。其后 3 年多的时间内，北京科技报社在以下四个方面充分发挥了科技媒体在科普传播方面的优势。

1.为政府科学决策提供重要依据和理性支撑

针对《全民科学素质纲要》确定的四个科普人群，领导干部公务员科学精神的提升非常重要。因此，2007 年《北京科技报》改版之后专门辟出"科学之音"、"焦点对话"等专栏，就社会热点采访权威专家进行科学决策论证和政策解读。杭州市科协对《北京科技报》的科学决策咨询价值给予充分认定，率先将报纸订阅到领导干部公务员手中，作为科普必读读物至今已经 3 年。至 2009 年，《北京科技报》分别获得了天津、辽宁、兰州等省市科协的批量订阅。在纸媒发行每况愈下的情形下，《北京科技报》订阅量稳中有升。

目前，《北京科技报》已开发出科学决策参考内刊系列，这些内刊在信息咨询、课题研究方面有不同侧重，均受好评。此外，《北京科技报》还承担了《全国技术交易中心选址在北京市海淀区的可行性论证》、《科技工作者职称评审状况调研》、《科普工作有效渠道调研》等软课题研究，参与完成受芬兰国家劳动与经济部授权的《中国中部城市清洁技术和能源市场调研》等。这些工作对于相关机构科学决策提供了重要依据和理性支撑。

2.构建科普工作交流学习平台

在北京市科协、科委领导支持下，《北京科技报》成立了《北京科技报》顾问工作委员会和《北京科技报》科普工作指导委员会，两个委员会也成为科普工作领导者的工作交流学习平台。

2009 年，《北京科技报》依托两个委员会，组织北京市 18 区县科委、科协领导干部，科普通讯员、科技记者等在国内进行科学考察，并通过本报的专题讲座，了解科技传播规律、方式、技巧、路径。考察培训受到欢迎和好评，在拓展思路的同时加强了沟通合作。

《北京科技报》承办的《全民科学素质行动》专刊、《全民科学素质工作》月刊和科普系列内刊，既是信息沟通平台也是科普工作者的学习交流平台，受到各地科普工作者积极热情的评价。中国科协书记处书记齐让评价专刊为"政策指南，信息平台，沟通桥梁，也是历史记录"。

3.强化科普传媒科学传播能力

6年来,《北京科技报》通过多种形式与内容结合进行科学传播。《北京科技报》创办了中学生科学社、探索俱乐部,开发了灯箱报纸,举办了科普夏令营冬令营和各种活动,走进校园、商厦、社区甚至监狱,在本市和外埠开展各种科普活动。包括与北京市科协青少年部、北京校外教育协会推出杜邦杯青少年创意设计大赛,"神六"归来万人签名活动和《科技改变生活》系列主题图片展。

2009年,是《北京科技报》科普工作形式最为丰富的一年,在"科学北京人"系列科普内刊的基础上,又创新了多种科普传播形式。如北京市科委支持的《科普护照》,宣传介绍北京市100多家科普场馆和科普基地,发放到北京市100余家科普创新社区和市民手中。《科技酷生活——西城科技支撑社区发展专刊》,是第一本将科技课题的成果呈现和成果推广普及融为一体的科技大会会刊;《生态人类》则是第一本以打造"生态人类"为目标的高档双语季刊;《私人医生》是第一本将企业经营需求与《北京科技报》科普定位结合的市场化内刊。这些合作都得到合作方赞赏,受到读者欢迎。

新中国成立60周年之际,《北京科技报》还承接了园林局等机构的成就画册等多个单本画刊和图书,承接了15个公园科技成就展的策划制作工作,与水务局合作推出"人人参与节水北京"大型公众节水公益活动。面向社区的《科学北京人》在全市2 500多个社区发放,科普挂图在诸多社区悬挂。

4.帮助公众理解科学

《北京科技报》的科学传播工作6年来逐渐拓宽、延展、深入,对北京市市民乃至全国公众科学素养的提升作出了贡献。在对热点焦点进行科学探索和科学解读的主体内容之外,"青年科学家"、"科学讲堂"、"科学健康新知"、"走进全国科普场馆"等合作专版,已成为《北京科技报》作为科普读物的标志,所有文章要在内涵上体现"四科",则是《北京科技报》的选题标准。2009年,《北京科技报》依托《全民科学素质行动专刊》组织了北京市全民科学素质知识竞赛,北京18个区县的两万多人参赛。同年,受北京市科协委托,组队参加中国科协全国电视大赛活动,出色完成北京市科协委派任务,带领北京队获得冠军。

三 形成核心产品,搭建全方位服务平台

目前,北京科技报社已形成《北京科技报》这一个核心产品,已被公认为国内科普品牌读物,科学建言、探索发现、热点溯源、生态文明与和谐文化成为5块核心内容;内容和活动

的科普传播，涉及节约资源、保护生态、改善环境、安全生产、应急避险、健康生活、合理消费、循环经济等观念和知识，倡导建立资源节约型、环境友好型社会，形成科学、文明、健康的生活方式和工作方式，6年来积累了大量的、丰富的科普内容，满足了人们高品位、多元化的科学文化素质提升的需求。

《北京科技报》已日益形成一个为领导科学决策提供参考、为提升公民科学素养全方位服务，拥有31个门类2150名科学家、专家组成的专家资源库作为保障，由系列科普和科学决策参考内刊、论坛活动、考察培训、科研课题和内容衍生品5个业务板块构成的科普平台。

山东省临沂市大学生村官兼任科普员
壮大农村科普队伍

山东省临沂市是中央组织部 2008 年确定的高校毕业生到村任职试点市之一，共有 2 000 名（占全国的 1/10）到村任职高校毕业生，分布在全市 5 个县。临沂市科协、临沂市委组织部通过调研发现，一方面广大到村任职高校毕业生知识丰富、工作积极性高，努力为农民群众解决实际问题、在实践中锻炼成长的愿望十分强烈，但缺乏具体的抓手和切实的载体；另一方面，基层科普工作队伍相对薄弱，原有人员不能较好地发挥作用。在此基础上，临沂市委组织部、临沂市科协联合下发了《关于到村任职高校毕业生兼任科普员的通知》，聘任全市 2 000 名到村任职高校毕业生兼任科普员，编写印发了《临沂市到村任职高校毕业生科普员工作手册》。2009 年 5 月 25 日，在苍山县隆重举行了临沂市到村任职高校毕业生兼任科普员工作启动仪式，并举办了苍山县到村任职高校毕业生科普员科技培训班。

一 明确科普员的工作职责和任务，开展"五个一"活动

1.明确科普员的工作职责和任务

一是宣传《科普法》和《全民科学素质纲要》，调动群众学科技、用科技的热情。积极组织开展各类科技培训和科普活动，举办科普讲座、编发科技资料、张贴科普宣传挂图、播放科技影像片。积极参加各种科普活动，及时上报本村科技培训、科技示范等各种科普活动的信息，建好科技资料档案。

二是认真搞好科普基础设施建设。搞好本村科普活动站建设，制定科普工作制度、工作计划，成立科普工作领导机构，配备用于开展科学技术教育、宣传、培训、咨询和服务的报刊、图书、挂图和音像资料等，以满足群众需求。搞好"科普村村通"宣传栏管理和使用，科普挂图定期更换。

三是以科普促进帮扶农户科技致富工程的开展。根据任职村实际，结合科普知识的推广，制定本村的三年科技帮扶规划，科技帮扶 5~10 户农户，以科普促帮扶，以帮扶推动科技知识的运用，以科技知识的运用提高科学普及率，提升帮扶项目的技术含量，努力发挥科技致富工程的效益。

2.面向到村任职高校毕业生开展"五个一"活动

一是巡回举办一期到村任职高校毕业生科技培训班。与山东农业大学等高校建立长期合作关系，选派专家教授分别到高校毕业生任职县举办培训班。目前共面向 2 000 余名大学生村官举办了科技培训班 8 场，讲解实用新技术、新品种 50 余项。

二是赠发一套科普系列丛书。根据农民群众需求，每年编发一套科普系列丛书，发放到每位到村任职的高校毕业生手中，作为其自学和为村民辅导的科技资料。2009 年，联合市直有关部门编辑了实施《全民科学素质纲要》系列科普丛书 6 册，增发到每名大学生科普员手中。

三是赠订一份科技期刊和杂志。为全体到村任职高校毕业生每年每人订阅一份科技期刊和杂志，使他们及时学习了解最新科技致富技术和信息。2009 年，增订的《山东科技报》(周三刊)、《科技致富向导杂志》(月刊)，从 7 月份开始已经发放到位。

四是举办一场科技报告会和科技信息发布会。邀请高层次专家介绍农业农村形势发展动态，解读有关惠农政策等。邀请高等院校和科研机构发布最新农村实用新技术、新品种。

五是举办一场科技创业报告会。邀请知名专家和取得优异成就的到村任职高校毕业生每年举办一场创业精神、创业方法等内容的报告会，为到村任职高校毕业生干事创业提供成功经验。

二 为帮扶农户提供技术、信息和贴息贷款支持

1. 编印农村实用新技术明白纸

根据农业生产实际,由县科协每月编发 1 期农村实用新技术明白纸,发放到每个帮扶农户手中,指导帮扶农户开展科技致富活动。目前,共编发 20 余期,发放 20 万余份。

2. 定期举办科技培训班

由到村任职高校毕业生根据任职村实际,通过不同形式,每年举办两期以上科技培训班,引导农户学用新技术,促进农业增效、农民增收。目前,共举办各类形式的培训班 400 余场次,受教育群众达 2 万人次。

3. 不定期开展巡回指导

临沂市成立了由山东农业大学以及市内 50 余名专家组成的到村任职高校毕业生科普员技术指导专家组,5 个县分别聘请农业、畜牧、林业、流通服务等行业的专家、技术人员组成专家服务团,通过现场指导、举办培训班、开通视频课堂、发放科技资料等形式有针对性地进行技术指导。各级专家深入农村巡回指导 220 余场次,培训农村党员群众 31 000 余人次。

4.提供贴息贷款支持

对帮扶农户科技致富项目,实行以农村信用社贷款投入为主、财政贴息帮扶为辅的资金扶持。市、县财政每年安排 750 万元,对每个帮扶农户 2.5 万元以内的项目贷款,按年息 3% 的利率给予贴息。协调农村信用社对帮扶农户贷款在基准利率基础上给予下浮优惠,贷款期限一般为 3 年。每个村一般确定 10 户为贷款发放户,5 户为备选户。

三 加强工作考核监督

将到村任职高校毕业生科普员工作纳入到村任职高校毕业生日常考核和年度考核,把工作效果作为年度考核的重要内容。每年年底,将对科普员履行职责情况进行检查考核,对工作突出的给予表彰奖励。各任职村党组织成立科普工作领导机构,支持到村任职高校毕业生运用科技知识帮扶农户致富的工作,支持科普活动站的建设,科技帮扶规划的制定,科普知识的宣传、培训等工作。同时,发挥电视、广播、报纸、网络等媒体作用,不定期宣传到村任职高校毕业生在科学普及和帮扶农户科技致富中的好经验、好做法,充分发挥典型示范引导作用。

四　帮扶农户致富，树立良好的社会形象

项目对大学生村官与农村发展之间的关系进行了有益的探索，推动了农村经济社会发展，提高了广大大学生贡献社会、建设农村的意识，取得了良好的社会效果。

1.大学生村官依靠科技增强帮扶农户发展致富能力

大学生村官共帮扶 10 363 户，论证审定 10 308 个帮扶项目，其中，种植业 2 868 个、养殖业 5 694 个、加工业 966 个、服务流通业 780 个。共投放贴息贷款 25 032 万元，带动农户自有资金投入 42 900 万元。通过从眼界、思路、项目、资金、技术等方面进行综合帮扶，使帮扶户树立了发展信心，增强了致富能力，1 万多农户直接从中受益，带动 3 万多农户增收致富。

2.大学生村官增强了实践能力

在兼任科普员的工作中，到村任职高校毕业生深入农户宣传政策，认真开展调查研究，积极帮助农户选项目、跑贷款、送技术、解难题，对党的支农惠农政策有了更直接的了解，对"三农"问题有了更深刻的认识，浮躁和空想少了，实干和思考多了，组织协调、处理复杂问题、做群众工作的能力得到切实锻炼和提高。

3.大学生村官在联系和服务群众中树立了新形象

在兼任科普员的工作中，广大到村任职高校毕业生积极普及科学知识，传播科学思想和科学方法，调动群众学科技、用科技的热情。实施到村任职高校毕业生帮扶农户科技致富工程，推动到村任职高校毕业生兼任科普员，顺应农民群众想富盼富的强烈愿望，着眼解决发展致富中的资金和技术两大"瓶颈"，得到了农民群众的普遍欢迎，被视为"民心工程"。通过兼任科普员，实施致富工程，到村任职大学生与帮扶户心往一处想，劲往一处使，在一桩一件服务群众的实际工作中感动了群众，树立了良好形象。

附 录

附录一

全民科学素质纲要工作大事记（2009年）

2009年

1 月 6 日	贵州省人民政府印发《关于加强全民科学素质工作的意见》。
1 月 16 日	《全民科学素质纲要》实施工作会议在北京召开，会议传达了刘延东国务委员听取《全民科学素质纲要》实施情况汇报的指示和国办会议纪要精神，研究部署了 2009 年《全民科学素质纲要》重点工作任务。中国科协常务副主席、书记处第一书记邓楠主持会议。
1 月 22 日	全民科学素质纲要实施工作办公室印发《全民科学素质工作 2008 年工作总结和 2009 年工作要点》。
2 月 25~26 日	地方全民科学素质纲要实施工作座谈会在北京召开。中国科协书记处书记、全民科学素质纲要实施工作办公室主任程东红传达了国务委员刘延东听取《全民科学素质纲要》实施情况汇报的指示精神和国务院办公厅有关会议纪要精神，并就《全民科学素质纲要》实施工作进展和 2009 年工作任务作了报告。中组部、教育部、农业部、中科院、中国科协介绍了《全民科学素质纲要》实施情况。北京市等 10 个省、区、市全民科学素质纲要实施工作办公室的负责同志结合本地特色和优势进行典型发言。中国科协常务副主席、书记处第一书记邓楠出席会议闭幕式并作了重要讲话。
3 月 10 日	全国妇联、农业部联合印发了《关于联合开展百万新型女农民教育培训工作的意见》。
3 月 19~24 日	科技部、国家发展改革委等 13 个单位联合举办了主题为"节能减排，振兴经济，科技创新，开拓未来"的 2009 中国国际节能减排和新能源科技博览会。党和国家领导人胡锦涛、吴邦国、温家宝、贾庆林、习近平、李克强、贺国强、周永康等于 19 日和 20 日分别来到北京展览馆参观。
3 月 24 日	国土资源部印发了《国土资源科普基地推荐及命名暂行办法》，并制定了《国土资源科普基地标准》，组织开展第一批国土资源科普基地推荐和命名工作。 广东省科普志愿者协会成立大会暨首届会员代表大会在广东科学馆召开。省政协副主席陈蔚文出席会议并作重要讲话。
4 月 1 日	教育部、中央文明办、广电总局、共青团中央和中国科协共同主办的"节约纸张、保护环境——2009 年青少年科学调查体验活动"启动。

财政部发布《关于 2009-2011 年鼓励科普事业发展的进口税收政策通知》（财关税［2009］22 号），对科普单位进口科普影视作品实行税收优惠 3 年。

4 月 3 日　　　　中国科协制定并印发《全国科普教育基地认定办法（试行）》。

4 月 8 日　　　　农民科学素质行动协调小组联络员工作会议在北京召开。会议总结了 2008 年农民科学素质行动工作，并介绍了 2009 年农民科学素质行动总体工作安排和农民科学素质行动试点村本底测评指标的制定和试测评情况。

4 月 14 日　　　公安部消防局、中国科协科普部、中国消防协会联合印发了《关于开展第三批"全国消防科普教育基地"创建和命名工作的通知》，开展第三批"全国消防科普教育基地"的创建和命名工作。

　　　　　　　　欧莱雅公司与法国科学工业城研究开发的"破解头发的奥秘"科普展览全国巡展在四川省科技馆启动。

4 月 17~18 日　　环保部科技标准司在杭州市召开 2009 年环保科普工作座谈会。会议通报了 2008 年环保部落实《全民科学素质纲要》工作情况和 2009 年环保部将要开展的重点工作，介绍了《环境保护部〈全民科学素质行动计划纲要〉实施工作规划》的编制思路以及首批"国家环保科普基地"的申报与评审情况。

4 月 23 日　　　浙江省委、省人民政府办公厅联合印发了《2009 年全省实施〈全民科学素质行动计划纲要〉工作要点》。

5 月 5 日　　　　人力资源和社会保障部、财政部印发《关于进一步规范农村劳动者转移就业技能培训工作的通知》，以提高培训质量，确保资金使用安全和使用效率。

5 月 7 日　　　　中国青少年科技辅导员协会主办的全国骨干科技辅导员使用科教资源培训班在北京开班。

5 月 13 日　　　农民科学素质行动协调小组印发《2009 年农民科学素质行动工作要点》。

5 月 14 日　　　江西省省县（市、区）全民科学素质工作领导小组组长培训班在南昌开班。省委常委、省纪委书记尚勇，中国科协书记处书记、全民科学素质纲要实施办公室主任程东红出席开班仪式并讲话。

5 月 31 日　　　国家中医药管理局办公室成立中医药文化建设与科学普及专家委员会。

7 月 10 日　　　国务院办公厅印发《关于妥善做好应对日全食工作的通知》，要求各级科技部门和科协组织要充分利用此次日全食为科普宣传提供的良好机会，组织相关专家通过电视、广播、网络、报纸等多种渠道，广泛开展天文知识科普宣传活动。

7月19~24日	中国科协、教育部、科技部、国家发展改革委、环保部、国家体育总局、共青团中央、全国妇联、自然科学基金会和山东省人民政府共同主办的第24届全国青少年科技创新大赛在山东省济南市举办。
8月1日	中国科协农村专业技术服务中心和中国知网——中国学术期刊（光盘版）电子杂志社联合举办了首届全国农村科普知识网络有奖问答活动。
8月4日	全民科学素质纲要实施工作办公室开展实施《全民科学素质纲要》优秀案例征集评选活动。
8月11~15日	由中国科协和中央电视台共同主办的第三届全国公众科学素质大赛在京举行。
8月12日	宁夏回族自治区全区行业专题博物馆建设推进会在银川召开，力促到2010年实现每10万宁夏人拥有一座博物馆。国家文物局局长单霁翔、宁夏回族自治区副主席李堂堂参加会议并讲话。
8月中旬	云南省科协、省青少年科技教育协会、省青少年科技中心联合举办的2009年云南省百千万青少年科技教师培训工程新一轮的培训活动圆满结束。
8月17~19日	河北省科普惠农兴村计划现场经验交流会在承德隆化县召开，会议旨在提高科普惠农兴村工作的透明度，保障科普惠农工作的长效机制建立。
9月	全民科学素质纲要实施工作办公室主办的《全民科学素质工作月刊》试刊印发。
9月2日	"上海市科普资源开发与共享信息化（二期）工程"正式开通，为公众提供场馆导航、科普导游、资源互助以及在线问答等服务。
9月15日	广西壮族自治区全民科学素质工作领导小组办公室印发了《广西壮族自治区2009年全民科学素质工作督查方案》，面向全区开展2009年全民科学素质工作督查。
9月16日	中国科技馆新馆开馆典礼在北京举行。中共中央政治局委员、全国人大常委会副委员长王兆国出席典礼，全国人大常委会副委员长、中国科协主席韩启德致辞。参加开馆仪式的还有：全国人大常委员副委员长、中科院院长路甬祥，全国政协副主席、致公党中央主席、科技部部长万钢，第十届全国政协副主席、中国工程院院长徐匡迪，中国科

协常务副主席、书记处第一书记邓楠等。

9 月 19~25 日	中国科协举办主题为"节约能源资源、保护生态环境、保障安全健康"的 2009 年全国科普日活动。9 月 19 日，中共中央政治局常委、中央书记处书记、国家副主席习近平和王兆国、刘淇、刘云山、刘延东、李源潮、路甬祥、韩启德等领导同志来到中国科技馆新馆，同首都各界群众和青少年一起参加科普日活动。
9 月 23 日	教育部基础教育一司、中国科协科普部联合印发《关于进一步开展县级青少年学生校外活动场所科普教育共建共享试点工作的通知》。
9 月 28 日	全民科学素质纲要实施工作办公室联络员会议在中国科技馆新馆召开，会议通报了全民科学素质工作进展情况和《2009 全民科学素质行动计划纲要年报——中国科普报告》的编写情况。 山东召开大学生村官科普员座谈会并表彰优秀者。
10 月 14 日	全国政协教科文卫体委员会在河南省林州市开展"三下乡"活动。
10 月 15 日	中国科协在武汉市组织召开地方数字科普资源研讨会，会议旨在更好地引导地方数字科普资源建设，促进资源共建共享。
10 月 15~16 日	江苏省教育厅、省科技厅、省科协在昆山联合召开全省中小学科学教育工作现场推进会。
10 月 18 日	中国科协青少年科技教育研修班在清华大学开班，来自各省（区、市）、新疆生产建设兵团、计划单列市的 40 余位青少年科技教育工作者参加此次培训。
10 月 31 日	民间科学传播公益团体科学松鼠会和第十一届"挑战杯"全国大学生课外学术科技作品竞赛组委会联合在北京举办了 2009 科学嘉年华。
11 月 2 日	中国科协青少年科技中心与全国妇联儿童工作部联合发布我国 8 省市家长科学素质调查报告。
11 月 12 日	科技部组织实施的科普工作统计结果发布。统计时间截止到 2008 年年底，内容主要包括科普人员、科普场地、科普经费、科普传媒和科普活动 5 大类一级指标，75 个二级指标。
11 月 25~26 日	中国科协和财政部在云南昆明联合召开科普惠农兴村计划经验交流会。
11 月 27 日	全民科学素质纲要实施工作办公室会议在京召开，各成员单位对《全民科学素质工作 2009 年工作总结和 2010 年工作安排（讨论稿）》进行了讨论。中国科协书记处书记、全民科学素质纲要实施办公室主任程东红主持会议，办公室成员和联络员参加了会议。
12 月 9 日	全民科学素质行动"十二五"工作座谈会在北京召开。会议对进一步

推动《全民科学素质纲要》的贯彻落实，在国民经济和社会发展计划中体现科学素质建设的目标和要求以及全民科学素质行动"十二五"工作思路进行了研讨。中国科协书记处书记、全民科学素质纲要实施办公室主任程东红出席会议并讲话。

12 月 14 日　国家食品药品监督管理局主办的"安全用药家庭健康"全国知识竞赛活动在北京落幕。

12 月 15 日　中国航天科技集团公司出资为全国青少年研制的"希望一号"科普卫星于上午 10 时 31 分在太原卫星发射中心用"长征四号丙"运载火箭成功送入太空。这是我国第一颗为青少年定制的科普卫星。

12 月 22 日　中共中央政治局委员、国务委员刘延东主持召开《全民科学素质纲要》实施工作汇报会。国务院副秘书长项兆伦，中央组织部、中央宣传部、国家发展改革委、教育部、科技部、财政部、人力资源和社会保障部、农业部、中国科协有关领导同志出席会议。中国科协常务副主席、书记处第一书记邓楠作了汇报，其他与会同志作了发言。

12 月 23 日　国务院办公厅印发《听取全民科学素质行动计划纲要实施情况汇报的会议纪要》（国阅〔2009〕92 号）。

附录二

《全民科学素质纲要》工作文件汇编目录（2009年）

1.　听取全民科学素质行动计划纲要实施情况汇报的会议纪要（国阅〔2009〕92 号）

2.　国务院办公厅《关于妥善做好应对日全食工作的通知》（国办发明电〔2009〕14 号）

3.　关于印发《全民科学素质工作 2008 年工作总结和 2009 年工作要点》的通知（纲要办发〔2009〕1 号）

4.　关于印发地方全民科学素质纲要实施工作座谈会有关文件的通知（纲要办发〔2009〕2 号）

5.　关于开展实施《全民科学素质行动计划纲要》优秀案例征集评选活动的通知（纲要办发〔2009〕3 号）

6.　教育部　中央文明办　国家广电总局　共青团中央　中国科协关于开展"节约纸张、保护环境——2009 年青少年科学调查体验活动"的通知（教基一函〔2009〕3 号）

7.　关于进一步开展县级青少年学生校外活动场所科普教育共建共享试点工作的通知（教基司一函〔2009〕48 号）

8.　关于印发 2009 年农民科学素质行动工作要点的通知（农科（教育）函〔2009〕78 号）

9.　财政部关于 2009-2011 年鼓励科普事业发展的进口税收政策的通知（财关税〔2009〕22 号）

10.　人力资源和社会保障部、财政部印发《关于进一步规范农村劳动者转移就业技能培训工作的通知》（人社部发〔2009〕48 号）

11.　全国妇联、农业部关于开展百万新型女农民教育培训工作的意见（妇字〔2009〕12 号）

12.　关于印发《全国科普教育基地认定办法（试行）》的通知（科协办发〔2009〕12 号）

13.　国家中医药管理局办公室关于成立中医药文化建设与科学普及专家委员会的通知（国中医药办发〔2009〕20 号）

14.　关于推荐第一批国土资源科普基地通知（国土资厅发〔2009〕30 号）

15.　关于开展第三批"全国消防科普教育基地"创建和命名工作的通知（公消〔2009〕82 号）

16.　中共浙江省委办公厅　浙江省人民政府办公厅关于印发《2009 年全省实施〈全民科学素质行动计划纲要〉工作要点》的通知（浙委办〔2009〕46 号）

17.　福建省教育厅等关于加强中小学科技教育工作的意见（闽教基〔2009〕1 号）

18.　贵州省人民政府关于加强全民科学素质工作的意见（黔府发〔2009〕2 号）

19.　甘肃省委、省政府《关于进一步加强新时期科协工作的意见》的通知（甘科协发〔2009〕73 号）

主要参考文献

［1］国家统计局.国统计年鉴2010［M］.北京：中国统计出版社，2010.

［2］中国科学技术协会.2010中国科学技术协会统计年鉴［M］.北京：中国统计出版社，2010.

［3］全民科学素质纲要实施工作办公室，中国科普研究所.2009全民科学素质行动计划纲要年报——中国科普报告［M］.北京：科学普及出版社，2010.

［4］中国科普研究所.2008中国科普报告［M］.北京：科学普及出版社，2008.

［5］任福君.中国科普基础设施发展报告（2009）［M］.北京：社会科学文献出版社，2010.

［6］中国科协2009年度事业发展统计公报［EB/OL］.http：//www.cast.org.cn/n35081/n35096/n10225918/12096445.html，2010-07-13.

［7］刘立，刘玉仙.低碳概念在中国的传播与普及初探——对《人民日报》和《新民晚报》的计量分析［R］//2010国际科普论坛暨第十七届科普理论研讨会.

［8］科学出版社《好玩的数学》丛书荣获2009年国家科技进步二等奖［EB/OL］.http：//www.sciencep.cas.cn/xwzx/zhxw/200908/t20090821_2431487.html，2009-08-21.

［9］互动百科·月球探秘［EB/OL］.http：//www.hudong.com/wiki，2010-05-30.

［10］中央电视台·科教频道［EB/OL］.http：//discovery.cctv.com/05/.

［11］北京电视台·科教频道［EB/OL］.http：//www.btv.org/2009/btvkjpd.

［12］中国互联网协会网络科普联盟.中国网络科普设施发展报告［M］.北京：中国科学技术出版社，2009.

［13］中国互联网协会网络科普联盟.中国互联网协会网络科普联盟第二届委员会全体会议文件汇编［R］.2010.